Matemática no Enem

- Índices remissivos por assuntos e por séries
- Gráficos de frequências dos assuntos por ano

2011
2012
2013
2014
2015
2016
2017
2018
2019

Consulte o material de apoio para este livro, multimídia e interativo:

www.realizacaoeducacional.com.br/meusistema

5ª Edição

Organizadores: Álvaro Zimmermann Aranha
Manoel Benedito Rodrigues

2021

Coleção Vestibulares
Matemática nos Vestibulares – vol. 4 e 5
História nos Vestibulares – vol. 3 e 4

Coleção Exercícios de Matemática (E. Médio)
Volume 1: Revisão de 1º Grau
Volume 2: Funções e Logaritmos
Volume 3: Progressões Aritméticas e Geométricas
Volume 4: Análise Combinatória e Probabilidades
Volume 5: Matrizes, Determinantes e Sistemas Lineares
Volume 6: Geometria Plana

Ensino Fundamental
Exercícios de Matemátca - Cad. At. EFII - 6º ano
Exercícios de Matemátca - Cad. At. EFII - 7º ano
Exercícios de Matemátca - Cad. At. EFII - 8º ano
Exercícios de Matemátca - Cad. At. EFII - 9º ano
Geometria para Ensino Fundamental II - 9º ano
Matemática para o Ensino Fundandamental - Cad. At. 6º ano vol. 1 e 2
Matemática para o Ensino Fundandamental - Cad. At. 7º ano vol. 1 e 2
Álgebra para o Ensino Fundandamental - Cad. At. 8º ano vol. 1 e 2
Álgebra para o Ensino Fundandamental - Cad. At. 9º ano vol. 1 e 2

Cadernos de Atividades (E. Médio)
Números Complexos
Polinômios e Equações Algébricas
Trigonometria – vol. 1 e 2
Geometria Espacial – Vol. 1, 2 e 3
Geometria Analítica – Vol. 1 e 2

Ensino Fundamental
Matemática para o Ensino Fundamental - Cad. At. 2º ano
Matemática para o Ensino Fundamental - Cad. At. 3º ano
Matemática para o Ensino Fundamental - Cad. At. 4º ano
Matemática para o Ensino Fundamental - Cad. At. 5º ano

Geometria Plana - 8º ano
Geometria Plana - 9º ano
Desenho Geométrico – 6º ano
Desenho Geométrico – 7º ano
Desenho Geométrico – 8º ano
Desenho Geométrico – 9º ano

Digitação, Diagramação : Sueli Cardoso dos Santos - suly.santos@gmail.com
Elizabeth Miranda da Silva - elizabeth.ms2015@gmail.com

www.editorapolicarpo.com.br   -   email: contato@editorapolicarpo.com.br

Dados Internacionais de Catalogação, na Publicação (CIP)
(Câmara Brasileira do Livro, SP, Brasil)

Organização: Aranha, Álvaro Zimmermann. Rodrigues, Manoel Benedito

Matémática / Álvaro Zimmermann Aranha, Manoel
Benedito Rodrigues. - São Paulo: Editora Policarpo, 5.ed. 2021.
ISBN: 978-65-88667-00-2

1. Matemática 2. Vestibulares 3. Provas Enem
I. Aranha, Álvaro Zimmermann II. Rodrigues, Manoel Benedito III. Título.

Índices para catálogo sistemático:

Todos os direitos reservados à:
EDITORA POLICARPO LTDA
Rua Dr. Rafael de Barros, 175 - Conj. 01- São Paulo - SP - CEP: 04003 - 041
email: contato@editorapolicarpo.com.br
Tel./Fax: (011) 3288 - 0895
Tel.: (011) 3284 - 8916

APRESENTAÇÃO

Matemática no Enem é um caderno de atividades com os últimos nove anos de exames de Matemática do Enem (2011 até 2019), preparado cuidadosamente para facilitar o trabalho autônomo dos alunos e a orientação dos professores.

Para cada teste (item) há espaço próprio para a resolução e nas páginas seguintes estão as respostas corretas de cada item para que o aluno possa conferir de maneira ágil e prática se escolheu a alternativa certa. Se errar ou não souber resolver o teste, procurará seu professor para que o "desenrosque" nas suas dúvidas.

Nas primeiras páginas desta edição, além do índice normal (pág. IV) do caderno, há também:

Um **índice remissivo por assuntos** (pág. V e VI) onde o aluno ou o professor podem procurar os testes (itens) do conteúdo que está sendo estudado.

Um **índice remissivo por série** (pág. VII e VIII) que serve para que alunos e professores saibam em que nível de ensino e em que série são estudados os assuntos abordados em tais itens.

Por exemplo, no grupo **1ª série**, estão os testes que envolvem tópicos usualmente estudados nessa série do Ensino Médio.

Um conjunto de **gráficos de barras** (pág. IX e X) com as frequências dos assuntos por ano; dessa maneira fica prático e rápido saber, por exemplo, quantos testes de Geometria Plana caíram no exame de 2015 (ou outro ano).

ÍNDICE

	Página
Apresentação..	**III**
Índice..	**IV**
Índice remissivo por assunto..	**V**
Índice remissivo por série...	**VII**
Gráficos de frequências dos assuntos...	**IX**
Enem - 2011 (Itens 1 a 45)..	**1**
Enem - 2012 (Itens 46 a 90)..	**21**
Enem - 2013 (Itens 91 a 135)..	**43**
Enem - 2014 (Itens 136 a 180)..	**64**
Enem - 2015 (Itens 181 a 225)..	**84**
Enem - 2016 (Itens 226 a 270)..	**104**
Enem - 2017 (Itens 271 a 315)..	**124**
Enem - 2018 (Itens 316 a 360)..	**143**
Enem - 2019 (Itens 361 a 405)..	**165**

ÍNDICE REMISSIVO POR ASSUNTO

Neste índice o leitor encontra os números dos testes (itens) separados por tópicos.

Na frente de cada título aparece o número de itens desse assunto neste caderno de atividades (total de 405 testes dos exames do Enem de 2011 até 2019). Isso permite aos leitores avaliarem com que frequência cada assunto apareceu nesses nove anos.

Nas páginas seguintes, há gráficos de frequência dos assuntos **por ano**.

Por exemplo, o assunto Trigonometria apareceu sete vezes nesses nove anos de exames do Enem.

Os números dos testes aparecem em "negrito" ou "cinza claro" para que o leitor saiba em que ano caiu a questão: por exemplo, em "Problemas elementares" os itens de 1 até 40 caíram em 2011, 49 até 90, em 2012 e assim por diante.

---

1) Problemas elementares (76 itens)

1, 2, 3, 6, 10, 11, 14, 21, 26, 28, 29, 38, 40, 49, 52, 54, 56, 62, 66, 67, 70, 77, 78, 79, 90, 93, 107, 114, 135, 144, 153, 176, 177, 178, 179, 188, 191, 192, 198, 207, 214, 217, 219, 222, 237, 243, 245, 246, 248, 250, 252, 265, 270, 281, 289, 292, 294, 298, 316, 326, 329, 330, 332, 333, 340, 361, 363, 368, 369, 372, 373, 377, 378, 384, 392, 395.

---

2) Proporções e regra de três (40 itens)

8, 12, 34, 36, 42, 47, 63, 71, 73, 87, 92, 95, 98, 102, 103, 118, 130, 136, 149, 189, 218, 228, 230, 235, 249, 264, 299, 300, 304, 308, 315, 316, 321, 331, 370, 372, 374, 380, 381, 402.

---

3) Porcentagem e juros (37 itens)

18, 22, 27, 37, 43, 60, 81, 101, 106, 129, 132, 138, 142, 147, 159, 169, 180, 190, 200, 203, 232, 240, 241, 259, 269, 271, 311, 317, 347, 348, 355, 366, 377, 379, 382, 395, 404.

---

4) Problemas que recaem em equações e sistemas (15 itens)

20, 25, 108, 119, 156, 175, 182, 199, 276, 318, 322, 331, 348, 352, 398.

---

5) Interpretação de gráficos e tabelas (32 itens)

41, 50, 53, 68, 69, 94, 104, 125, 134, 141, 143, 148, 157, 172, 184, 186, 195, 223, 254, 257, 260, 274, 280, 282, 305, 307, 327, 336, 367, 375, 400, 402.

---

6) Funções de 1º e 2º graus; inequações (22 itens)

16, 44, 45, 55, 65, 89, 91, 120, 164, 181, 183, 202, 226, 234, 236, 261, 303, 323, 324, 366, 388, 398.

V

7) **Funções exponenciais e logarítmicas**   (12 itens)

   4, 117, 210, 231, 238, 272, 345, 351, 365, 383, 389, 393.

8) **Sequências e progressões**   (6 itens)

   109, 121, 197, 204, 266, 339.

9) **Contagem e probabilidades**   (45 itens)

   24, 30, 31, 32, 39, 46, 48, 74, 83, 84, 96, 110, 113, 116, 131, 151, 152, 162, 165, 187, 194, 215, 220, 225, 242, 247, 262, 278, 284, 295, 310, 312, 313, 314, 320, 329, 341, 343, 353, 356, 360, 362, 385, 389, 401.

10) **Médias e noções de estatística**   (26 itens)

    13, 15, 80, 82, 85, 105, 112, 150, 155, 161, 170, 205, 211, 227, 258, 286, 290, 309, 320, 327, 334, 342, 363, 390, 391, 397.

11) **Geometria Plana**   (50 itens)

    7, 19, 23, 35, 58, 59, 61, 72, 75, 99, 100, 111, 115, 122, 123, 127, 128, 133, 137, 163, 166, 168, 174, 185, 193, 196, 206, 209, 216, 251, 253, 263, 267, 275, 285, 291, 296, 306, 319, 335, 337, 349, 354, 355, 357, 359, 371, 376, 396, 399.

12) **Geometria Espacial**   (44 itens)

    5, 9, 33, 51, 57, 64, 76, 86, 124, 126, 139, 140, 145, 146, 154, 158, 160, 171, 173, 201, 208, 212, 224, 229, 233, 239, 244, 256, 268, 277, 279, 283, 287, 288, 293, 302, 326, 338, 350, 364, 386, 387, 394, 403.

13) **Geometria Analítica**   (9 itens)

    17, 97, 167, 213, 255, 297, 328, 346, 358.

14) **Trigonometria**   (7 itens)

    221, 273, 301, 325, 335, 337, 405.

15) **Matrizes, determinantes e sistemas lineares**   (3 itens)

    88, 344, 373.

ÍNDICE REMISSIVO POR SÉRIE

Neste índice, o professor encontra os testes (itens) que podem ser propostos aos seus alunos em cada série do Ensino Básico.

No grupo **6º ano** estão os itens com assuntos que são usualmente estudados no 6º ano do Ensino Fundamental e assim por diante. Evidentemente que pode haver diferenças entre as grades de conteúdos das diferentes escolas.

Caso o professor esteja lecionando no 4º bimestre da 1ª série e já tenha estudado Logaritmos, pode procurar esse conteúdo no Índice remissivo por assuntos.

Importante salientar que o aluno que cursa, por exemplo, a 2ª série do Ensino Médio, poderá tentar resolver itens (testes) de qualquer série anterior à dele. Observamos que nas provas de Matemática do Enem a maioria das questões são de nível do Ensino Fundamental II.

Ensino Fundamental II

6º ano (52 itens) Exercícios		7º ano (74 itens) Exercícios		8º ano (40 itens) Exercícios		9º ano (34 itens) Exercícios	
1	207	8	159	25		18	
2	214	12	169	38		20	
3	217	15	180	73		42	
6	219	22	189	78		43	
10	222	27	193	119		60	
11	223	29	195	125		63	
14	237	34	198	150		87	
21	243	36	206	157		90	
26	245	37	211	172		92	
28	248	41	218	175		93	
40	250	47	228	209		104	
49	252	50	230	213		130	
52	265	53	232	244		182	
54	270	62	235	254		184	
66	289	68	246	257		186	
67	298	69	249	260		190	
70	326	71	259	276		199	
77	333	81	264	281		200	
79	368	94	269	290		241	
107	372	95	285	292		274	
114		98	299	304		282	
118	378	101	300	318		307	
144	392	102	305	319		308	
176		103	316	327		311	
177		106	317	329		315	
178		108	321	338		324	
179		129	330	347		342	
188		132	334	348		349	
191		134	340	352		371	
192		135	367			373	
		136	372	361		376	
		138	377	363		396	
		141	395	366		398	
		142	402	367		399	
		143		375			
		147		380			
		148		381			
		149		382			
		153		384			
		155		400			
				404			

VII

Ensino Médio

1ª Série (89 itens) Exercícios	
4 7 16 19 23	204 210 216 226 231
35 44 45 55 56	234 236 238 240 251
58 59 61 65 72	253 261 263 266 267
75 89 91 99 100	271 272 275 291 296
109 111 115 117 120	303 306 322 323 332
121 122 123 127 128	335 336 337 339 345
133 137 156 163 164	351 354 355 357 359
166 168 174 181 183	365 369 370 374 379
185 196 197 202 203	383 388 390 391

2ª Série (59 itens) Exercícios	
24 30 31 32 39	278 280 284 295 301
46 48 74 83 84	310 312 313 314 320
88 96 110 113 116	325 331 341 343 344
131 151 152 162 165	353 356 360 362 364
187 194 215 220 221	373 385 386 389 393
225 242 247 262 273	394 397 401 403

3ª Série (62 itens) Exercícios	
5 9 13 17 33	227 229 233 239 255
51 57 64 76 80	256 258 268 277 279
82 85 86 97 105	283 286 287 288 293
112 124 126 139 140	294 297 302 309 328
145 146 154 158 160	346 350 358 386 387
161 167 170 171 173	403 405
201 205 208 212 224	

GRÁFICOS DE FREQUÊNCIA DOS ASSUNTOS POR ANO

1 - Problemas elementares
2 - Proporções e regra de três
3 - Porcentagem e juros
4 - Problemas que recaem em equações e sistemas
5 - Interpretação de gráficos e tabelas
6 - Funções de 1º e 2º graus; inequações
7 - Funções exponenciais e logarítmicas
8 - Sequências e progressões
9 - Contagem e probabilidades
10 - Médias e noções de estatística
11 - Geometria Plana
12 - Geometria Espacial
13 - Geometria Analítica
14 - Trigonometria
15 - Matrizes, determinantes e sistemas lineares

x é o número do assunto
y é a frequência de cada assunto

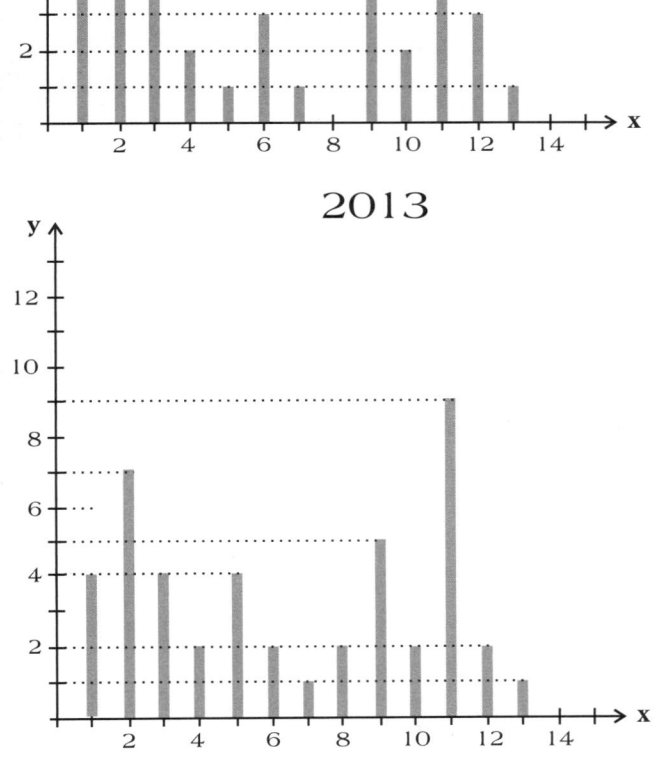
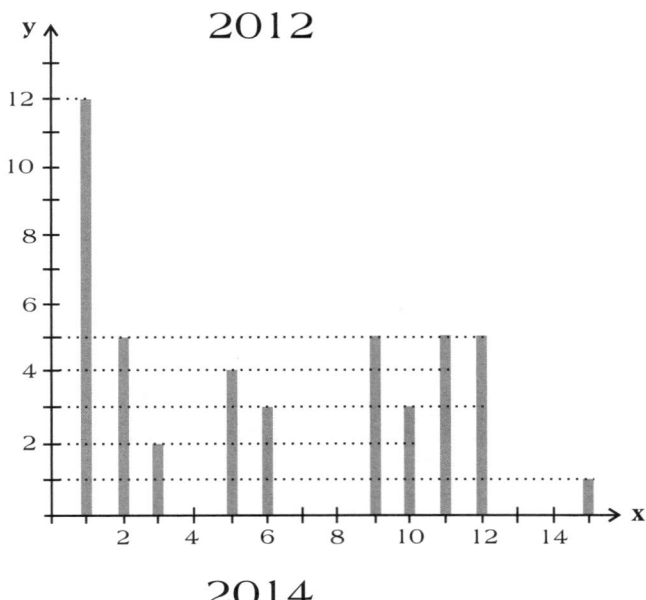
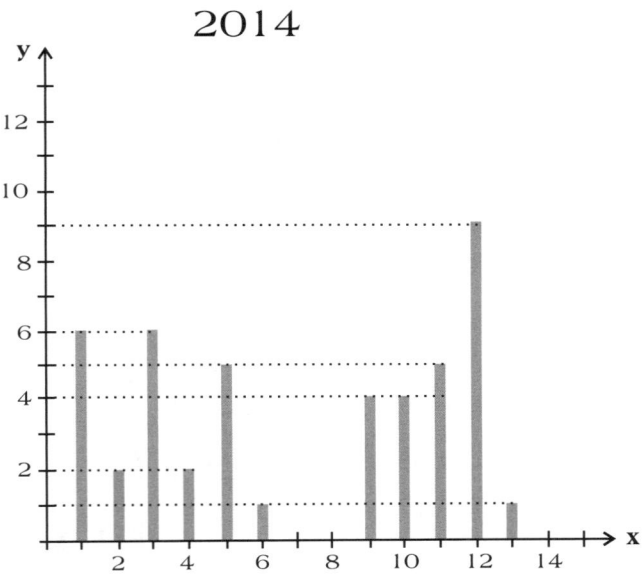

2015

2016

2017

2018

2019

X

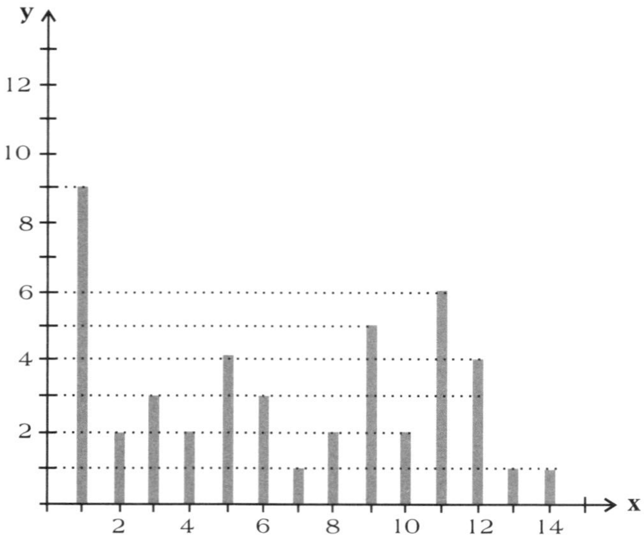

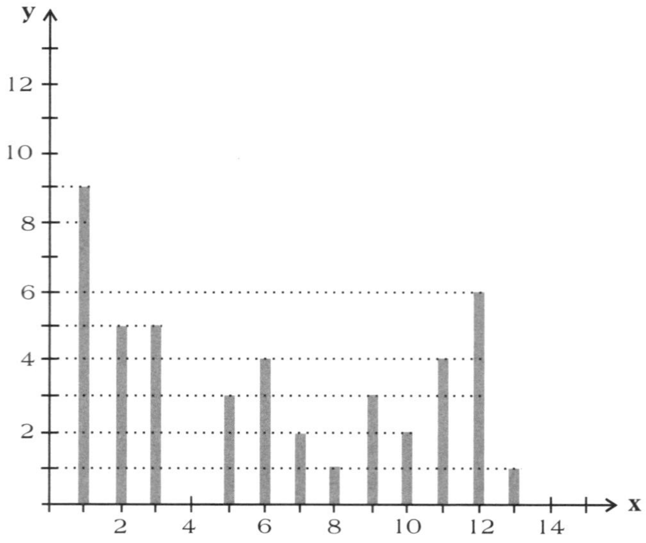

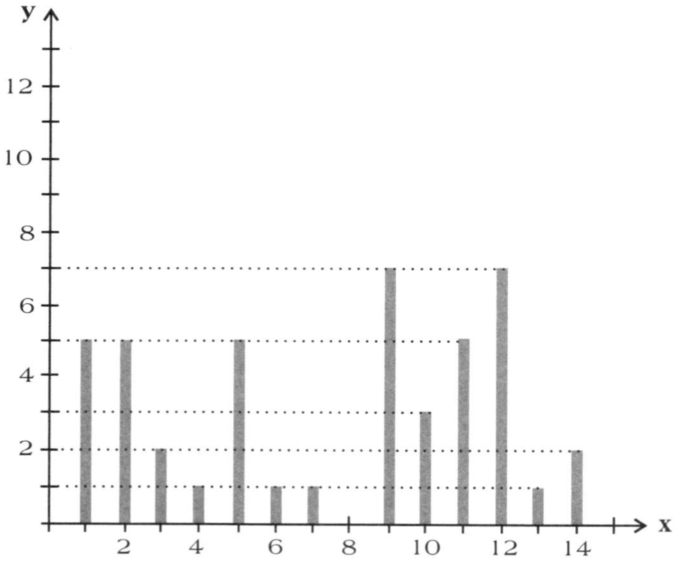

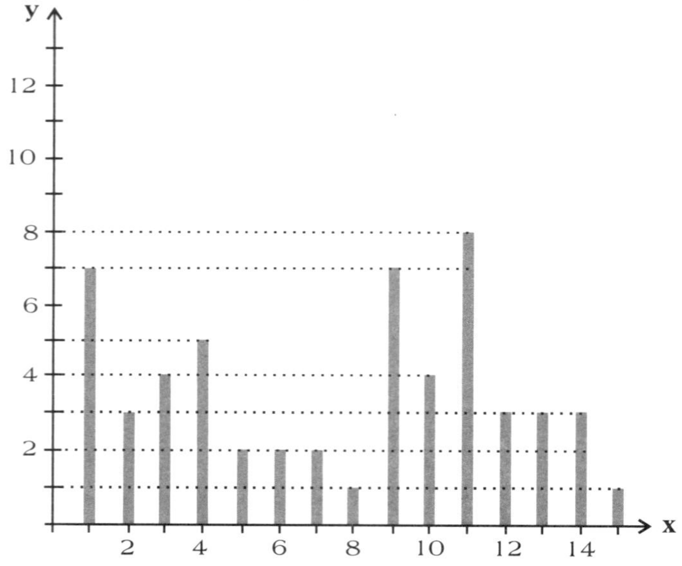

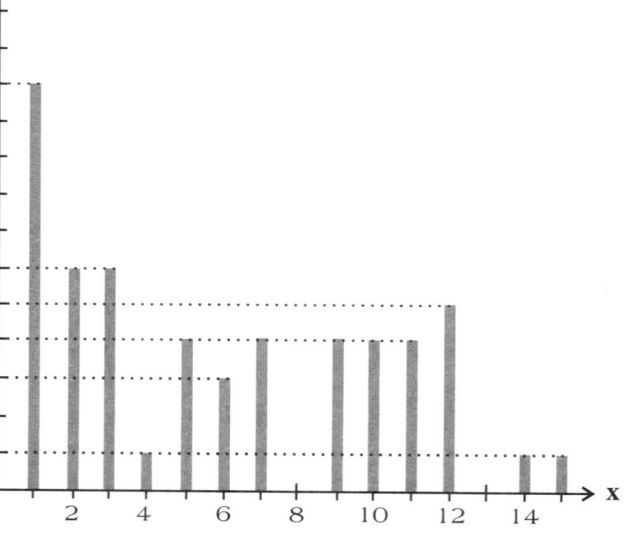

ENEM – 2011

1

Um mecânico de uma equipe de corrida necessita que as seguintes medidas realizadas em um carro sejam obtidas em metros:

a) distância a entre os eixos dianteiro e traseiro;
b) altura b entre o solo e o encosto do piloto.

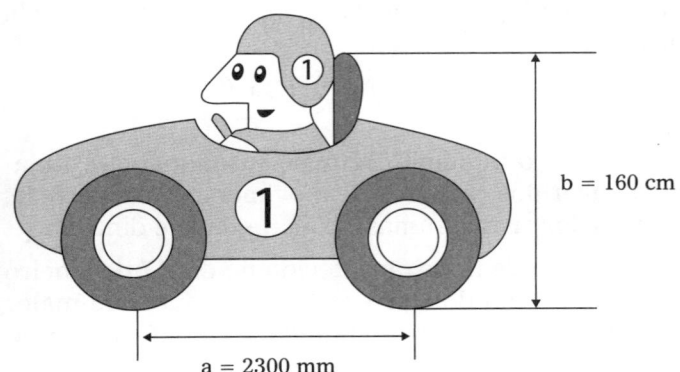

b = 160 cm
a = 2300 mm

Ao optar pelas medidas a e b em metros, obtêm-se, respectivamente:

a) 0,23 e 0,16.   b) 2,3 e 1,6.   c) 23 e 16.
d) 230 e 160.   e) 2 300 e 1 600.

2

O medidor de energia elétrica de uma residência, conhecido por "relógio de luz", é constituído de quatro pequenos relógios, cujos sentidos de rotação estão indicados conforme a figura:

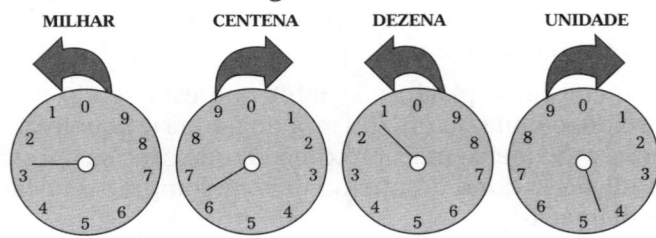

Disponível em: http:/www.enersul.com.br. Acesso em: 26 abr 2010.

A medida é expressa em kWh. O número obtido na leitura é composto por 4 algarismos. Cada posição do número é formada pelo último algarismo ultrapassado pelo ponteiro.

O número obtido pela leitura em kWh, na imagem, é

a) 2 614.   b) 3 624.   c) 2 715.
d) 3 725.   e) 4 162.

3

O dono de uma oficina mecânica precisa de um pistão das partes de um motor, de 68 mm de diâmetro, para o conserto de um carro. Para conseguir um, esse dono vai até um ferro velho e lá encontra pistões com diâmetros iguais a 68,21 mm; 68,102 mm; 68,001 mm; 68,02 mm e 68,012 mm.

Para colocar o pistão no motor que está sendo consertado, o dono da oficina terá de adquirir aquele que tenha o diâmetro mais próximo do que precisa. Nessa condição, o dono da oficina deverá comprar o pistão de diâmetro

a) 68,21 mm.   b) 68,102 mm.   c) 68,02 mm.
d) 68,012 mm.   e) 68,001 mm.

4

A Escala de Magnitude de Momento (abreviada como MMS e denotada com M_w), introduzida em 1979 por Thomas Haks e Hiroo Kanamori, substituiu a Escala de Richter para medir a magnitude dos terremotos em termos de energia liberada. Menos conhecida pelo público, a MMS é, no entanto, a escala usada para estimar as magnitudes de todos os grandes terremotos da atualidade. Assim como a escala Richter, a MMS é uma escala logarítmica. M_w e M_0 se relacionam pela fórmula:

$$M_W = -10,7 + \frac{2}{3}\log_{10}(M_0)$$

Onde M_0 é o momento sísmico (usualmente estimado a partir dos registros de movimento da superfície, através dos sismogramas), cuja unidade é dina.cm.

O terremoto de Kobe, acontecido no dia 17 de janeiro de 1995, foi um dos terremotos que causaram maior impacto no Japão e na comunidade científica internacional. Teve magnitude M_w = 7,3.

U.S. GEOLOGICAL SURVEY. Historic Earthquakes. Disponível em: http://earthquake.usgs.gov. Acesso em: 1 maio 2010 (adaptado).

U.S. GEOLOGICAL SURVEY. USGS Earthquake Magnitude Policy. Disponível em: http://earthquake.usgs.gov. Acesso em: 1 maio 2010 (adaptado).

Mostrando que é possível determinar a medida por meio de conhecimentos matemáticos, qual foi o momento sísmico M_0 do terremoto de Kobe (em dina.cm)?

a) $10^{-6,10}$ b) $10^{-0,73}$ c) $10^{12,00}$
d) $10^{21,65}$ e) $10^{27,00}$

5

A figura seguinte mostra um modelo de sombrinha muito usado em países orientais.

Disponível em: http://mdmat.psico.ufrgs.br. Acesso em: 1 maio 2010.

Esta figura é uma representação de uma superfície de revolução chamada de

a) pirâmide.   b) semiesfera.   c) cilindro.
d) tronco de cone.   e) cone.

6

Em 2010, um caos aéreo afetou o continente europeu, devido à quantidade de fumaça expelida por um vulcão na Islândia, o que levou ao cancelamento de inúmeros voos. Cinco dias após o início desse caos, todo o espaço aéreo europeu acima de 6 000 metros estava liberado, com exceção do espaço aéreo da Finlândia. Lá, apenas voos internacionais acima de 31 mil pés estavam liberados.

Disponível em: http://www1.folha.uol.com.br. Acesso em: 21 abr. 2010(adaptado).

Considere que 1 metro equivale a aproximadamente 3,3 pés. Qual a diferença, em pés, entre as altitudes liberadas na Finlândia e no restante do continente europeu cinco dias após o início do caos?

a) 3 390 pés.   b) 9 390 pés.   c) 11 200 pés.
d) 19 800 pés.   e) 50 800 pés.

7

Em uma certa cidade, os moradores de um bairro carente de espaços de lazer reivindicam à prefeitura municipal a construção de uma praça. A prefeitura concorda com a solicitação e afirma que irá construí-la em formato retangular devido às características técnicas do terreno. Restrições de natureza orçamentária impõem que sejam gastos, no máximo, 180 m de tela para cercar a praça. A prefeitura apresenta aos moradores desse bairro as medidas dos terrenos disponíveis para a construção da praça:

Terreno 1: 55 m por 45 m

Terreno 2: 55 m por 55 m

Terreno 3: 60 m por 30 m

Terreno 4: 70 m por 20 m

Terreno 5: 95 m por 85 m

Para optar pelo terreno de maior área, que atenda às restrições impostas pela prefeitura, os moradores deverão escolher o terreno

a) 1.   b) 2.   c) 3.   d) 4.   e) 5.

Resp: 1 B   2 A

8

Sabe-se que a distância real, em linha reta, de uma cidade A, localizada no estado de São Paulo, a uma cidade B, localizada no estado de Alagoas, é igual a 2 000 km. Um estudante, ao analisar um mapa, verificou com sua régua que a distância entre essas duas cidades, A e B, era 8 cm.

Os dados nos indicam que o mapa observado pelo estudante está na escala de

a) 1 : 250.   b) 1 : 2 500.   c) 1 : 25 000.

d) 1 : 250 000.   e) 1 : 25 000 000.

9

Uma indústria fabrica brindes promocionais em forma de pirâmide. A pirâmide é obtida a partir de quatro cortes em um sólido que tem a forma de um cubo. No esquema, estão indicados o sólido original (cubo) e a pirâmide obtida a partir dele.

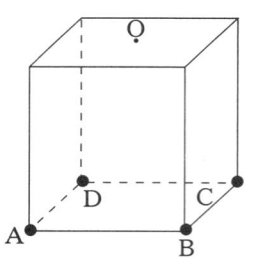 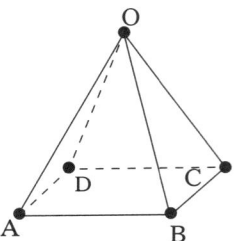

Os pontos A, B, C, D e O do cubo e da pirâmide são os mesmos. O ponto O é central na face superior do cubo. Os quatro cortes saem de O em direção às arestas $\overline{AD}, \overline{BC}, \overline{AB}, \overline{CD}$ nessa ordem. Após os cortes, são descartados quatro sólidos.

Os formatos dos sólidos descartados são

a) todos iguais.

b) todos diferentes.

c) três iguais e um diferente.

d) apenas dois iguais.

e) iguais dois a dois.

10

Café no Brasil

O consumo atingiu o maior nível da história no ano passado: os brasileiros beberam o equivalente a 331 bilhões de xícaras.

Veja, Ed. 2158, 31 mar. 2010.

Considere que a xícara citada na notícia seja equivalente a, aproximadamente, 120 mL de café. Suponha que em 2010 os brasileiros bebam ainda mais café, aumentando o consumo em $\frac{1}{5}$ do que foi consumido no ano anterior.

De acordo com essas informações, qual a previsão mais aproximada para o consumo de café em 2010?

a) 8 bilhões de litros.
b) 16 bilhões de litros.
c) 32 bilhões de litros.
d) 40 bilhões de litros.
e) 48 bilhões de litros.

11

Você pode adaptar atividades do seu dia a dia de uma forma que possa queimar mais calorias do que as gastas normalmente, conforme a relação seguinte:

- Enquanto você fala ao telefone, faça agachamentos: 100 calorias gastas em 20 minutos.
- Meia hora de supermercado: 100 calorias.
- Cuidar do jardim por 30 minutos: 200 calorias.
- Passear com o cachorro: 200 calorias em 30 minutos.
- Tirar o pó dos móveis: 150 calorias em 30 minutos.
- Lavar roupas por 30 minutos: 200 calorias.

Disponível em: http://cyberdiet.terra.com.br
Acesso em: 27 abr. 2010 (adaptado)

Uma pessoa deseja executar essas atividades, porém, ajustando o tempo para que, em cada uma, gaste igualmente 200 calorias.

A partir dos ajustes, quanto tempo a mais será necessário para realizar todas as atividades?

a) 50 minutos.
b) 60 minutos.
c) 80 minutos.
d) 120 minutos.
e) 170 minutos.

12

Para uma atividade realizada no laboratório de Matemática, um aluno precisa construir uma maquete da quadra de esportes da escola que tem 28 m de comprimento por 12 m de largura. A maquete deverá ser construída na escala de 1 : 250. Que medidas de comprimento e largura, em cm, o aluno utilizará na construção da maquete?

a) 4,8 e 11,2
b) 7,0 e 3,0
c) 11,2 e 4,8
d) 28,0 e 12,0
e) 30,0 e 70,0

13

Uma equipe de especialistas do centro meteorológico de uma cidade mediu a temperatura do ambiente, sempre no mesmo horário, durante 15 dias intercalados, a partir do primeiro dia de um mês. Esse tipo de procedimento é frequente, uma vez que os dados coletados servem de referência para estudos e verificação de tendências climáticas ao longo dos meses e anos.

As medições ocorridas nesse período estão indicadas no quadro:

Dia do mês	Temperatura (em °C)
1	15,5
3	14
5	13,5
7	18
9	19,5
11	20
13	13,5
15	13,5
17	18
19	20
21	18,5
23	13,5
25	21,5
27	20
29	16

Em relação à temperatura, os valores da média, mediana e moda são, respectivamente, iguais a

a) 17°C, 17°C e 13,5°C
b) 17°C, 18°C e 13,5°C
c) 17°C, 13,5°C e 18°C
d) 17°C, 18°C e 21,5°C
e) 17°C, 13,5°C e 21,5°C

14

Observe as dicas para calcular a quantidade certa de alimentos e bebidas para as festas de fim de ano:

- Para o prato principal, estime 250 gramas de carne para cada pessoa.
- Um copo americano cheio de arroz rende o suficiente para quatro pessoas.
- Para a farofa, calcule quatro colheres de sopa por convidado.
- Uma garrafa de vinho serve seis pessoas.
- Uma garrafa de cerveja serve duas.
- Uma garrafa de espumante serve três convidados.

Quem organiza festas faz esses cálculos em cima do total de convidados, independente do gosto de cada um.

Quantidade certa de alimentos e bebidas evita o desperdício da ceia. **Jornal Hoje**, 17 dez. 2010 (adaptado).

Um anfitrião decidiu seguir essas dicas ao se preparar para receber 30 convidados para a ceia de Natal. Para seguir essas orientações à risca, o anfitrião deverá dispor de

a) 120 kg de carne, 7 copos americanos e meio de arroz, 120 colheres de sopa de farofa, 5 garrafas de vinho, 15 de cerveja e 10 de espumante.

b) 120 kg de carne, 7 copos americanos e meio de arroz, 120 colheres de sopa de farofa, 5 garrafas de vinho, 30 de cerveja e 10 de espumante.

c) 75 kg de carne, 7 copos americanos e meio de arroz, 120 colheres de sopa de farofa, 5 garrafas de vinho, 15 de cerveja e 10 de espumante.

d) 7,5 kg de carne, 7 copos americanos, 120 colheres de sopa de farofa, 5 garrafas de vinho, 30 de cerveja e 10 de espumante.

e) 7,5 kg de carne, 7 copos americanos e meio de arroz, 120 colheres de sopa de farofa, 5 garrafas de vinho, 15 de cerveja e 10 de espumante.

15

A participação dos estudantes na Olimpíada Brasileira de Matemática das Escolas Públicas (OBMEP) aumenta a cada ano. O quadro indica o percentual de medalhistas de ouro, por região, nas edições da OBMEP de 2005 a 2009:

Região	2005	2006	2007	2008	2009
Norte	2%	2%	1%	2%	1%
Nordeste	18%	19%	21%	15%	19%
Centro - Oeste	5%	6%	7%	8%	9%
Sudeste	55%	61%	58%	66%	60%
Sul	21%	12%	13%	9%	11%

Disponível em: http://www.obmep.org.br
Acesso em : abr. 2010 (adaptado).

Em relação às edições de 2005 a 2009 da OBMEP, qual o percentual médio de medalhistas de ouro da região Nordeste?

a) 14,6%   b) 18,2%   c) 18,4%
d) 19,0%   e) 21,0%

16

As frutas que antes se compravam por dúzias, hoje em dia, podem ser compradas por quilogramas, existindo também a variação dos preços de acordo com a época de produção. Considere que, independente da época ou variação de preço, certa fruta custa R$ 1,75 o quilograma. Dos gráficos a seguir, o que representa o preço **m** pago em reais pela compra de **n** quilogramas desse produto é

a)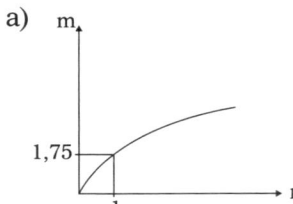

b)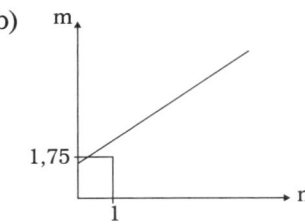

c)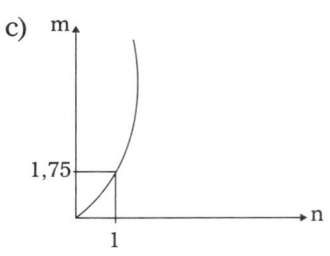

d)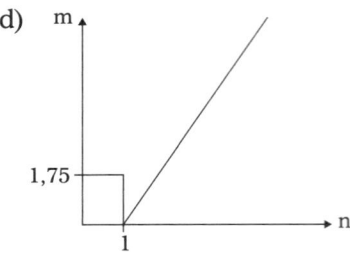

e)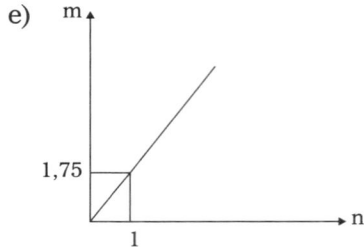

17

Um bairro de uma cidade foi planejado em uma região plana, com ruas paralelas e perpendiculares, delimitando quadras de mesmo tamanho. No plano de coordenadas cartesianas seguinte, esse bairro localiza-se no segundo quadrante, e as distâncias nos eixos são dadas em quilômetros.

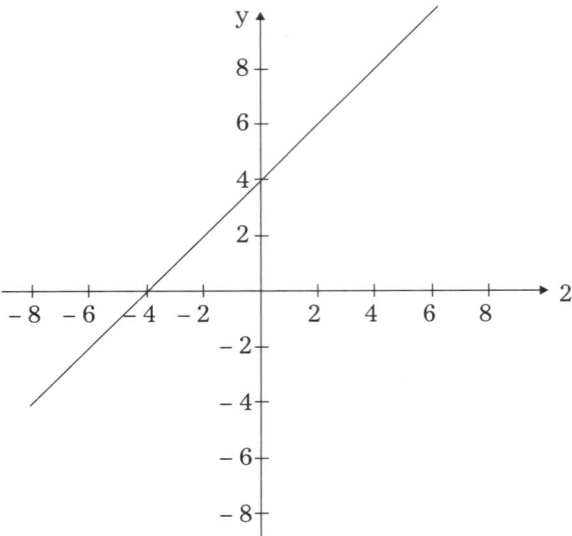

A reta de equação y = x + 4 representa o planejamento do percurso da linha do metrô subterrâneo que atravessará o bairro e outras regiões da cidade. No ponto P = (– 5, 5), localiza-se um hospital público. A comunidade solicitou ao comitê de planejamento que fosse prevista uma estação do metrô de modo que sua distância ao hospital, medida em linha reta, não fosse maior que 5 km.

Atendendo ao pedido da comunidade, o comitê argumentou corretamente que isso seria automaticamente satisfeito, pois já estava prevista a construção de uma estação no ponto.

a) (– 5, 0).   b) (– 3, 1).   c) (– 2, 1).
d) (0, 4).   e) (2, 6).

18

O Índice de Massa Corporal (IMC) é largamente utilizado há cerca de 200 anos, mas esse cálculo representa muito mais a corpulência que a adiposidade, uma vez que indivíduos musculosos e obesos podem apresentar o mesmo lMC. Uma nova pesquisa aponta o Índice de Adiposidade Corporal (IAC) como uma alternativa mais fidedigna para quantificar a gordura corporal, utilizando a medida do quadril e a altura. A figura mostra como calcular essas medidas, sabendo-se que, em mulheres, a adiposidade normal está entre 19% e 26%.

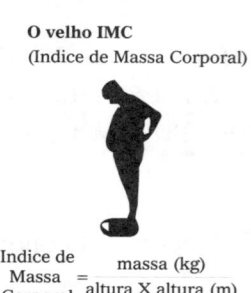
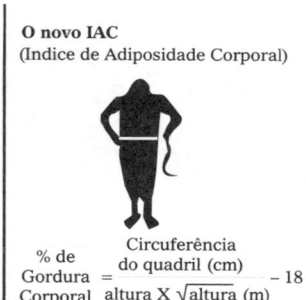

O velho IMC (Indice de Massa Corporal)

$$\text{Indice de Massa Corporal} = \frac{\text{massa (kg)}}{\text{altura} \times \text{altura (m)}}$$

O novo IAC (Indice de Adiposidade Corporal)

$$\text{\% de Gordura Corporal} = \frac{\text{Circuferência do quadril (cm)}}{\text{altura} \times \sqrt{\text{altura}} \text{ (m)}} - 18$$

Disponível em: http://www. folha.uol.com.br.
Acesso em: 24 abr. 2011 (adaptado).

Uma jovem com IMC = 20 kg/m², 100 cm de circunferência dos quadris e 60 kg de massa corpórea resolveu averiguar seu IAC. Para se enquadrar aos níveis de normalidade de gordura corporal, a atitude adequada que essa jovem deve ter diante da nova medida é (Use $\sqrt{3} = 1,7$ e $\sqrt{1,7} = 1,3$)

a) reduzir seu excesso de gordura em cerca de 1%.
b) reduzir seu excesso de gordura em cerca de 27%.
c) manter seus níveis atuais de gordura.
d) aumentar seu nível de gordura em cerca de 1%.
e) aumentar seu nível de gordura em cerca de 27%.

19

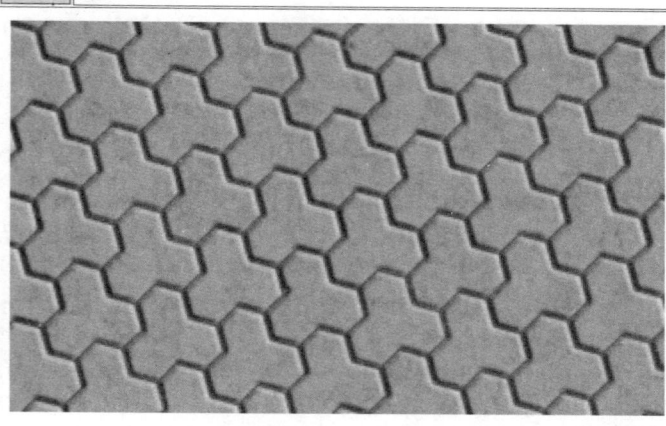

Disponível em: http://www. diaadia.pr.gov.br.
Acesso em: 28 abr. 2010

O polígono que dá forma a essa calçada é invariante por rotações, em torno de seu centro, de

a) 45°.
b) 60°.
c) 90°.
d) 120°.
e) 180°.

20

O saldo de contratações no mercado formal no setor varejista da região metropolitana de São Paulo registrou alta. Comparando as contratações deste setor no mês de fevereiro com as da janeiro deste ano, houve incremento de 4 300 vagas no setor, totalizando 880 605 trabalhadores com carteira assinada.

Disponível em: http://www.folha.uol.com.br
Acesso em: 26 abr. 2010 (adaptado)

Suponha que o incremento de trabalhadores no setor varejista seja sempre o mesmo nos seis primeiros meses do ano. Considerando-se que y e x representam, respectivamente, as quantidades de trabalhadores no setor varejista e os meses, janeiro sendo o primeiro, fevereiro, o segundo, e assim por diante, a expressão algébrica que relaciona essas quantidades nesses meses é

a) y = 4 300 x
b) y = 884 905 x
c) y = 872 005 + 4 300 x
d) y = 876 305 + 4 300 x
e) y = 880 605 + 4 300 x

21

A tabela compara o consumo mensal, em kWh, dos consumidores residenciais e dos de baixa renda, antes e depois da redução da tarifa de energia no estado de Pernambuco.

Como fica a tarifa				
Residencial			
Consumo Mensal(kWh)	Antes	Depois	Economia
140	R$ 71,04	R$ 64,75	R$ 6,29
185	R$ 93,87	R$ 85,56	R$ 8,32
350	R$ 177,60	R$ 161,86	R$ 15,74
500	R$ 253,72	R$ 231,24	R$ 22,48
Baixa Renda			
Consumo Mensal(kWh)	Antes	Depois	Economia
30	R$ 3,80	R$ 3,35	R$ 0,45
65	R$ 11,50	R$ 10,04	R$ 1,49
80	R$ 14,84	R$ 12,90	R$ 1,94
100	R$ 19,31	R$ 16,73	R$ 2,59
140	R$ 32,72	R$ 28,20	R$ 4,53

Fonte: Celpe Diário de Pernambuco, 28 abr. 2010 (adaptado).

Considere dois consumidores: um que é de baixa renda e gastou 100 kWh e outro do tipo residencial que gastou 185 kWh. A diferença entre o gasto desses consumidores com 1 kWh, depois da redução da tarifa de energia, mais aproximada, é de

a) R$ 0,27.
b) R$ 0,29.
c) R$ 0,32.
d) R$ 0,34.
e) R$ 0,61.

22

Um jovem investidor precisa escolher qual investimento lhe trará maior retorno financeiro em uma aplicação de R$ 500,00. Para isso, pesquisa o rendimento e o imposto a ser pago em dois investimentos: poupança e CDB (certificado de depósito bancário). As informações obtidas estão resumidas no quadro:

	Rendimento mensal (%)	IR (imposto de renda)
Poupança	0,560	isento
CDB	0,876	4%(sobre o ganho)

Para o jovem investidor, ao final de um mês, a aplicação mais vantajosa é

a) a poupança, pois totalizará um montante de R$ 502,80.
b) a poupança, pois totalizará um montante de R$ 500,56.
c) o CDB, pois totalizará um montante de R$ 504,38.
d) o CDB, pois totalizará um montante de R$ 504,21.
e) o CDB, pois totalizará um montante de R$ 500,87.

23

Para determinar a distância de um barco até a praia, um navegante utilizou o seguinte procedimento: a partir de um ponto A, mediu o ângulo visual α fazendo mira em um ponto fixo P da praia. Mantendo o barco no mesmo sentido, ele seguiu até um ponto B de modo que fosse possível ver o mesmo ponto P da praia, no entanto sob um ângulo visual 2α. A figura ilustra essa situação:

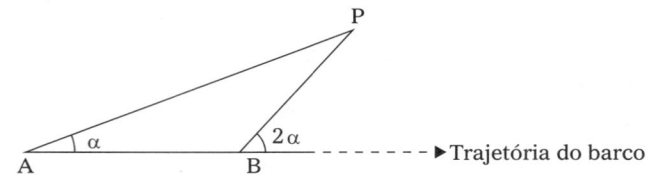

Suponha que o navegante tenha medido o ângulo $\alpha = 30°$ e, ao chegar ao ponto B, verificou que o barco havia percorrido a distância AB = 2000 m. Com base nesses dados e mantendo a mesma trajetória, a menor distância do barco até o ponto fixo P será

a) 1000 m.
b) $1000\sqrt{3}$ m.
c) $2000\dfrac{\sqrt{3}}{3}$ m.
d) 2000m.
e) $2000\sqrt{3}$ m.

24

Rafael mora no Centro de uma cidade e decidiu se mudar, por recomendações médicas, para uma das regiões: Rural, Comercial, Residencial Urbano ou Residencial Suburbano. A principal recomendação médica foi com as temperaturas das "ilhas de calor" da região, que deveriam ser inferiores a 31°C. Tais temperaturas são apresentadas no gráfico:

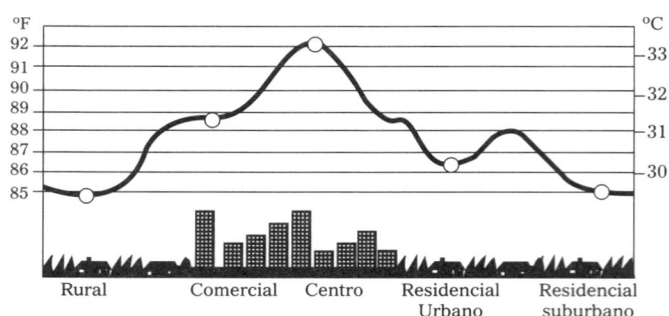

Fonte: EPA

Escolhendo, aleatoriamente, uma das outras regiões para morar, a probabilidade de ele escolher uma região que seja adequada às recomendações médicas é

a) $\dfrac{1}{5}$ b) $\dfrac{1}{4}$ c) $\dfrac{2}{5}$ d) $\dfrac{3}{5}$ e) $\dfrac{3}{4}$

25

O prefeito de uma cidade deseja construir uma rodovia para dar acesso a outro município. Para isso, foi aberta uma licitação na qual concorreram duas empresas.

A primeira cobrou R$ 100 000,00 por km construído (n), acrescidos de um valor fixo de R$ 350 000,00, enquanto a segunda cobrou R$ 120 000,00 por km construído (n), acrescidos de um valor fixo de R$ 150 000,00. As duas empresas apresentam o mesmo padrão de qualidade dos serviços prestados, mas apenas uma delas poderá ser contratada.

Do ponto de vista econômico, qual equação possibilitaria encontrar a extensão da rodovia que tornaria indiferente para a prefeitura escolher qualquer uma das propostas apresentadas?

a) 100n + 350 = 120n + 150
b) 100n + 150 = 120n + 350
c) 100(n + 350) = 120(n + 150)
d) 100(n + 350 000) = 120(n + 150 000)
e) 350(n + 100 000) = 150(n + 120 000)

26

O número mensal de passagens de uma determinada empresa aérea aumentou no ano passado nas seguintes condições: em janeiro foram vendidas 33 000 passagens; em fevereiro, 34 500; em março, 36 000. Esse padrão de crescimento se mantém para os meses subsequentes.

Quantas passagens foram vendidas por essa empresa em julho do ano passado?

a) 38 000
b) 40 500
c) 41 000
d) 42 000
e) 48 000

27

Uma pessoa aplicou certa quantia em ações. No primeiro mês, ela perdeu 30% do total do investimento e, no segundo mês, recuperou 20% do que havia perdido. Depois desses dois meses, resolveu tirar o montante de R$ 3 800,00 gerado pela aplicação.

A quantia inicial que essa pessoa aplicou em ações corresponde ao valor de

a) R$ 4 222,22.
b) R$ 4 523,80.
c) R$ 5 000,00.
d) R$ 13 300,00.
e) R$ 17 100,00.

28

Muitas medidas podem ser tomadas em nossas casas visando à utilização racional de energia elétrica. Isso deve ser uma atitude diária de cidadania. Uma delas pode ser a redução do tempo no banho. Um chuveiro com potência de 4 800 W consome 4,8 kW por hora.

Uma pessoa que toma dois banhos diariamente, de 10 minutos cada, consumirá, em sete dias, quantos kW?

a) 0,8
b) 1,6
c) 5,6
d) 11,2
e) 33,6

29

Cerca de 20 milhões de brasileiros vivem na região coberta pela caatinga, em quase 800 mil km² de área. Quando não chove, o homem do sertão e sua família precisam caminhar quilômetros em busca da água dos açudes. A irregularidade climática é um dos fatores que mais interferem na vida do sertanejo.

Disponível em: http://www.wwf.org.br. Acesso: 23 abr. 2010.

Segundo este levantamento, a densidade demográfica da região coberta pela caatinga, em habitantes por km², é de

a) 250.
b) 25.
c) 2,5.
d) 0,25.
e) 0,025.

30

O gráfico mostra a velocidade de conexão à Internet utilizada em domicílios no Brasil. Esses dados são resultado da mais recente pesquisa, de 2009, realizada pelo Comitê Gestor da Internet (CGI).

% domicilios segundo a velocidade de conexão à Internet

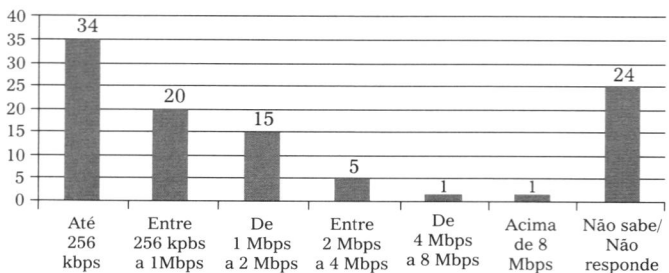

Disponível em: http://agencia.ipea.gov.br.
Acesso em: 28 abr. 2010 (adaptado).

Escolhendo-se, aleatoriamente, um domicílio pesquisado, qual a chance de haver banda larga de conexão de pelo menos 1 Mbps neste domicílio?

a) 0,45   b) 0,42   c) 0,30   d) 0,22   e) 0,15

31

Todo o país passa pela primeira fase de campanha de vacinação contra a gripe suína (H1N1). Segundo um médico infectologista do Instituto Emílio Ribas, de São Paulo, a imunização "deve mudar", no país, a história da epidemia. Com a vacina, de acordo com ele, o Brasil tem a chance de barrar uma tendência do crescimento da doença, que já matou 17 mil no mundo. A tabela apresenta dados específicos de um único posto de vacinação.

Campanha de vacinação contra gripe suína

Datas da vacinação	Público - alvo	Quantidade de pessoas vacinadas
8 a 19 de março	Trabalhadores da saúde e indígenas	42
22 de março a 2 abril	Portadores de doenças crônicas	22
5 a 23 de abril	Adultos saudáveis entre 20 e 29 anos	56
24 de abril a 7 de maio	População com mais de 60 anos	30
10 a 21 de maio	Adultos saudáveis entre 30 e 39 anos	50

Disponível em: http://img.terra.com./br.
Acesso em: 26 abr. 2010 (adaptado).

Escolhendo-se aleatoriamente uma pessoa atendida nesse posto de vacinação, a probabilidade de ela ser portadora de doença crônica é

a) 8%.   b) 9%.   c) 11%.   d) 12%.   e) 22%.

32

Em um jogo disputado em uma mesa de sinuca, há 16 bolas: 1 branca e 15 coloridas, as quais, de acordo com a coloração, valem de 1 a 15 pontos (um valor para cada bola colorida).

O jogador acerta o taco na bola branca de forma que esta acerte as outras, com o objetivo de acertar duas das quinze bolas em quaisquer caçapas. Os valores dessas duas bolas são somados e devem resultar em um valor escolhido pelo jogador antes do início da jogada.

Arthur, Bernardo e Caio escolhem os números 12, 17 e 22 como sendo resultados de suas respectivas somas. Com essa escolha, quem tem a maior probabilidade de ganhar o jogo é

a) Arthur, pois a soma que escolheu é a menor.
b) Bernardo, pois há 7 possibilidades de compor a soma escolhida por ele, contra 4 possibilidades para a escolha de Arthur e 4 possibilidades para a escolha de Caio.
c) Bernardo, pois há 7 possibilidades de compor a soma escolhida por ele, contra 5 possibilidades para a escolha de Arthur e 4 possibilidades para a escolha de Caio.
d) Caio, pois há 10 possibilidades de compor a soma escolhida por ele, contra 5 possibilidades para a escolha de Arthur e 8 possibilidades para a escolha de Bernardo.
e) Caio, pois a soma que escolheu é a maior.

33

É possível usar água ou comida para atrair as aves e observá-las. Muitas pessoas costumam usar água com açúcar, por exemplo, para atrair beija-flores, Mas é importante saber que, na hora de fazer a mistura, você deve sempre usar uma parte de açúcar para cinco partes de água. Além disso, em dias quentes, precisa trocar a água de duas a três vezes, pois com o calor ela pode fermentar e, se for ingerida pela ave, pode deixá-la doente. O excesso de açúcar, ao cristalizar, também pode manter o bico da ave fechado, impedindo-a de se alimentar. Isso pode até matá-la.

Ciência Hoje das Crianças. FNDE;
Instituto Ciência Hoje, ano 19, n. 166, mar. 1996.

Pretende-se encher completamente um copo com a mistura para atrair beija-flores. O copo tem formato cilíndrico, e suas medidas são 10 cm de altura e 4 cm de diâmetro, A quantidade de água que deve ser utilizada na mistura é cerca de (utilize $\pi = 3$)

a) 20 mL.   b) 24 mL.   c) 100 mL.
d) 120 mL. e) 600 mL.

34

A figura apresenta informações biométricas de um homem (Duílio) e de uma mulher (Sandra) que estão buscando alcançar seu peso ideal a partir das atividades físicas (corrida). Para se verificar a escala de obesidade, foi desenvolvida a fórmula que permite verificar o Índice de Massa Corporal (IMC). Esta fórmula é apresentada como IMC = m/h^2, onde m é a massa em quilogramas e h é altura em metros.

O perfil dos novos corredores

Duílio Saba		Sandra Tescari	
Idade	50 anos	Idade	42 anos
Altura	1,88 metro	Altura	1,70 metro
Peso	96,4 quilos	Peso	84 quilos
Peso ideal	94,5 quilos	Peso ideal	77 quilos

No quadro é apresentada a Escala de Índice de Massa Corporal com as respectivas categorias relacionadas aos pesos.

Escala de Índice de Massa Corporal	
Categorias	IMC (kg/m²)
Desnutrição	Abaixo de 14,5
Peso abaixo do normal	14,5 a 20
Peso normal	20 a 24,9
Sobrepeso	25 a 29,9
Obesidade	30 a 39,9
Obesidade mórbida	Igual ou acima de 40

Nova Escola. N.° 172, maio 2004.

A partir dos dados biométricos de Duílio e Sandra e da Escala de IMC, o valor IMC e a categoria em que cada uma das pessoas se posiciona na Escala são

a) Duílio tem o IMC 26,7 e Sandra tem o IMC 26,6, estando ambos na categoria de sobrepeso.

b) Duílio tem o IMC 27,3 e Sandra tem o IMC 29,1, estando ambos na categoria de sobrepeso.

c) Duílio tem o IMC 27,3 e Sandra tem o IMC 26,6, estando ambos na categoria de sobrepeso.

d) Duílio tem o IMC 25,6, estando na categoria de sobrepeso, e Sandra tem o IMC 24,7, estando na categoria de peso normal.

e) Duílio tem o IMC 25,1, estando na categoria de sobrepeso, e Sandra tem o IMC 22,6, estando na categoria de peso normal.

35

O atletismo é um dos esportes que mais se identificam com o espírito olímpico. A figura ilustra uma pista de atletismo. A pista é composta por oito raias e tem largura de 9,76 m. As raias são numeradas do centro da pista para a extremidade e são construídas de segmentos de retas paralelas e arcos de circunferência. Os dois semicírculos da pista são iguais.

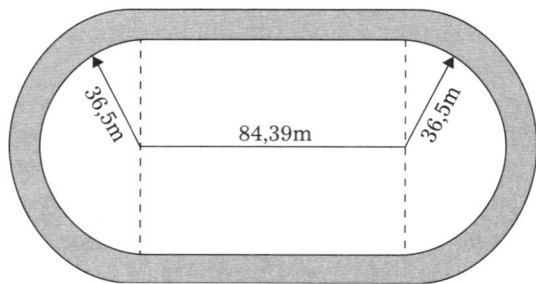

BIEMBENGUT, M. S. Modelação Matemática como método de ensino-aprendizagem de Matemática em cursos de 1.° e 2.° graus. 1900. Dissertação de Mestrado. IGCE/UNESP, Rio Claro, 1990 (adaptado).

Se os atletas partissem do mesmo ponto, dando uma volta completa, em qual das raias o corredor estaria sendo beneficiado?

a) 1   b) 4   c) 5   d) 7   e) 8

36

Nos últimos cinco anos, 32 mil mulheres de 20 a 24 anos foram internadas nos hospitais do SUS por causa de AVC. Entre os homens da mesma faixa etária, houve 28 mil internações pelo mesmo motivo.

Época. 26 abr. 2010 (adaptado).

Suponha que, nos próximos cinco anos, haja um acréscimo de 8 mil internações de mulheres e que o acréscimo de internações de homens por AVC ocorra na mesma proporção.

De acordo com as informações dadas, o número de homens que seriam internados por AVC, nos próximos cinco anos, corresponderia a

a) 4 mil.   b) 9 mil.   c) 21 mil.   d) 35 mil.   e) 39 mil.

37

Uma enquete, realizada em março de 2010, perguntava aos internautas se eles acreditavam que as atividades humanas provocam o aquecimento global. Eram três as alternativas possíveis e 279 intenautas responderam à enquete, como mostra o gráfico.

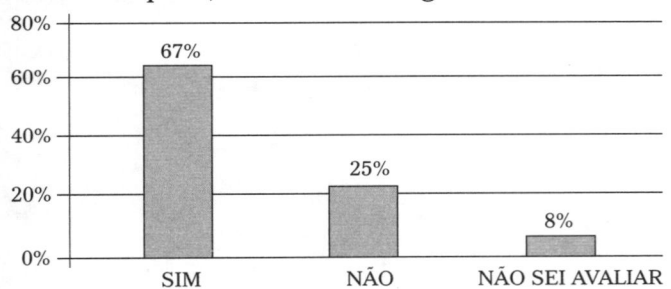

Época. Ed. 619, 29 mar. 2010 (adaptado).

Analisando os dados do gráfico, quantos internautas responderam "NÃO" à enquete?

a) Menos de 23.
b) Mais de 23 e menos de 25.
c) Mais de 50 e menos de 75.
d) Mais de 100 e menos de 190.
e) Mais de 200.

38

A cor de uma estrela tem relação com a temperatura em sua superfície. Estrelas não muito quentes (cerca de 3 000 K) nos parecem avermelhadas. Já as estrelas amarelas, como o Sol, possuem temperatura em torno dos 6 000 K; as mais quentes são brancas ou azuis porque sua temperatura fica acima dos 10 000 K. A tabela apresenta uma classificação espectral e outros dados para as estrelas dessas classes.

Estrelas da Sequência Principal

Classe espectral	Temperatura	Luminosidade	Massa	Raio
O5	40 000	5×10^5	40	18
B0	28 000	2×10^4	18	7
B0	9 900	80	3	2,5
G2	5 770	1	1	1
M0	3 480	0,06	0,5	0,6

Temperatura em Kelvin

Luminosidade, massa e raio, tomando o Sol como unidade.

Disponível em: http://www.zenite.nu
Acesso em: 1 maio 2010 (adaptado).

Se tomarmos uma estrela que tenha temperatura 5 vezes maior que a temperatura do Sol, qual será a ordem de grandeza de sua luminosidade?

a) 20 000 vezes a luminosidade do Sol.
b) 28 000 vezes a luminosidade do Sol.
c) 28 850 vezes a luminosidade do Sol.
d) 30 000 vezes a luminosidade do Sol.
e) 50 000 vezes a luminosidade do Sol.

39

O setor de recursos humanos de uma empresa vai realizar uma entrevista com 120 candidatos a uma vaga de contador. Por sorteio, eles pretendem atribuir a cada candidato um número, colocar a lista de números em ordem numérica crescente e usá-la para convocar os interessados. Acontece que, por um defeito do computador, foram gerados números com 5 algarismos distintos e, em nenhum deles, apareceram dígitos pares. Em razão disso, a ordem de chamada do candidato que tiver recebido o número 75 913 é

a) 24.   b) 31.   c) 32.   d) 88.   e) 89.

40

Um técnico em refrigeração precisa revisar todos os pontos de saída de ar de um escritório com várias salas. Na imagem apresentada, cada ponto indicado por uma letra é a saída do ar, e os segmentos são as tubulações.

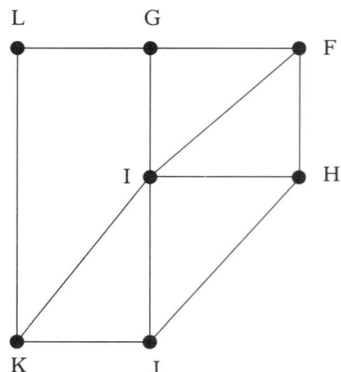

Iniciando a revisão pelo ponto K e terminando em F, sem passar mais de uma vez por cada ponto, o caminho será passando pelos pontos

a) K, I e F.
b) K, J, I, G, L e F.
c) K, L, G, I, J, H e F.
d) K, J, H, I, G, L e F.
e) K, L, G, I, H, J e F.

41

O termo agronegócio não se refere apenas à agricultura e à pecuária, pois as atividades ligadas a essa produção incluem fornecedores de equipamentos, serviços para a zona rural, industrialização e comercialização dos produtos.

O gráfico seguinte mostra a participação percentual do agronegócio no PIB brasileiro:

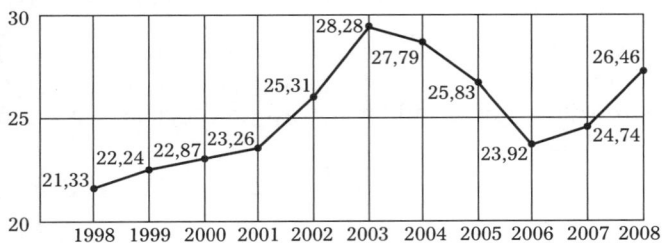

Centro de Estudos Avançados em Economia Aplicada (CEPEA). Almanaque abril 2010. São Paulo: Abril, ano 36 (adaptado)

Esse gráfico foi usado em uma palestra na qual o orador ressaltou uma queda da participação do agronegócio no PIB brasileiro e a posterior recuperação dessa participação, em termos percentuais. Segundo o gráfico, o período de queda ocorreu entre os anos de

a) 1998 e 2001.
b) 2001 e 2003.
c) 2003 e 2006.
d) 2003 e 2007.
e) 2003 e 2008.

42

A resistência das vigas de dado comprimento é diretamente proporcional à largura (b) e ao quadrado da altura (d), conforme a figura. A constante de proporcionalidade k varia de acordo com o material utilizado na sua construção.

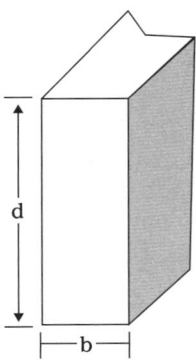

Considerando-se S como a resistência, a representação algébrica que exprime essa relação é

a) $S = k \cdot b \cdot d$
b) $S = b \cdot d^2$
c) $S = k \cdot b \cdot d^2$
d) $S = \dfrac{k \cdot b}{d^2}$
e) $S = \dfrac{k \cdot d^2}{b}$

43

Considere que uma pessoa decida investir uma determinada quantia e que sejam apresentadas três possibilidades de investimento, com rentabilidades líquidas garantidas pelo período de um ano, conforme descritas:

Investimento A : 3% ao mês

Investimento B : 36% ao ano

Investimento C : 18% ao semestre

As rentabilidades, para esses investimentos, incidem sobre o valor do período anterior. O quadro fornece algumas aproximações para a análise das rentabilidades

n	$1,03^n$
3	1,093
6	1,194
9	1,305
12	1,426

Para escolher o investimento com maior rentabilidade: anual, essa pessoa deverá

a) escolher qualquer um dos investimentos A, B ou C, pois as suas rentabilidades anuais são iguais a 36%.
b) escolher os investimentos A ou C, pois suas rentabilidades anuais são iguais a 39%.
c) escolher o investimento A, pois a sua rentabilidade anual é maior que as rentabilidades anuais dos investimentos B e C.
d) escolher o investimento B, pois sua rentabilidade de 36% é maior que as rentabilidades de 3% do investimento A e de 18% do investimento C.
e) escolher o investimento C, pois sua rentabilidade de 39% ao ano é maior que a rentabilidade de 36% ao ano dos investimentos A e B.

44

Uma indústria fabrica um único tipo de produto e sempre vende tudo o que produz. O custo total para fabricar uma quantidade **q** de produtos é dado por uma função, simbolizada por **CT**, enquanto o faturamento que a empresa obtém com a venda da quantidade q também é uma função, simbolizada por **FT**. O lucro total (**LT**) obtido pela venda da quantidade q de produtos é dado pela expressão **LT(q) = FT(q) − CT(q)**.

Considerando-se as funções **FT(q) = 5q** e **CT(q) = 2q+ 12** como faturamento e custo, qual a quantidade mínima de produtos que a indústria terá de fabricar para não ter prejuízo?

a) 0   b) 1   c) 3   d) 4   e) 5

45

Uma empresa de telefonia fixa oferece dois planos aos seus clientes: no plano K, o cliente paga R$ 29,90 por 200 minutos mensais e R$ 0,20 por cada minuto excedente; no plano Z, paga R$ 49,90 por 300 minutos mensais e R$ 0,10 por cada minuto excedente.

O gráfico que representa o valor pago, em reais, nos dois planos em função dos minutos utilizados é

a)
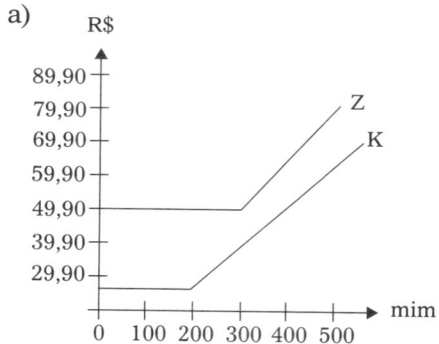

b)
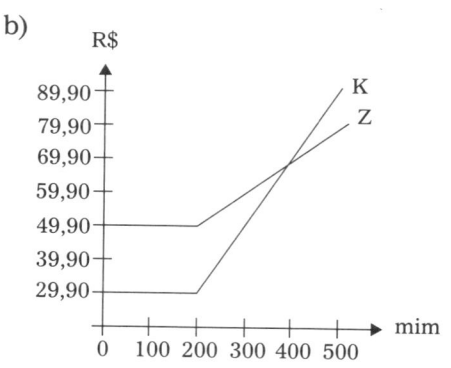

c)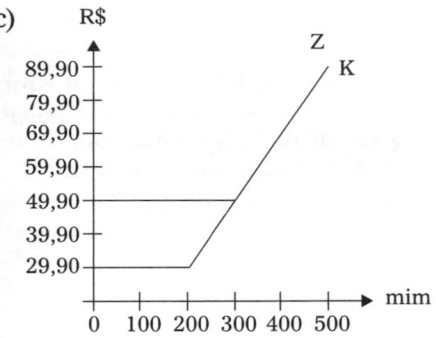

d)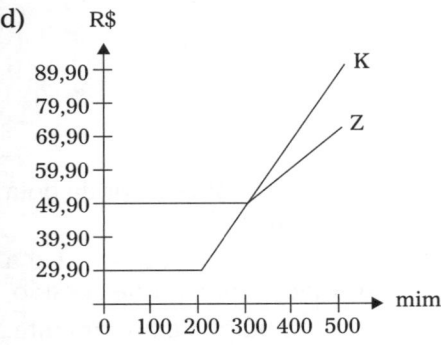

e)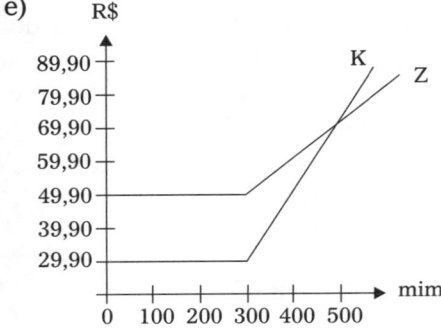

ENEM – 2012

46

O diretor de uma escola convidou os 280 alunos de terceiro ano a participarem de uma brincadeira. Suponha que existem 5 objetos e 6 personagens numa casa de 9 cômodos; um dos personagens esconde um dos objetos em um dos cômodos da casa. O objetivo da brincandeira é adivinhar qual objeto foi escondido por qual personagem e em qual cômodo da casa o objeto foi escondido.

Todos os alunos decidiram participar. A cada vez um aluno é sorteado e dá a sua resposta. As respostas devem ser sempre distintas das anteriores, e um mesmo aluno não pode ser sorteado mais de uma vez. Se a resposta do aluno estiver correta, ele é declarado vencedor e a brincadeira é encerrada.

O diretor sabe que algum aluno acertará a resposta porque há

a) 10 alunos a mais do que possíveis respostas distintas.
b) 20 alunos a mais do que possíveis respostas distintas.
c) 119 alunos a mais do que possíveis respostas distintas.
d) 260 alunos a mais do que possíveis respostas distintas.
e) 270 alunos a mais do que possíveis respostas distintas.

47

Um biólogo mediu a altura de cinco árvores distintas e representou-as em uma mesma malha quadriculada, utilizando escalas diferentes, conforme indicações na figura a seguir.

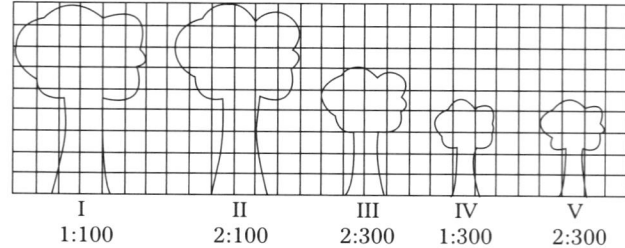

I   II   III   IV   V
1:100 2:100 2:300 1:300 2:300

Qual é a árvore que apresenta a maior altura real?

a) I   b) II   c) III   d) IV   e) V

48

Em um jogo há duas urnas com 10 bolas de mesmo tamanho em cada urna. A tabela a seguir indica as quantidades de bolas de cada cor em cada urna.

Cor	Urna 1	Urna 2
Amarela	4	0
Azul	3	1
Branca	2	2
Verde	1	3
Vermelha	0	4

Uma jogada consiste em:

1º) o jogador apresenta um palpite sobre a cor da bola que será retirada por ele da urna 2;

2º) ele retira, aleatoriamente, uma bola da urna 1 e a coloca na urna 2, misturando-a com as que lá estão;

3º) em seguida ele retira, também aleatoriamente, uma bola da urna 2;

4º) se a cor da última bola retirada for a mesma do palpite inicial, ele ganha o jogo.

Qual cor deve ser escolhida pelo jogador para que ele tenha a maior probabilidade de ganhar?

a) Azul.　　　　b) Amarela.　　c) Branca.
d) Verde.　　　e) Vermelha.

49

Os hidrômeros são marcadores de consumo de água em residências e estabelecimentos comerciais. Existem vários modelos de mostradores de hidrômetros, sendo que alguns deles possuem uma combinação de um mostrador e dois relógios de ponteiro. O número formado pelos quatro primeiros algarismos do mostrador fornece o consumo em m³, e os dois últimos algarismos representam, respectivamente, as centenas e dezenas de litros de água consumidos. Um dos relógios de ponteiros indica a quantidade em litros, e o outro em décimos de litros, conforme ilustrados na figura a seguir.

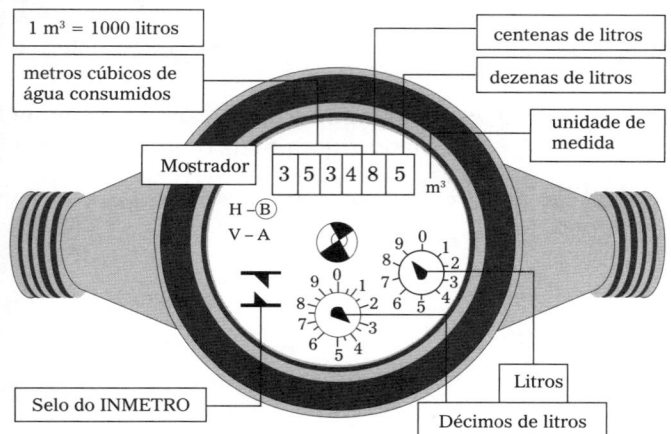

Disponível em: www.aguasdearacoiaba.com.br (adaptado).

Considerando as informações indicadas na figura, o consumo total de água registrado nesse hidrômetro, em litros, é igual a

a) 3 534,85.
b) 3 544,20.
c) 3 534 850,00.
d) 3 534 859,35.
e) 3 534 850,39.

50

O dono de uma farmácia resolveu colocar à vista do público o gráfico mostrado a seguir, que apresenta a evolução do total de vendas (em Reais) de certo medicamento ao longo do ano de 2011.

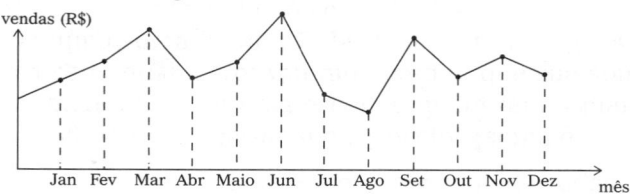

De acordo com o gráfico, os meses em que ocorreram, respectivamente, a maior e a menor venda absolutas em 2011 foram

a) março e abril.
b) março e agosto.
c) agosto e setembro.
d) junho e setembro.
e) junho e agosto.

Resp: 43 C   44 D   45 D   46 A

51

A Maria quer inovar em sua loja de embalagens e decidiu vender caixas com diferentes formatos. Nas imagens apresentadas estão as planificações dessas caixas.

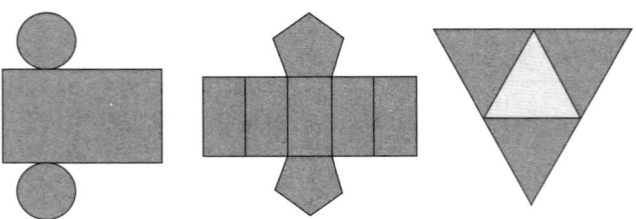

Quais serão os sólidos geométricos que Maria obterá a partir dessas planificações?

a) Cilindro, prisma de base pentagonal e pirâmide.

b) Cone, prisma de base pentagonal e pirâmide.

c) Cone, tronco de pirâmide e prisma.

d) Cilindro, tronco de pirâmide e prisma.

e) Cilindro, prisma e tronco de cone.

52

Jogar baralho é uma atividade que estimula o raciocínio. Um jogo tradicional é a Paciência, que utiliza 52 cartas. Inicialmente são formadas sete colunas com as cartas. A primeira coluna tem uma carta, a segunda tem duas cartas, a terceira tem três cartas, a quarta tem quatro cartas, e assim sucessivamente até a sétima coluna, a qual tem sete cartas, e o que sobra forma o monte, que são as cartas não utilizadas nas colunas.

A quantidade de cartas que forma o monte é

a) 21. b) 24. c) 26. d) 28 e) 31.

53

O gráfico mostra a variação da extensão média de gelo marítimo, em milhões de quilômetros quadrados, comparando dados dos anos 1995, 1998, 2000, 2005 e 2007. Os dados correspondem aos meses de junho a setembro. O Ártico começa a recobrar o gelo quando termina o verão, em meados de setembro. O gelo do mar atua como o sistema de resfriamento da Terra, refletindo quase toda a luz solar de volta ao espaço. Águas de oceanos escuros, por sua vez, absorvem a luz solar e reforçam o aquecimento do Ártico, ocasionando derretimento crescente do gelo.

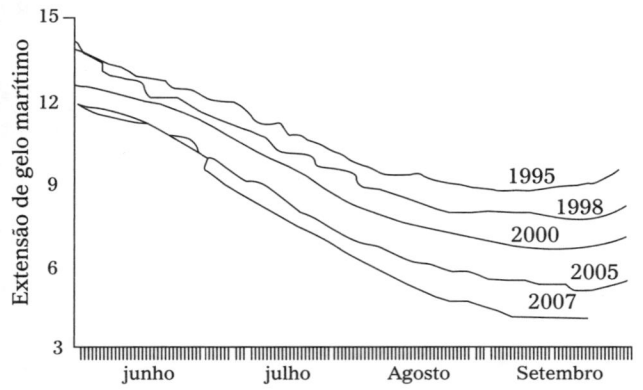

Disponível em: http://sustentabilidade.allianz.com.br. Acesso em: fev. 2012 (adaptado)

Com base no gráfico e nas informações do texto, é possível inferir que houve maior aquecimento global em

a) 1995.   b) 1998.   c) 2000.   d) 2005.   e) 2007.

54

Uma pesquisa realizada por estudantes da Faculdade de Estatística mostra, em horas por dia, como os jovens entre 12 e 18 anos gastam seu tempo, tanto durante a semana (de segunda-feira a sexta-feira), como no fim de semana (sábado e domingo). A seguinte tabela ilustra os resultados da pesquisa.

Rotina Juvenil	Durante a semana	No fim de semana
Assistir à televião	3	3
Atividades domésticas	1	1
Atividades escolares	5	1
Atividade de lazer	2	4
Descanso, higiene e alimentação	10	12
Outras atividades	3	3

De acordo com esta pesquisa, quantas horas de seu tempo gasta um jovem entre 12 e 18 anos, na semana inteira (de segunda-feira a domingo), nas atividades escolares?

a) 20   b) 21   c) 24   d) 25   e) 27

55

Certo vendedor tem seu salário mensal calculado da seguinte maneira: ele ganha um valor fixo de R$ 750,00, mais uma comissão de R$ 3,00 para cada produto vendido. Caso ele venda mais de 100 produtos, sua comissão passa a ser de R$ 9,00 para cada produto vendido, a partir do 101º produto vendido. Com essas informações, o gráfico que melhor representa a relação entre salário e o número de produtos vendidos é

a)
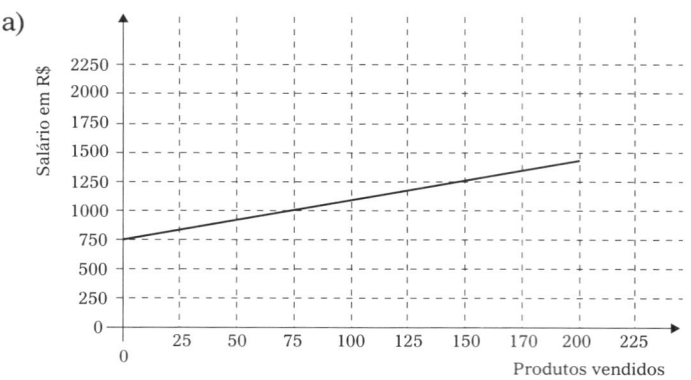

b)
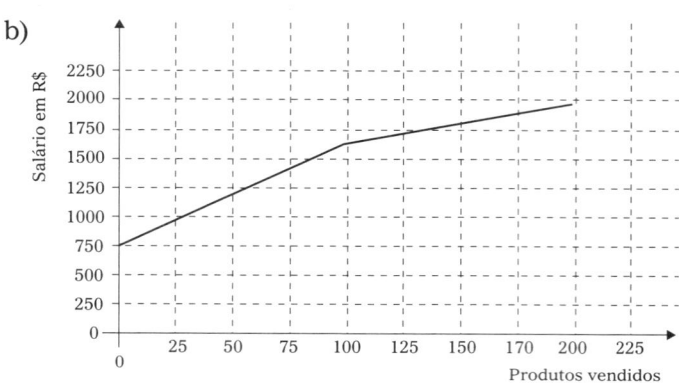

c)
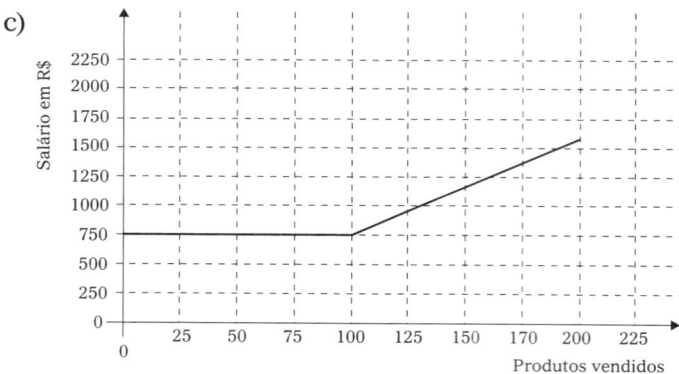

d)
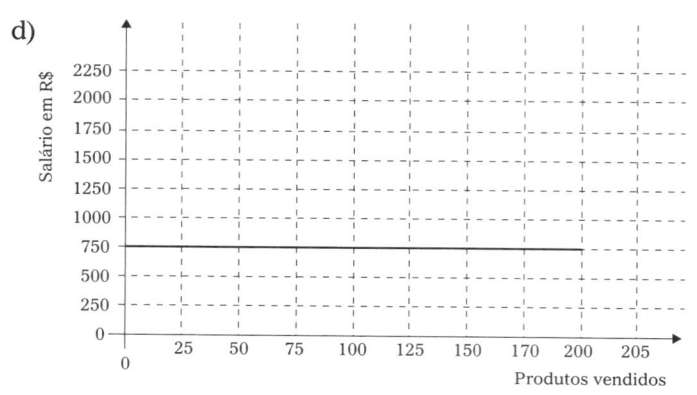

e)
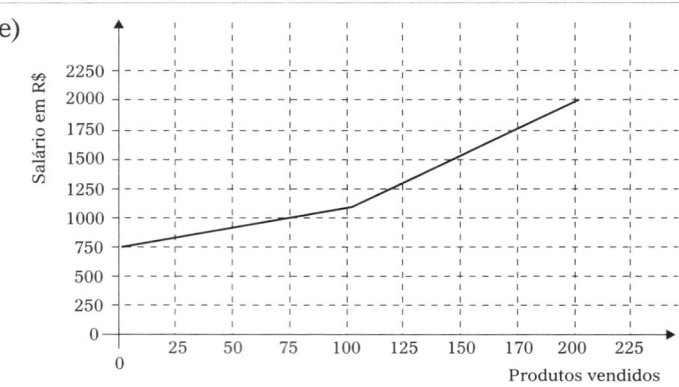

56

Um maquinista de trem ganha R$ 100,00 por viagem e só pode viajar a cada 4 dias. Ele ganha somente se fizer a viagem e sabe que estará de férias de 1.º a 10 de junho, quando não poderá viajar. Sua primeira viagem ocorreu no dia primeiro de janeiro. Considere que o ano tem 365 dias.

Se o maquinista quiser ganhar o máximo possível, quantas viagens precisará fazer?

a) 37   b) 51   c) 88   d) 89   e) 91

57

Alguns objetos, durante a sua fabricação, necessitam passar por um processo de resfriamento. Para que isso ocorra, uma fábrica utiliza um tanque de resfriamento, como mostrado na figura.

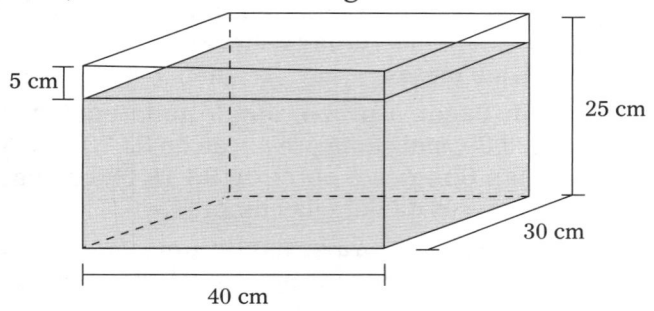

O que aconteceria com o nível da água se colocássemos no tanque um objeto cujo volume fosse de 2 400 cm³?

a) O nível subiria 0,2 cm, fazendo a água ficar com 20,2 cm de altura.
b) O nível subiria 1 cm, fazendo a água ficar com 21 cm de altura.
c) O nível subiria 2 cm, fazendo a água ficar com 22 cm de altura.
d) O nível subiria 8 cm, fazendo a água transbordar.
e) O nível subiria 20 cm, fazendo a água transbordar.

58

Jorge quer instalar aquecedores no seu salão de beleza para melhorar o conforto dos seus clientes no inverno. Ele estuda a compra de unidades de dois tipos de aquecedores: modelo A, que consome 600 g/h (gramas por hora) de gás propano e cobre 35 m² de área, ou modelo B, que consome 750 g/h de gás propano e cobre 45 m² de área. O fabricante indica que o aquecedor deve ser instalado em um ambiente com área menor do que a da sua cobertura. Jorge vai instalar uma unidade por ambiente e quer gastar o mínimo possível com gás. A área do salão que deve ser climatizada encontra-se na planta seguinte (ambientes representados por três retângulos e um trapézio).

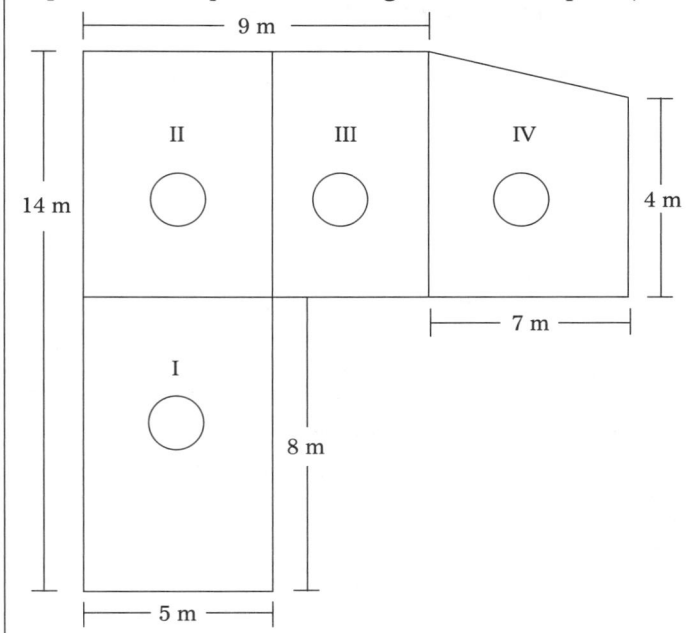

Avaliando-se todas as informações, serão necessários
a) quatro unidades do tipo A e nenhuma unidade do tipo B.
b) três unidades do tipo A e uma unidade do tipo B.
c) duas unidades do tipo A e duas unidades do tipo B.
d) uma unidade do tipo A e três unidades do tipo B.
e) nenhuma unidade do tipo A e quatro unidades do tipo B.

59

Para decorar a fachada de um edifício, um arquiteto projetou a colocação de vitrais compostos de quadrados de lado medindo 1 m, conforme a figura a seguir.

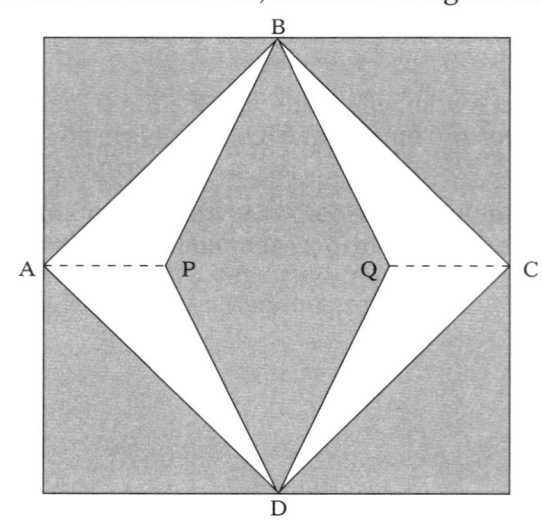

Nesta figura, os pontos A, B, C e D são pontos médios dos lados do quadrado e os segmentos AP e QC medem 1/4 da medida do lado do quadrado. Para confeccionar um vitral, são usados dois tipos de materiais: um para a parte sombreada da figura, que custa R$ 30,00 o m², e outro para a parte mais clara (regiões ABPDA e BCDQB), que custa R$ 50,00 o m².

De acordo com esses dados, qual é o custo dos materiais usados na fabricação de um vitral?

a) R$ 22,50
b) R$ 35,00
c) R$ 40,00
d) R$ 42,50
e) R$ 45,00

60

Arthur deseja comprar um terreno de Cléber, que lhe oferece as seguintes possibilidades de pagamento:

- Opção 1: Pagar à vista, por R$ 55 000,00;
- Opção 2: Pagar a prazo, dando uma entrada de R$ 30 000,00, e mais uma prestação de R$ 26 000,00 para dali a 6 meses.
- Opção 3: Pagar a prazo, dando uma entada de R$ 20 000,00, mais uma prestação de R$ 20 000,00, para dali a 6 meses e outra de R$ 18 000,00 para dali a 12 meses da data da compra.
- Opção 4: Pagar a prazo dando uma entrada de R$ 15 000,00 e o restante em 1 ano da data da compra, pagando R$ 39 000,00
- Opção 5: pagar a prazo, dali a um ano, o valor de R$ 60 000,00.

Arthur tem o dinheiro para pagar à vista, mas avalia se não seria melhor aplicar o dinheiro do valor à vista (ou até um valor menor), em um investimento, com rentabilidade de 10% ao semestre, resgatando os valores à medida que as prestações da opção escolhida fossem vencendo.

Após avaliar a situação do ponto financeiro e das condições apresentadas, Arthur concluiu que era mais vantajoso financeiramente escolher a opção

a) 1.   b) 2.   c) 3.   d) 4.   e) 5.

61

Um forro retangular de tecido traz em sua etiqueta a informação de que encolherá após a primeira lavagem mantendo, entretanto, seu formato. A figura a seguir mostra as medidas originais do forro e o tamanho do encolhimento (x) no comprimenro e (y) na largura. A expressão algébrica que representa a área do forro após ser lavado é (5 – x) (3 – y).

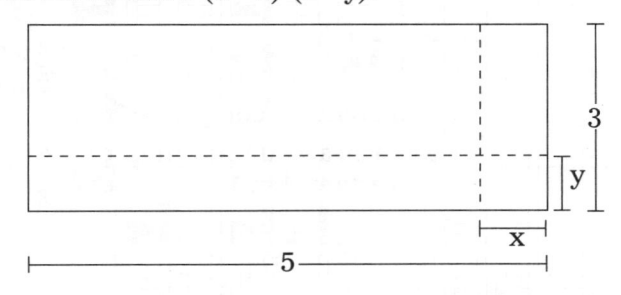

Nessas condições, a área perdida do forro, após a primeira lavagem, será expressa por:

a) 2xy
b) 15 – 3x
c) 15 – 5y
d) – 5y – 3x
e) 5y + 3x – xy

62

A capacidade mínima, em BTU/h, de um aparelho de ar condicionado, para ambientes sem exposição ao sol, pode ser determinada da seguinte forma:

- 600 BTU/h por m^2, considerando-se até duas pessoas no ambiente;
- para cada pessoa adicional nesse ambiente, acrescentar 600 BTU/h;
- acrescentar mais 600 BTU/h para cada equipamento eletrônico em funcionamento no ambiente.

Será instalado um aparelho de ar condicionado em uma sala sem exposição ao sol, de dimensões 4 m x 5 m, em que permaneçam quatro pessoas e possua um aparelho de televisão em funcionamento. A capacidade mínima, em BTU/h, desse aparelho de arcondicionado deve ser

a) 12 000.
b) 12 600.
c) 13 200.
d) 13 800.
e) 15 000.

Resp: 55 E   56 D   57 C   58 C

63

A resistência mecânica S de uma viga de madeira, em forma de um paralelepípedo retângulo, é diretamente proporcional à largura (b) e ao quadrado de sua altura (d) e inversamente proporcional ao quadrado da distância entre os suportes da viga, que coincide com o seu comprimento (x), conforme ilustra a figura. A constante de proporcionalidade k é chamada de resistência da viga.

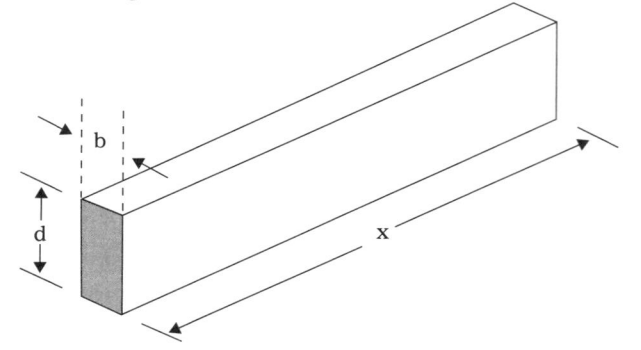

A expressão que traduz a resistência S dessa viga de madeira é

a) $S = \dfrac{k \cdot b \cdot d^2}{x^2}$

b) $S = \dfrac{k \cdot b \cdot d}{x^2}$

c) $S = \dfrac{k \cdot b \cdot d^2}{x}$

d) $S = \dfrac{k \cdot b^2 \cdot d}{x}$

e) $S = \dfrac{k \cdot b \cdot 2d}{2x}$

64

João propôs um desafio a Bruno, seu colega de classe: ele iria descrever um deslocamento pela pirâmide a seguir e Bruno deveria desenhar a projeção desse deslocamento no plano da base da pirâmide.

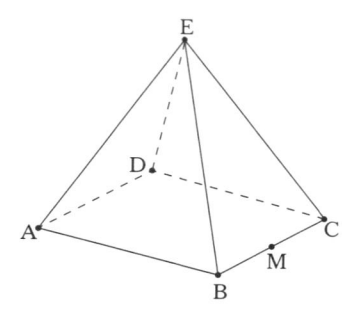

O deslocamento descrito por João foi: mova-se pela pirâmide, sempre em linha reta, do ponto A ao ponto E, a seguir do ponto E ao ponto M, e depois de M a C.

O desenho que Bruno deve fazer é

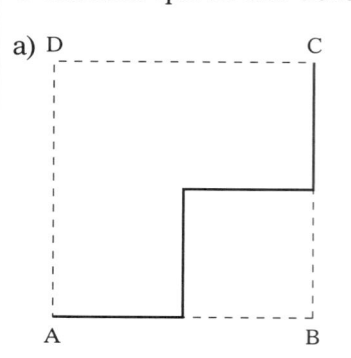

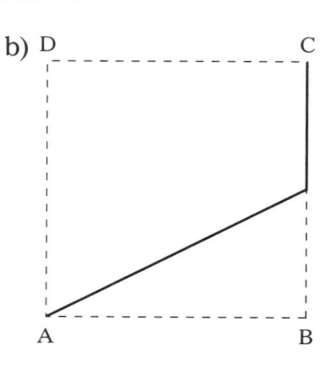

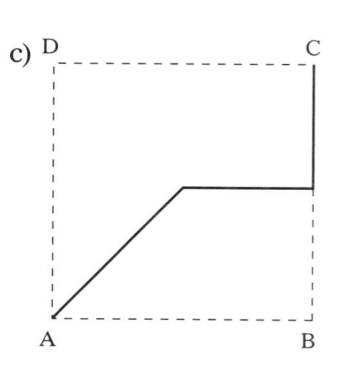

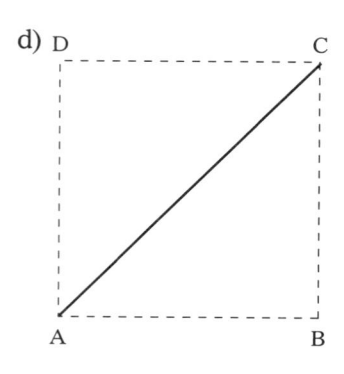

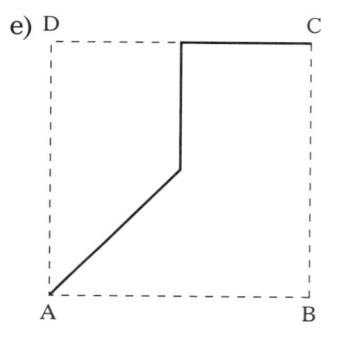

65

As curvas de oferta e de demanda de um produto representam, respectivamente, as quantidades que vendedores e consumidores estão dispostos a comercializar em função do preço do produto. Em alguns casos, essas curvas podem ser representadas por retas. Suponha que as quantidades de oferta e de demanda de um produto sejam, respectivamente, representadas pelas equações:

$Q_O = -20 + 4P$

$Q_D = 46 - 2P$

em que Q_O é quantidade de oferta, Q_D é a quantidade de demanda e P é o preço do produto.

A partir dessas equações, de oferta e de demanda, os economistas encontram o preço de equilíbrio de mercado, ou seja, quando Q_O e Q_D se igualam.

Para a situação descrita, qual o valor do preço de equilíbrio?

a) 5   b) 11   c) 13   d) 23   e) 33

66

Nos **shopping centers** costumam existir parques com vários brinquedos e jogos. Os usuários colocam créditos em um cartão, que são descontados por cada período de tempo de uso dos jogos. Dependendo da pontuação da criança no jogo, ela recebe um certo número de tíquetes para trocar por produtos nas lojas dos parques.

Suponha que o período de uso de um briquedo em certo **shopping** custa R$ 3,00 e que uma bicicleta custa 9 200 tíquetes.

Para uma criança que recebe 20 tíquetes por período de tempo que joga, o valor, em reais, gasto com créditos para obter a quantidade de tíquetes para trocar pela bicicleta é

a) 153.   b) 460.   c) 1 218.   d) 1 380.   e) 3 066.

67

João decidiu contratar os serviços de uma empresa por telefone através do SAC (Serviço de Atendimento ao Consumidor). O atendente ditou para João o número de protocolo de atendimento da ligação e pediu que ele anotasse. Entretanto, João não entendeu um dos algarismos ditados pelo atendente e anotou o número 1 3 _ 9 8 2 0 7, sendo que o espaço vazio é o do algarismo que João não entendeu. De acordo com essas informações, a posição ocupada pelo algarismo que falta no número de protocolo é a de

a) centena.
b) dezena de milhar.
c) centena de milhar.
d) milhão.
e) centena de milhão.

68

O gráfico fornece os valores das ações da empresa **XPN**, no período das 10 às 17 horas, num dia em que elas oscilaram acentuadamente em curtos intervalos de tempo.

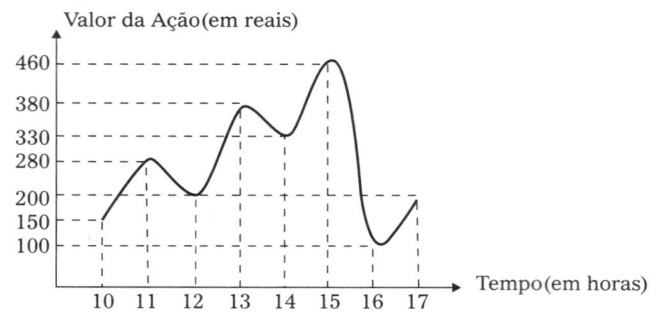

Neste dia, cinco investidores compraram e venderam o mesmo volume de ações, porém em horários diferentes, de acordo com a seguinte tabela.

Investidor	Hora da Compra	Hora da Venda
1	10:00	15:00
2	10:00	17:00
3	13:00	15:00
4	15:00	16:00
5	16:00	17:00

Com relação ao capital adquirido na compra e venda das ações, qual investidor fez o melhor negócio?

a) 1   b) 2   c) 3   d) 4   e) 5

69

A figura a seguir apresenta dois gráficos com informações sobre as reclamações diárias recebidas e resolvidas pelo Setor de Atendimento ao Cliente (SAC) de uma empresa, em uma dada semana. O gráfico de linha tracejada informa o número de reclamações recebidas no dia, o de linha contínua é o número de reclamações resolvidas no dia. As reclamações podem ser resolvidas no mesmo dia ou demorarem mais de um dia para serem resolvidas.

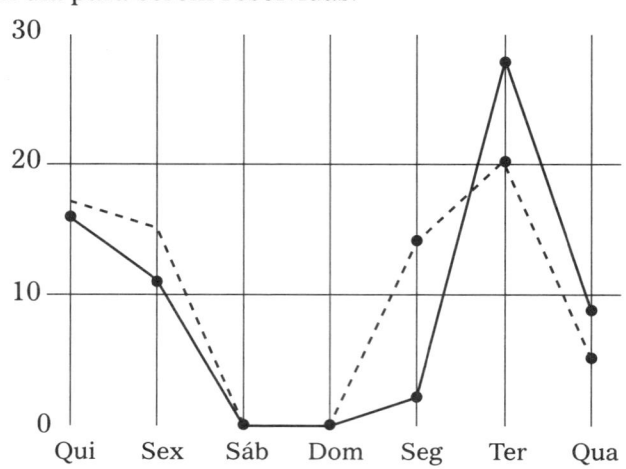

O gerente de atendimento deseja identificar os dias da semana em que o nível de eficiência pode ser considerado muito bom, ou seja, os dias em que o número de reclamações resolvidas excede o número de reclamações recebidas.

Disponível em: http://bibliotecaunix.org. Acesso em: 21 jan. 2012 (adaptado).

O gerente de atendimento pôde concluir, baseado no conceito de eficiência utilizado na empresa e nas informações do gráfico, que o nível de eficiência foi muito bom na

a) segunda e na terça-feira.

b) terça e na quarta-feira.

c) terça e na quinta-feira,

d) quinta-feira, no sábado e no domingo.

e) segunda, na quinta e na sexta-feira.

70

Uma mãe recorreu à bula para verificar a dosagem de um remédio que precisava dar a seu filho. Na bula, recomendava-se a seguinte dosagem: 5 gotas para cada 2 kg de massa corporal a cada 8 horas. Se a mãe ministrou corretamente 30 gotas do remédio a seu filho a cada 8 horas, então a massa corporal dele é de

a) 12 kg.   b) 16 kg.   c) 24 kg.   d) 36 kg.   e) 75 kg.

71

O esporte de alta competição da atualidade produziu uma questão ainda sem resposta: Qual é o limite do corpo humano? O maratonista original, o grego da lenda, morreu de fadiga por ter corrido 42 quilômetros. O americano Dean Karnazes, cruzando sozinho as planícies da Califórnia, conseguiu correr dez vezes mais em 75 horas.

Um professor de Educação Física, ao discutir com a turma o texto sobre a capacidade do maratonista americano, desenhou na lousa uma pista reta de 60 centímetros, que representaria o percurso referido

Disponível em: http://veja.abril.com.br. Acesso em 25 jun. 2011 (adaptado)

Se o percursso de Dean Karnazes fosse também em uma pista reta, qual seria a escala entre a pista feita pelo professor e a percorrida pelo atleta?

a) 1:700
b) 1:7 000
c) 1:70 000
d) 1:700 000
e) 1:7 000 000

72

O losango representado na Figura 1 formado pela união dos centros das quatros cirunferências tangentes, de raios de mesma medida.

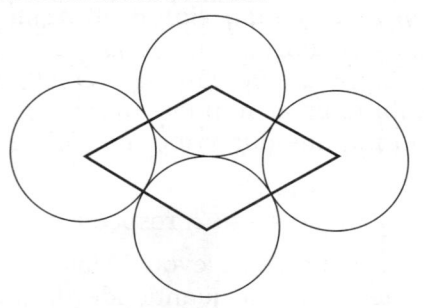

Figura 1

Dobrando-se o raio de duas das circunferências centradas em vértices opostos do losango e ainda mantendo-se a configuração das tangências, obtém-se uma situação conforme ilustrada pela Figura 2.

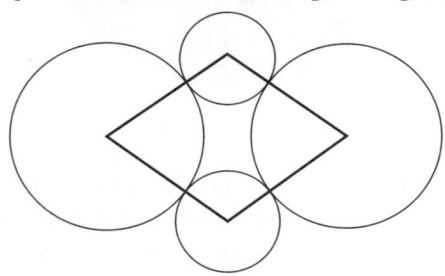

Figura 2

O perímetro do losango da Figura 2, quando compararado ao perímetro do losango da Figura 1, teve um aumento de

a) 300%.   b) 200%.   c) 150%.   d) 100%.   e) 50%.

Resp: 63 A   64 C   65 B   66 D   67 C

73

José, Carlos e Paulo devem transportar em suas bicicletas uma certa quantidade de laranjas. Decidiram dividir o trajeto a ser percorrido em duas partes, sendo que ao final da primeira parte eles redistribuiriam a quantidade de laranjas que cada um carregava dependendo do cansaço de cada um. Na primeira parte do trajeto José, Carlos e Paulo dividiram as laranjas na proproção 6 : 5 : 4, respectivamente. Na segunda parte do trajeto José, Carlos e Paulo dividiram as laranjas na proporção 4 : 4 : 2, respectivamente.

Sabendo-se que um deles levou 50 laranjas a mais no segundo trajeto, qual a quantidade de laranjas que José, Carlos e Paulo, nessa ordem, transportaram na segunda parte do trajeto?

a) 600, 550, 350
b) 300, 300, 150
c) 300, 250, 200
d) 200, 200, 100
e) 100, 100, 50

74

Em um **blog** de variedades, músicas, mantras e informações diversas, foram postados "Contos de Halloween". Após a leitura, os visitantes poderiam opinar, assinalando suas reações em "Divertido", "Assustador" ou "Chato". Ao final de uma semana, o blog registrou que 500 visitantes distintos acessaram esta postagem. O gráfico a seguir apresenta o resultado da enquete.

Contos de Halloween
Opinião de visitatantes

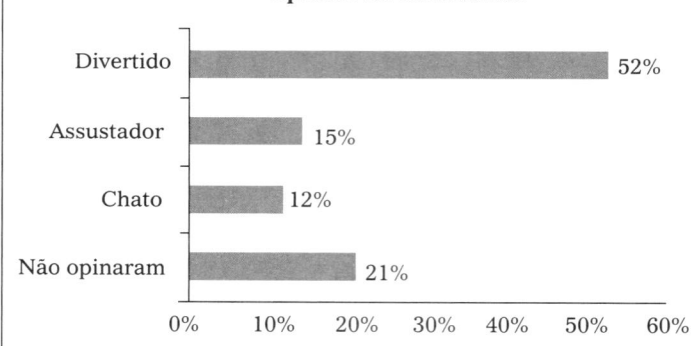

- Divertido: 52%
- Assustador: 15%
- Chato: 12%
- Não opinaram: 21%

O administrador do **blog** irá sortear um livro entre os visitantes que opinaram na postagem "Contos de Halloween".

Sabendo que nenhum visitante votou mais de uma vez, a probabilidade de uma pessoa escolhida ao acaso entre as que opinaram ter assinalado que o conto "Contos de Halloween" é "Chato" é mais aproximada por

a) 0,09.   b) 0,12.   c) 0,14.   d) 0,15.   e) 0,18.

75

Em exposições de artes plásticas, é usual que estátuas sejam expostas sobre plataformas giratórias. Uma medida de segurança é que a base da escultura esteja integralmente apoiada sobre a plataforma. Para que se providencie o equipamento adequado, no caso de uma base quadrada que será fixada sobre uma plataforma circular, o auxiliar técnico do evento deve estimar a medida R do raio adequado para a plataforma em termos da medida L do lado da base da estátua.

Qual relação entre R e L o auxiliar técnico deverá apresentar de modo que a exigência de segurança seja cumprida?

a) $R \geq L/\sqrt{2}$
b) $R \geq 2L/\pi$
c) $R \geq L/\sqrt{\pi}$
d) $R \geq L/2$
e) $R \geq L/(2\sqrt{2})$

76

O globo da morte é uma atração muito usada em circos. Ele consiste em uma espécie de jaula em forma de uma superfície esférica feita de aço, onde motoqueiros andam com suas motos por dentro. A seguir, tem-se, na Figura 1, uma foto de um globo da morte e, na Figura 2, uma esfera que ilustra um globo da morte.

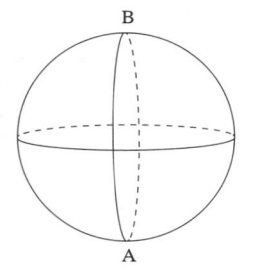

Figura 1   Figura 2

Na Figura 2, o ponto A está no plano do chão onde está colocado o globo da morte e o segmento AB passa pelo centro da esfera e é perpendicular ao plano do chão. Suponha que há um foco de luz direcionado para o chão colocado no ponto B e que um motoqueiro faça um trajeto dentro da esfera, percorrendo uma circunferência que passa pelos pontos A e B.

Disponível em: www.baixaki.com.br. Acesso em: 29 fev. 2012.

A imagem do trajeto feito pelo motoqueiro no plano do chão é melhor representada por

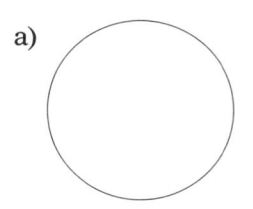

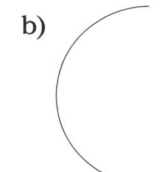

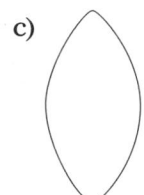

a) (círculo)
b) (arco)
c) (lente)
d) (círculo preto)
e) (segmento de reta)

Resp: 68 A   69 B   70 A   71 D   72 E

77

Num projeto da parte elétrica de um edifício residencial a ser construído, consta que as tomadas deverão ser colocadas a 0,20 m acima do piso, enquanto os interruptores de luz deverão ser colocados a 1,47 m acima do piso. Um cadeirante, potencial comprador de um apartamento desse edifício, ao ver tais medidas, alerta para o fato de que elas não contemplarão suas necessidades. Os referenciais de alturas (em metros) para atividades que não exigem o uso de força são mostrados na figura seguinte.

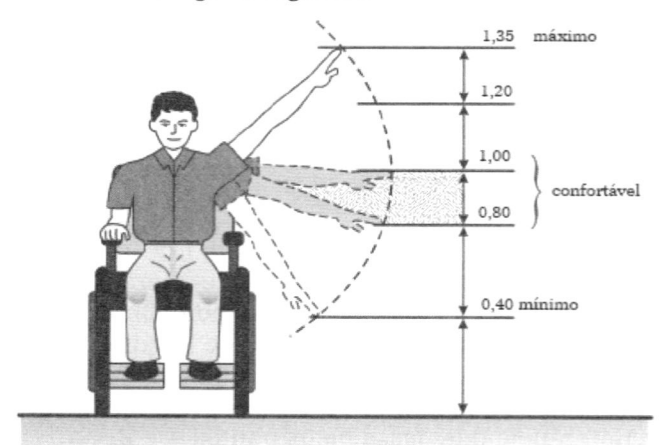

Uma proposta substitutiva, relativa às alturas de tomadas e interruptores, respectivamente, que atenderá àquele potencial comprador é

a) 0,20 m e 1,45 m.
b) 0,20 m e 1,40 m.
c) 0,25 m e 1,35 m.
d) 0,25 m e 1,30 m.
e) 0,45 m e 1,20 m.

78

A Agência Espacial Norte Americana (NASA) informou que o asteroide YU 55 cruzou o espaço entre a Terra e a Lua no mês de novembro de 2011. A ilustração a seguir sugere que o asteroide percorreu sua trajetória no mesmo plano que contém a órbita descrita pela Lua em torno da Terra. Na figura, está indicada a proximidade do asteroide em relação à Terra, ou seja, a menor distância que ele passou da superfície terrestre.

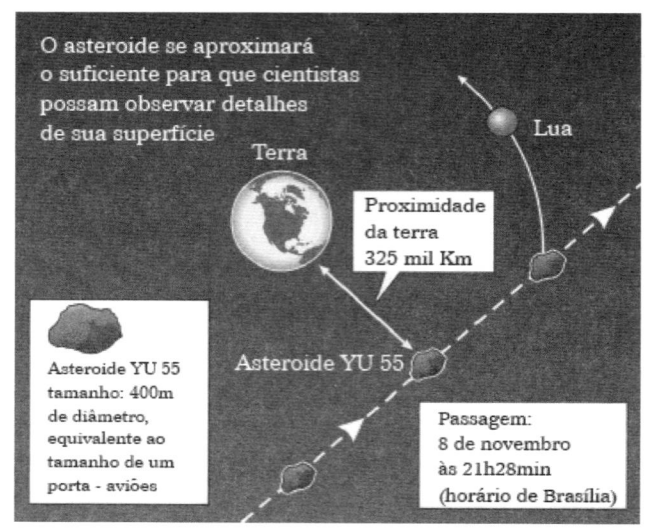

Fonte: NASA

Disponível em: http://noticias.terra.com.br (adaptado).

Com base nessas informações, a menor distância que o asteroide YU 55 passou da superfície da Terra é igual a

a) $3,25 \times 10^2$ km.
b) $3,25 \times 10^3$ km.
c) $3,25 \times 10^4$ km.
d) $3,25 \times 10^5$ km.
e) $3,25 \times 10^6$ km.

79

Há, em virtude da demanda crescente de economia de água, equipamentos e utensílios como, por exemplo, as bacias sanitárias ecológicas, que utilizam 6 litros de água por descarga em vez dos 15 litros utilizados por bacias sanitárias não ecológicas, conforme dados da Associação Brasileira de Normas Técnicas (ABNT).

Qual será a economia diária de água obtida por meio da substituição de uma bacia sanitária não ecológica, que gasta cerca de 60 litros por dia com a descarga, por uma bacia sanitária ecológica?

a) 24 litros
b) 36 litros
c) 40 litros
d) 42 litros
e) 50 litros

80

A tabela a seguir mostra a evolução da receita bruta anual nos três últimos anos de cinco microempresas (ME) que se encontram à venda.

ME	2009 (em milhares de reais)	2010 (em milhares de reais)	2011 (em milhares de reais)
Alfinetes V	200	220	240
Balas W	200	230	200
Chocolates X	250	210	215
Pizzaria Y	230	230	230
Tecelagem Z	160	210	245

Um investidor deseja comprar duas das empresas listadas na tabela. Para tal, ele calcula a média da receita bruta anual dos últimos três anos (de 2009 até 2011) e escolhe as duas empresas de maior média anual. As empresas que este investidor escolhe comprar são

a) Balas W e Pizzaria Y.
b) Chocolates X e Tecelagem Z.
c) Pizzaria Y e Alfinetes V.
d) Pizzaria Y e Chocolates X.
e) Tecelagem Z e Alfinetes V.

Resp: 73 B   74 D   75 A   76 E

81

Um laboratório realiza exames em que é possível observar a taxa de glicose de uma pessoa. Os resultados são analisados de acordo com o quadro a seguir.

Hipoglicemia	taxa de glicose menor ou igual a 70 mg/dL
Normal	taxa de glicose maior que 70 mg/dL e menor ou igual a 100 mg/dL
Pré-diabetes	taxa de glicose maior que 100 mg/dL e menor ou igual a 125 mg/dL
Diabetes Melito	taxa de glicose maior que 125 mg/dL e menor ou igual a 250 mg/dL
Hiperglicemia	taxa de glicose maior que 250 mg/dL

Um paciente fez um exame de glicose nesse laboratório e comprovou que estava com hiperglicemia. Sua taxa de glicose era de 300 mg/dL. Seu médico prescreveu um tratamento em duas etapas. Na primeira etapa ele conseguiu reduzir sua taxa em 30% e na segunda etapa em 10%.

Ao calcular sua taxa de glicose após as duas reduções, o paciente verificou que estava na categoria de

a) hipoglicemia.

b) normal.

c) pré-diabetes.

d) diabetes melito

e) hiperglicemia.

82

Um produtor de café irrigado em Minas Gerais recebeu um relatório de consultoria estatística, constando, entre outras informações, o desvio padrão das produções de uma safra dos talhões de suas propriedades. Os talhões têm a mesma área de 30 000 m² e o valor obtido para o desvio padrão foi de 90 kg/talhão. O produtor deve apresentar as informações sobre a produção e a variância dessas produções em sacas de 60 kg por hectare (10 000 m²).

A variância das produções dos talhões expressa em (sacas/hectare)² é

a) 20,25.   b) 4,50.   c) 0,71

d) 0,50.   e) 0,25.

83

O **designer** português Miguel Neiva criou um sistema de símbolos que permite que pessoas daltônicas identifiquem cores. O sistema consiste na utilização de símbolos que identificam as cores primárias (azul, amarelo e vermelho), Além disso, a justaposição de dois desses símbolos permite identificar cores secundárias (como o verde, que é o amarelo combinado com o azul). O preto e o branco são identificados por pequenos quadrados: o que simboliza o preto é cheio, enquanto o que simboliza o branco é vazio. Os símbolos que representam preto e branco também podem ser associados aos símbolos que identificam cores, significando se estas são claras ou escuras.

Folha de São Paulo. Disponível em: www1.folha.uol.com.br. Acesso em: 18 fev. 2012 (adaptado)

De acordo com o texto, quantas cores podem ser representadas pelo sistema proposto?

a) 14   b) 18   c) 20   d) 21   e) 23

84

José, Paulo e Antônio estão jogando dados não viciados, nos quais, em cada uma das seis faces, há um número de 1 a 6. Cada um deles jogará dois dados simultaneamente. José acredita que, após jogar seus dados, os números das faces voltadas para cima lhe darão uma soma igual a 7. Já Paulo acredita que sua soma será igual a 4 e Antônio acredita que sua soma será igual a 8. Com essa escolha, quem tem a maior probabilidade de acertar sua respectiva soma é

a) Antônio, já que sua soma é a maior de todas as escolhidas.

b) José e Antônio, já que há 6 possibilidades tanto para a escolha de José quanto para a escolha de Antônio, e há apenas 4 possibilidades para a escolha de Paulo.

c) José e Antônio, já que há 3 possibilidades tanto para a escolha de José quanto para a escolha de Antônio, e há apenas 2 possibilidades para a escolha de Paulo.

d) José, já que há 6 possibilidades para formar sua soma, 5 possibilidades para formar a soma de Antônio e apenas 3 possibilidades para formar a soma de Paulo.

e) Paulo, já que sua soma é a menor de todas.

Resp: 77 E   78 D   79 B   80 D

85

O gráfico apresenta o comportamento de emprego formal surgido, segundo o CAGED, no período de janeiro de 2010 a outubro de 2010.

BRASIL - Comportamento do Emprego Formal no periodo de janeiro a outubro de 2010 - CAGED

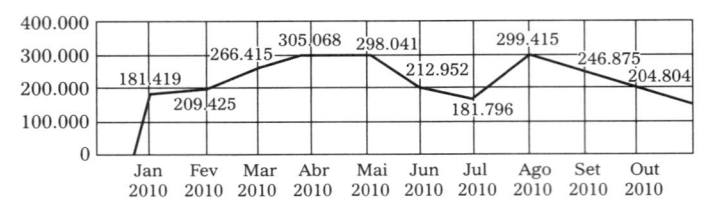

Valores no gráfico: 181.419; 266.415; 209.425; 305.068; 298.041; 212.952; 181.796; 299.415; 246.875; 204.804.

Disponível em: www.mte.gov.br. Acesso em: 28 fev. 2012 (adaptado)

Com base no gráfico, o valor da parte inteira da mediana dos empregos formais surgidos no período é

a) 212 952.
b) 229 913.
c) 240 621.
d) 255 496.
e) 298 041.

86

A cerâmica possui a propriedade da contração, que consiste na evaporação da água existente em um conjunto ou bloco cerâmico submetido a uma determinada temperatura elevada: em seu lugar aparecendo "espaços vazios" que tendem a se aproximar. No lugar antes ocupado pela água vão ficando lacunas e, consequentemente, o conjunto tende a retrair-se. Considere que no processo de cozimento a cerâmica de argila sofra uma contração, em dimensões lineares, de 20%.

Disponível em: www.arq.ufsc.br. Acesso em: 30 mar. 2012 (adaptado).

Levando em consideração o processo de cozimento e a contração sofrida, o volume V de uma travessa de argila, de forma cúbica de aresta a, diminui para um valor que é

a) 20% menor que V, uma vez que o volume do cubo é diretamente proporcional ao comprimento de seu lado.
b) 36% menor que V, porque a área da base diminui de a^2 para $((1 - 0,2)a)^2$.
c) 48,8% menor que V, porque o volume diminui de a^3 para $(0,8a)^3$.
d) 51,2% menor que V, porque cada lado diminui para 80% do comprimento original.
e) 60% menor que V, porque cada lado diminui 20%.

87

Dentre outros objetos de pesquisa, a Alometria estuda a relação entre medidas de diferentes partes do corpo humano. Por exemplo, segundo a Alometria, a área A da superfície corporal de uma pessoa relaciona-se com a sua massa **m** pela fórmula $A = k \cdot m^{\frac{2}{3}}$, em que k é uma constante positiva. Se no período que vai da infância até a maioridade de um indivíduo sua massa é multiplicada por 8, por quanto será multiplicada a área da superfície corporal?

a) $\sqrt[3]{16}$ b) 4 c) $\sqrt{24}$
d) 8 e) 64

88

Um aluno registrou as notas bimestrais de algumas de suas disciplinas numa tabela. Ele observou que as entradas numéricas da tabela formavam uma matriz 4x4, e que poderia calcular as médias anuais dessas disciplinas usando produto de matrizes. Todas as provas possuíam o mesmo peso, e a tabela que ele conseguiu é mostrada a seguir

	1º bimestre	2º bimestre	3º bimestre	4º bimestre
Matemática	5,9	6,2	4,5	5,5
Português	6,6	7,1	6,5	8,4
Geografia	8,6	6,8	7,8	9,0
História	6,2	5,9	5,9	7,7

Para obter essas médias, ele multiplicou a matriz obtida a partir da tabela por

a) $\begin{bmatrix} \frac{1}{2} & \frac{1}{2} & \frac{1}{2} & \frac{1}{2} \end{bmatrix}$

b) $\begin{bmatrix} \frac{1}{4} & \frac{1}{4} & \frac{1}{4} & \frac{1}{4} \end{bmatrix}$

c) $\begin{bmatrix} 1 \\ 1 \\ 1 \\ 1 \end{bmatrix}$

d) $\begin{bmatrix} \frac{1}{2} \\ \frac{1}{2} \\ \frac{1}{2} \\ \frac{1}{2} \end{bmatrix}$

e) $\begin{bmatrix} \frac{1}{4} \\ \frac{1}{4} \\ \frac{1}{4} \\ \frac{1}{4} \end{bmatrix}$

Resp: 81 D   82 E   83 C   84 D

89

Existem no mercado chuveiros elétricos de diferentes potências, que representam consumos e custos diversos. A potência (P) de um chuveiro elétrico é dada pelo produto entre sua resistência elétrica (R) e o quadrado da corrente elétrica (i) que por ele circula. O consumo de energia elétrica (E), por sua vez, é diretamente proporcional à potência do aparelho. Considerando as características apresentadas, qual dos gráficos a seguir representa a relação entre a energia consumida (E) por um chuveiro elétrico e a corrente elétrica (i) que circula por ele?

a)

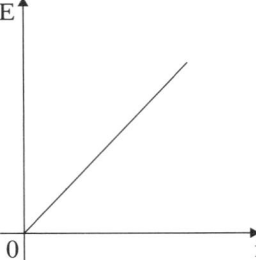

b)

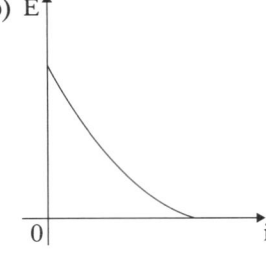

c)

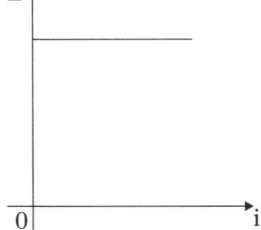

d)

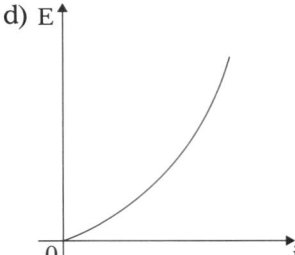

e)

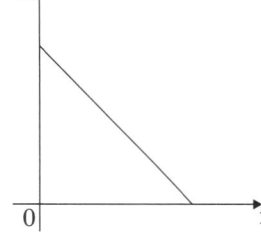

90

Em 20 de fevereiro de 2011 ocorreu a grande erupção do vulcão Bulusan nas Filipinas. A sua localização geográfica no globo terrestre é dada pelo GPS (sigla em inglês para Sistema de Posicionamento Global) com longitude de 124° 3' 0" a leste do Meridiano de Greenwich. Dado: 1° equivale a 60' e 1' equivale a 60".

PAVARIN, G. Galileu, fev. 2012 (adaptado)

A representação angular da localização do vulcão com relação a sua longitude da forma decimal é

a) 124,02°.
b) 124,05°.
c) 124,20°.
d) 124,30°.
e) 124,50°.

ENEM – 2013

91

A parte interior de uma taça foi gerada pela rotação de uma parábola em torno de um eixo z, conforme mostra a figura.

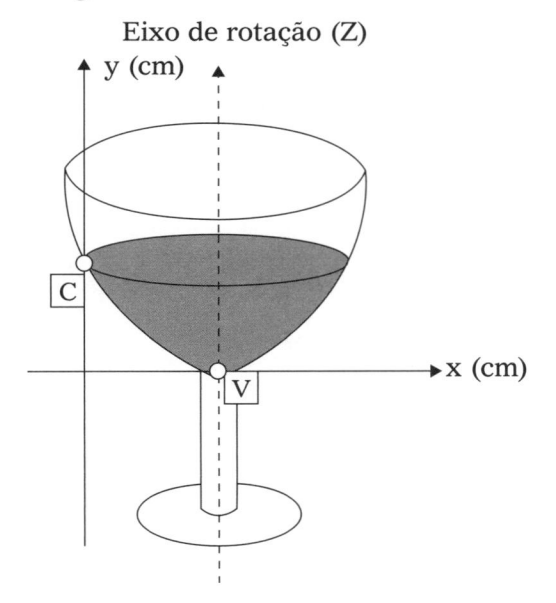

A função real que expressa a parábola, no plano cartesiano da figura, é dada pela lei $f(x) = \dfrac{3}{2}x^2 - 6x + C$, onde C é a medida da altura do líquido contido na taça, em centímetros. Sabe-se que o ponto V, na figura, representa o vértice da parábola, localizado sobre o eixo x.

Nessas condições, a altura do líquido contido na taça, em centímetros, é

a) 1.   b) 2.   c) 4.   d) 5.   e) 6.

92

Muitos processos fisiológicos e bioquímicos, tais como batimentos cardíacos e taxa de respiração, apresentam escalas construídas a partir da relação entre superfície e massa (ou volume) do animal. Uma dessas escalas, por exemplo, considera que o "cubo da área S da superfície de um mamífero é proporcional ao quadrado de sua massa M".

HUGHES-HALLETT, et al. Cálculo e aplicações. São Paulo: Edgard Bücher, 1999 (adaptado).

Isso é equivalente a dizer que, para uma constante k > 0, a área S pode ser escrita em função de M por meio da expressão:

a) $S = k \cdot M$

b) $S = k \cdot M^{\frac{1}{3}}$

c) $S = k^{\frac{1}{3}} \cdot M^{\frac{1}{3}}$

d) $S = k^{\frac{1}{3}} \cdot M^{\frac{2}{3}}$

e) $S = k^{\frac{1}{3}} \cdot M^2$

Resp: 85 B   86 C   87 B   88 E

93

A Lei da Gravitação Universal, de Isaac Newton, estabelece a intensidade da força de atração entre duas massas. Ela é representada pela expressão:

$F = G \dfrac{m_1 m_2}{d^2}$ onde m_1 e m_2 correspondem às massas dos corpos, d à distância entre eles, G é a constante universal da gravitação e F à força que um corpo exerce sobre o outro.

O esquema representa as trajetórias circulares de cinco satélites, de mesma massa, orbitando a Terra.

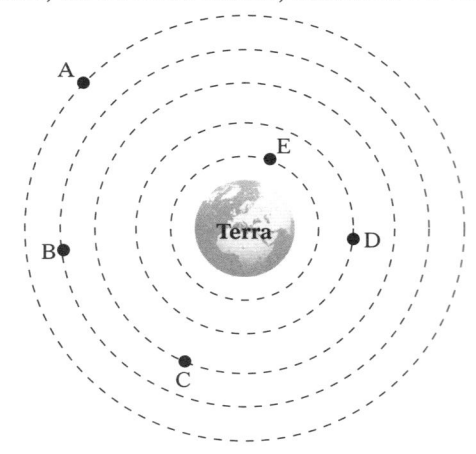

Qual gráfico expressa as intensidades das forças que a Terra exerce sobre cada satélite em função do tempo?

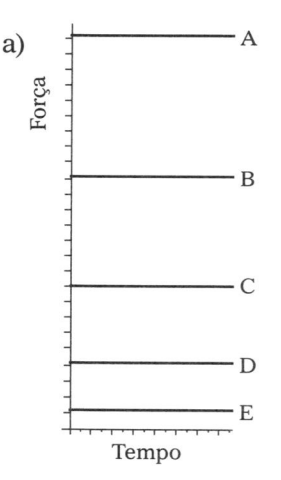

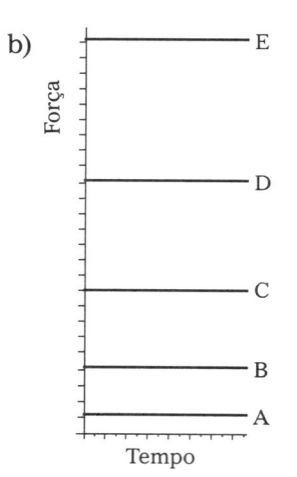

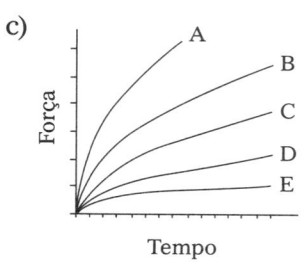

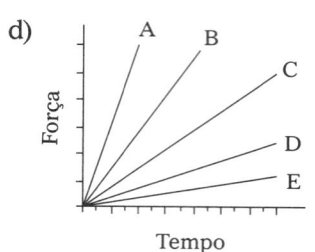

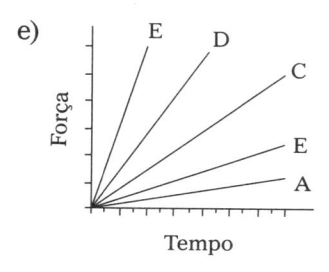

a) (linhas horizontais de cima para baixo: A, B, C, D, E)

b) (linhas horizontais de cima para baixo: E, D, C, B, A)

c) (curvas crescentes: A, B, C, D, E)

d) (retas crescentes: A, B, C, D, E)

e) (retas crescentes: E, D, C, E, A)

94

A cidade de Guarulhos (SP) tem o 8º PIB municipal do Brasil, além do maior aeroporto da América do Sul. Em proporção, possui a economia que mais cresce em indústrias, conforme mostra o gráfico.

Crescimento - Indústria

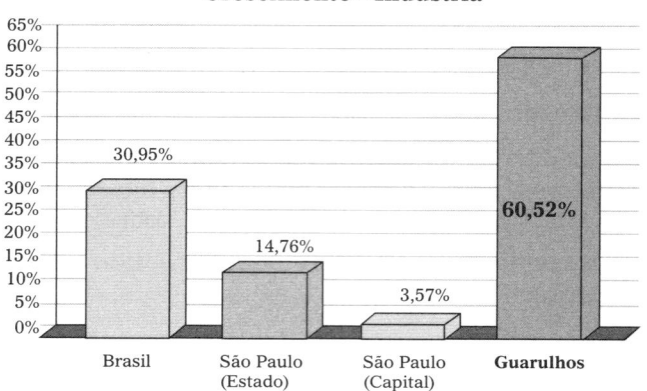

- Brasil: 30,95%
- São Paulo (Estado): 14,76%
- São Paulo (Capital): 3,57%
- Guarulhos: 60,52%

Fonte: IBGE, 2000 - 2008 (adaptado)

Analisando os dados percentuais do gráfico, qual a diferença entre o maior e o menor centro em crescimento no polo das indústrias?

a) 75,28 b) 64,09 c) 56,95
d) 45,76 e) 30,07

95

Em um certo teatro, as poltronas são divididas em setores. A figura apresenta a vista do setor 3 desse teatro, no qual as cadeiras escuras estão reservadas e as claras não foram vendidas.

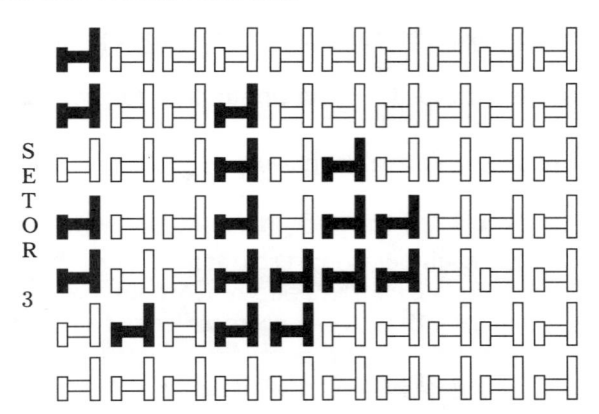

A razão que representa a quantidade de cadeiras reservadas do setor 3 em relação ao total de cadeiras desse mesmo setor é

a) $\dfrac{17}{70}$ b) $\dfrac{17}{53}$ c) $\dfrac{53}{70}$

d) $\dfrac{53}{17}$ e) $\dfrac{70}{17}$

96

Uma loja acompanhou o número de compradores de dois produtos, A e B, durante os meses de janeiro, fevereiro e março de 2012. Com isso, obteve este gráfico:

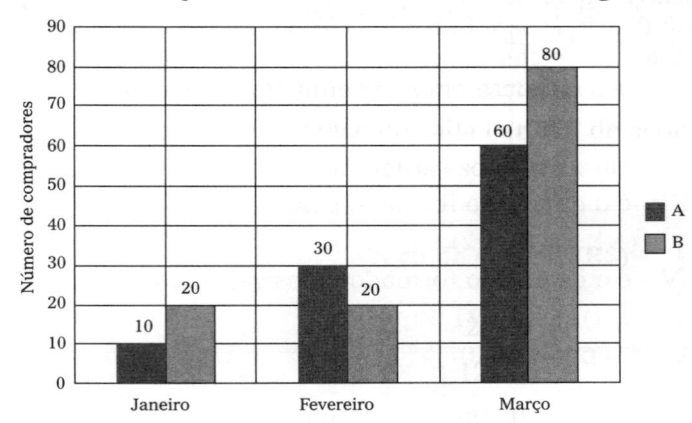

A loja sorteará um brinde entre os compradores do produto A e outro brinde entre os compradores do produto B. Qual a probabilidade de que os dois sorteados tenham feito suas compras em fevereiro de 2012?

a) $\dfrac{1}{20}$ b) $\dfrac{3}{242}$ c) $\dfrac{5}{22}$

d) $\dfrac{6}{25}$ e) $\dfrac{7}{15}$

Resp: 89 D   90 B   91 E   92 D

97

Durante uma aula de Matemática, o professor sugere aos alunos que seja fixado um sistema de coordenadas cartesianas (x, y) e representa na lousa a descrição de cinco conjuntos algébricos, I, II, III, IV e V, como se segue:

I – é a circunferência de equação $x^2 + y^2 = 9$;

II – é a parábola de equação $y = -x^2 - 1$, com x variando de – 1 a 1;

III – é o quadrado formado pelos vértices (– 2, 1), (– 1, 1), (– 1, 2) e (– 2, 2);

IV – é o quadrado formado pelos vértices (1, 1), (2, 1), (2, 2) e (1, 2);

V – é o ponto (0, 0).

A seguir, o professor representa corretamente os cinco conjuntos sobre uma mesma malha quadriculada, composta de quadrados com lados medindo uma unidade de comprimento, cada, obtendo uma figura.

Qual destas figuras foi desenhada pelo professor?

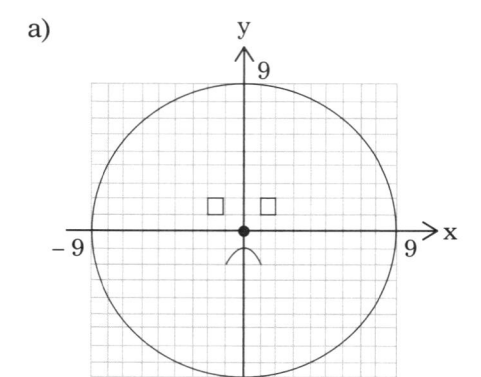

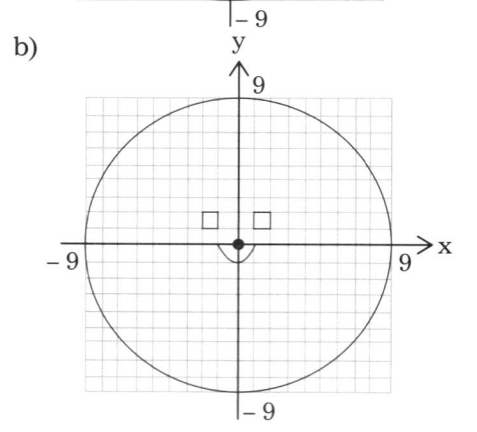

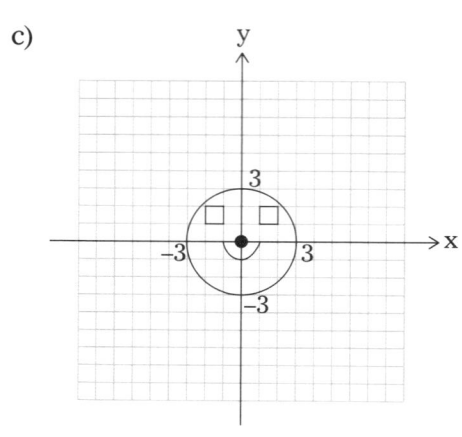

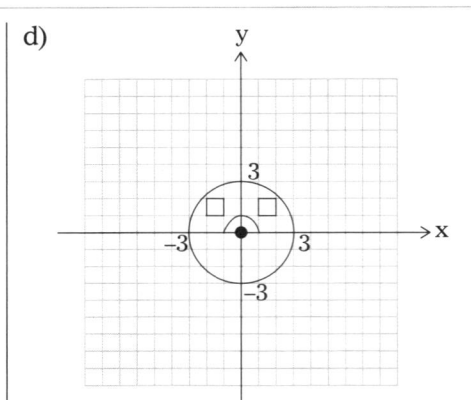

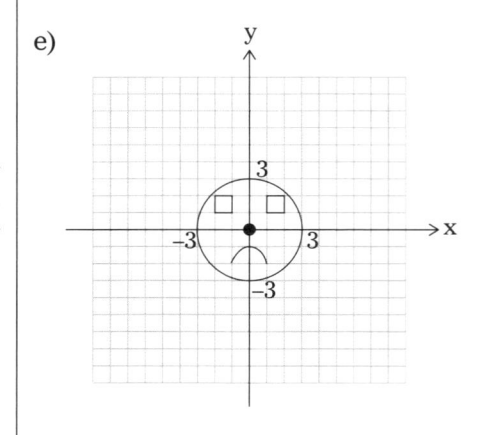

98

Uma indústria tem um reservatório de água com capacidade para 900 m³. Quando há necessidade de limpeza do reservatório, toda a água precisa ser escoada. O escoamento da água é feito por seis ralos, e dura 6 horas quando o reservatório está cheio. Esta indústria construirá um novo reservatório, com capacidade de 500 m³, cujo escoamento da água deverá ser realizado em 4 horas, quando o reservatório estiver cheio. Os ralos utilizados no novo reservatório deverão ser idênticos aos do já existente.

A quantidade de ralos do novo reservatório deverá ser igual a

a) 2.   b) 4.   c) 5.   d) 8.   e) 9.

99

Uma fábrica de fórmicas produz placas quadradas de lados de medida igual a y centímetros. Essas placas são vendidas em caixas com N unidades e, na caixa, é especificada a área máxima S que pode ser coberta pelas N placas.

Devido a uma demanda do mercado por placas maiores, a fábrica triplicou a medida dos lados de suas placas e conseguiu reuni-las em uma nova caixa, de tal forma que a área coberta S não fosse alterada.

A quantidade X, de placas do novo modelo, em cada nova caixa será igual a:

a) $\dfrac{N}{9}$ b) $\dfrac{N}{6}$ c) $\dfrac{N}{3}$ d) 3N   e) 9N

100

Num parque aquático existe uma piscina infantil na forma de um cilindro circular reto, de 1 m de profundidade e volume igual a 12 m³, cuja base tem raio **R** e centro **O**. Deseja-se construir uma ilha de lazer seca no interior dessa piscina, também na forma de um cilindro circular reto, cuja base estará no fundo da piscina e com centro da base coincidindo com o centro do fundo da piscina, conforme a figura. O raio da ilha de lazer será **r**.

Deseja-se que após a construção dessa ilha, o espaço destinado à água na piscina tenha um volume de, no mínimo, 4 m³.

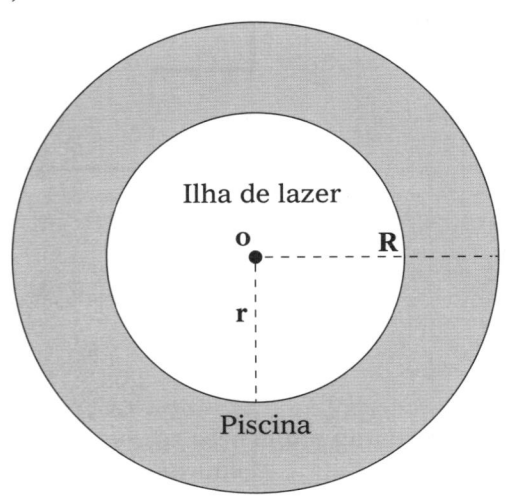

Considere 3 como valor aproximado para π.

Para satisfazer as condições dadas, o raio máximo da ilha de lazer **r**, em metros, estará mais próximo de

a) 1,6.   b) 1,7.   c) 2,0.   d) 3,0.   e) 3,8.

Resp: 93 B   94 C   95 A   96 A

101

O contribuinte que vende mais de R$ 20 mil de ações em Bolsa de Valores em um mês deverá pagar Imposto de Renda. O pagamento para a Receita Federal consistirá em 15% do lucro obtido com a venda das ações.

Disponível em. wwwl.folha.uol.com.br Acesso em. 26 abr. 2010 (adaptado)

Um contribuinte que vende por R$ 34 mil um lote de ações que custou R$ 26 mil terá de pagar de Imposto de Renda à Receita Federal o valor de

a) R$ 900,00.
b) R$ 1 200,00.
c) R$ 2 100,00.
d) R$ 3 900,00.
e) R$ 5 100.00.

102

Para se construir um contrapiso, é comum, na constituição do concreto, se utilizar cimento, areia e brita, na seguinte proporção: 1 parte de cimento, 4 partes de areia e 2 partes de brita. Para construir o contrapiso de uma garagem, uma construtora encomendou um caminhão betoneira com 14 m³ de concreto.

Qual é o volume de cimento, em m³, na carga de concreto trazido pela betoneira?

a) 1,75   b) 2,00   c) 2,33   d) 4,00   e) 8,00

103

Cinco empresas de gêneros alimentícios encontram-se à venda. Um empresário, almejando ampliar os seus investimentos, deseja comprar uma dessas empresas. Para escolher qual delas irá comprar, analisa o lucro (em milhões de reais) de cada uma delas, em função de seus tempos (em anos) de existência, decidindo comprar a empresa que apresente o maior lucro médio anual. O quadro apresenta o lucro (em milhões de reais) acumulado ao longo do tempo (em anos) de existência de cada empresa.

Empresa	Lucro (em milhões de reais)	Tempo (em anos)
F	24	3,0
G	24	2,0
H	25	2,5
M	15	1,5
P	9	1,5

O empresário decidiu comprar a empresa

a) F.   b) G.   c) H.   d) M.   e) P.

104

Deseja-se postar cartas não comerciais, sendo duas de 100 g, três de 200 g e uma de 350 g. O gráfico mostra o custo para enviar uma carta não comercial pelos Correios:

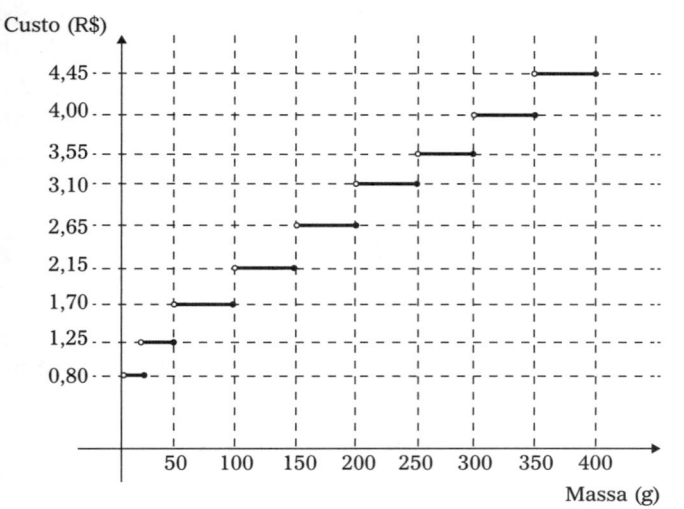

Disponível em: www.correios.com.br. Acesso em: 2 ago. 2012 (adaptado).

O valor total gasto, em reais, para postar essas cartas é de

a) 8,35.
b) 12,50.
c) 14,40.
d) 15,35.
e) 18,05.

105

Foi realizado um levantamento nos 200 hotéis de uma cidade, no qual foram anotados os valores, em reais, das diárias para um quarto padrão de casal e a quantidade de hotéis para cada valor da diária. Os valores das diárias foram: A = R$ 200,00; B = R$ 300,00; C = R$ 400,00 e D = R$ 600,00. No gráfico, as áreas representam as quantidades de hotéis pesquisados, em porcentagem, para cada valor da diária.

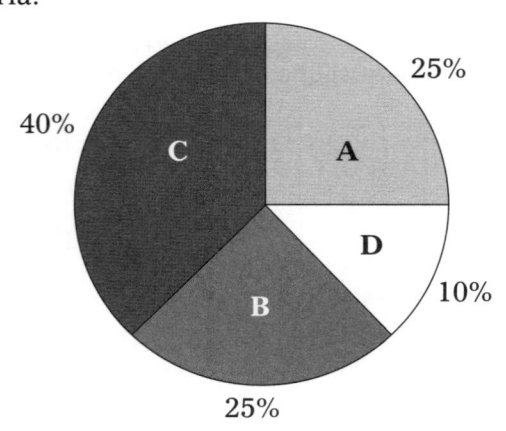

O valor mediano da diária, em reais, para o quarto padrão de casal nessa cidade, é

a) 300,00.
b) 345,00.
c) 350,00.
d) 375,00.
e) 400,00.

Resp: 97 E 98 C 99 A 100 A

106

Para aumentar as vendas no início do ano, uma loja de departamentos remarcou os preços de seus produtos 20% abaixo do preço original. Quando chegam ao caixa, os clientes que possuem o cartão fidelidade da loja têm direito a um desconto adicional de 10% sobre o valor total de suas compras.

Um cliente deseja comprar um produto que custava R$ 50,00 antes da remarcação de preços. Ele não possui o cartão fidelidade da loja.

Caso esse cliente possuísse o cartão fidelidade da loja, a economia adicional que obteria ao efetuar a compra, em reais, seria de

a) 15,00. b) 14,00. c) 10,00.
d) 5,00.   e) 4,00.

107

Para o reflorestamento de uma área, deve-se cercar totalmente, com tela, os lados de um terreno, exceto o lado margeado pelo rio, conforme a figura. Cada rolo de tela que será comprado para confecção da cerca contém 48 metros de comprimento.

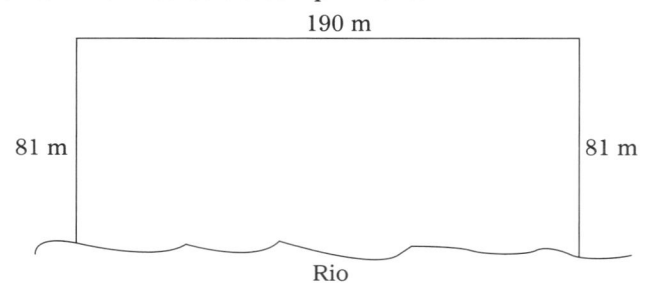

A quantidade mínima de rolos que deve ser comprada para cercar esse terreno é

a) 6. b) 7. c) 8. d) 11. e) 12.

108

Um dos grandes problemas enfrentados nas rodovias brasileiras é o excesso de carga transportada pelos caminhões. Dimensionado para o tráfego dentro dos limites legais de carga, o piso das estradas se deteriora com o peso excessivo dos caminhões. Além disso, o excesso de carga interfere na capacidade de frenagem e no funcionamento da suspensão do veículo, causas frequentes de acidentes.

Ciente dessa responsabilidade e com base na experiência adquirida com pesagens, um caminhoneiro sabe que seu caminhão pode carregar no máximo 1 500 telhas ou 1 200 tijolos.

Considerando esse caminhão carregado com 900 telhas, quantos tijolos, no máximo, podem ser acrescentados à carga de modo a não ultrapassar a carga máxima do caminhão?

a) 300 tijolos   b) 360 tijolos   c) 400 tijolos
d) 480 tijolos   e) 600 tijolos

109

As projeções para a produção de arroz no período de 2012 – 2021, em uma determinada região produtora, apontam para uma perspectiva de crescimento constante da produção anual. O quadro apresenta a quantidade de arroz, em toneladas, que será produzida nos primeiros anos desse período, de acordo com essa projeção.

Ano	Projeção da produção (toneladas)
2012	50,25
2013	51,50
2014	52,75
2015	54,00

A quantidade total de arroz, em toneladas, que deverá ser produzida no período de 2012 a 2021 será de

a) 497,25.   b) 500,85   c) 502,87.
d) 558,75.   e) 563,25.

Resp: 101 B   102 B   103 B   104 D   105 C

110

Numa escola com 1 200 alunos foi realizada uma pesquisa sobre o conhecimento desses em duas línguas estrangeiras, inglês e espanhol.

Nessa pesquisa constatou-se que 600 alunos falam inglês, 500 falam espanhol e 300 não falam qualquer um desses idiomas.

Escolhendo-se um aluno dessa escola ao acaso e sabendo que ele não fala inglês qual a probabilidade de que esse aluno fale espanhol?

a) $\dfrac{1}{2}$ b) $\dfrac{5}{8}$ c) $\dfrac{1}{4}$ d) $\dfrac{5}{6}$ e) $\dfrac{5}{14}$

111

As torres Puerta de Europa são duas torres inclinadas uma contra a outra, construídas numa avenida de Madri, na Espanha. A inclinação das torres é de 15° com a vertical e elas têm, cada uma, uma altura de 114 m (a altura é indicada na figura como o segmento AB). Estas torres são um bom exemplo de um prisma oblíquo de base quadrada e uma delas pode ser observada na imagem.

Disponível em: www.fickr.com. Acesso em: 27 mar. 2012.

Utilizando 0,26 como valor aproximado para a tangente de 15° e duas casas decimais nas operações, descobre-se que a área da base desse prédio ocupa na avenida um espaço

a) menor que 100 m².
b) entre 100 m² e 300 m².
c) entre 300 m² e 500 m².
d) entre 500 m² e 700 m².
e) maior que 700 m².

112

As notas de um professor que participou de um processo seletivo, em que a banca avaliadora era composta por cinco membros, são apresentadas no gráfico. Sabe-se que cada membro da banca atribuiu duas notas ao professor, uma relativa aos conhecimentos específicos da área de atuação e outra, aos conhecimentos pedagógicos, e que a média final do professor foi dada pela média aritmética de todas as notas atribuídas pela banca avaliadora.

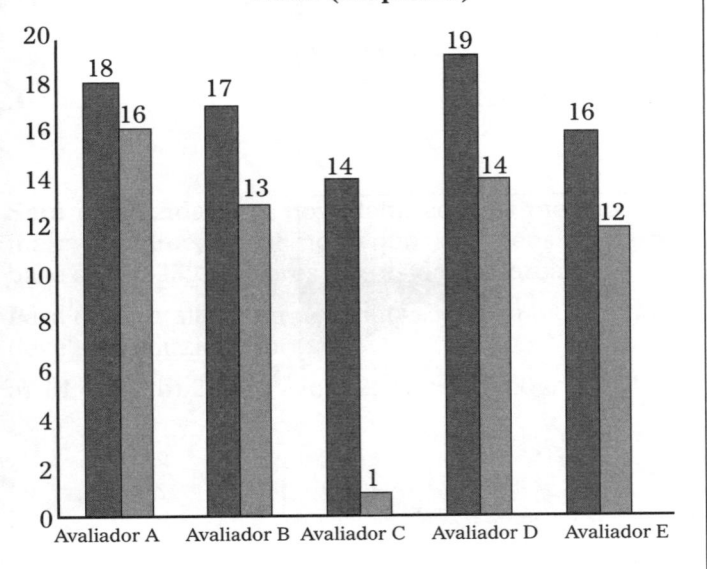

Notas (em pontos)

Avaliador A: 18 (específicos), 16 (pedagógicos)
Avaliador B: 17, 13
Avaliador C: 14, 1
Avaliador D: 19, 14
Avaliador E: 16, 12

■ Conhecimentos específicos
■ Conhecimentos pedagógicos

Utilizando um novo critério, essa banca avaliadora resolveu descartar a maior e a menor notas atribuídas ao professor.

A nova média, em relação à média anterior, é

a) 0,25 ponto maior.
b) 1,00 ponto maior,
c) 1,00 ponto menor.
d) 1,25 ponto maior.
e) 2,00 pontos menor.

113

Um banco solicitou aos seus clientes a criação de uma senha pessoal de seis dígitos, formada somente por algarismos de 0 a 9, para acesso à conta corrente pela Internet.

Entretanto, um especialista em sistemas de segurança eletrônica recomendou à direção do banco recadastrar seus usuários, solicitando, para cada um deles, a criação de uma nova senha com seis dígitos, permitindo agora o uso das 26 letras do alfabeto, além dos algarismos de 0 a 9. Nesse novo sistema, cada letra maiúscula era considerada distinta de sua versão minúscula. Além disso, era proibido o uso de outros tipos de caracteres.

Uma forma de avaliar uma alteração no sistema de senhas é a verificação do coeficiente de melhora, que é a razão do novo número de possibilidades de senhas em relação ao antigo.

O coeficiente de melhora da alteração recomendada é

a) $\dfrac{62^6}{10^6}$

b) $\dfrac{62!}{10!}$

c) $\dfrac{62!\,4!}{10!\,56!}$

d) $62! - 10!$

e) $62^6 - 10^6$

114

Uma torneira não foi fechada corretamente e ficou pingando, da meia-noite às seis horas da manhã, com a frequência de uma gota a cada três segundos. Sabe-se que cada gota d'agua tem volume de 0,2 mL

Qual foi o valor mais aproximado do total de água desperdiçada nesse período, em litros?

a) 0,2   b) 1,2   c) 1,4   d) 12,9   e) 64,8

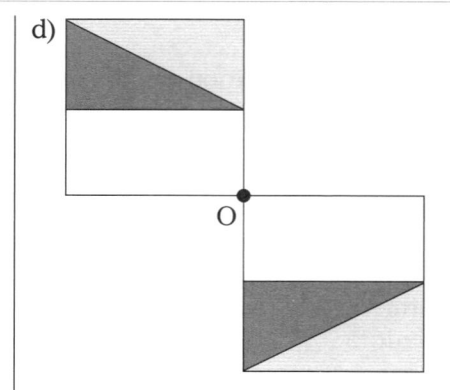

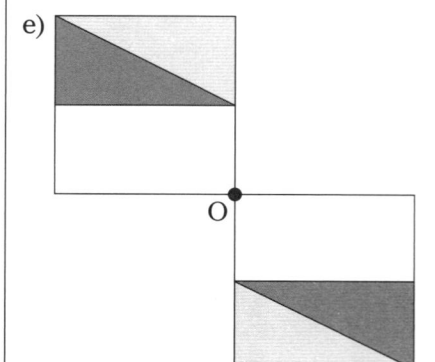

115

Um programa de edição de imagens possibilita transformar figuras em outras mais complexas. Deseja-se construir uma nova figura a partir da original. A nova figura deve apresentar simetria em relação ao ponto O.

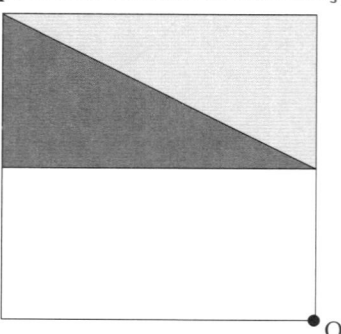

Figura original

A imagem que representa a nova figura é:

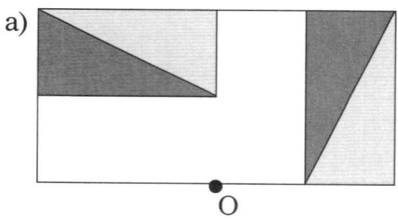

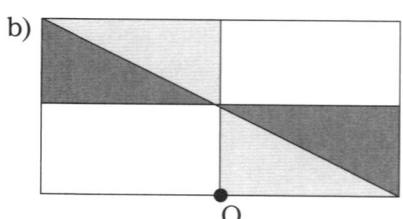

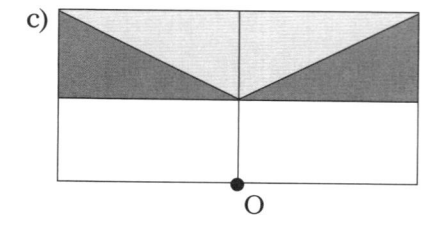

116

Um artesão de joias tem à sua disposição pedras brasileiras de três cores: vermelhas. azuis e verdes.

Ele pretende produzir joias constituidas por uma liga metálica, a partir de um molde no formato de um losango não quadrado com pedras nos seus vértices, de modo que dois vértices consecutivos tenham sempre pedras de cores diferentes.

A figura ilustra uma joia, produzida por esse artesão, cujos vértices A, B, C e D correspondem às posições ocupadas pelas pedras.

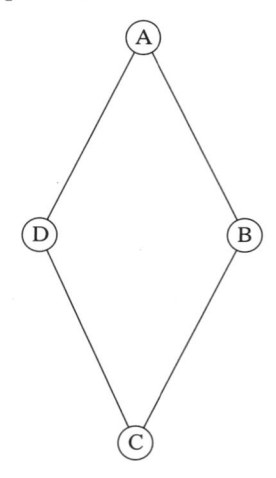

Com base nas informações fornecidas, quantas joias diferentes, nesse formato, o artesão poderá obter?

a) 6   b) 12   c) 18   d) 24   e) 36

117

Em setembro de 1987, Goiânia foi palco do maior acidente radioativo ocorrido no Brasil, quando uma amostra de césio-137, removida de um aparelho de radioterapia abandonado, foi manipulada inadvertidamente por parte da população. A meia-vida de um material radioativo é o tempo necessário para que a massa desse material se reduza a metade. A meia-vida do césio-137 é 30 anos e a quantidade restante de massa de um material radioativo, após t anos, é calculada pela expressão $M(t) = A \cdot (2,7)^{kt}$, onde A é a massa inicial e k uma constante negativa.

Considere 0,3 como aproximação para $\log_{10} 2$.

Qual o tempo necessário, em anos, para que uma quantida de massa do césio-137 se reduza a 10% da quantidade inicial?

a) 27   b) 36   c) 50   d) 54   e) 100

118

Nos Estados Unidos a unidade de medida de volume mais utilizada em latas de refrigerante é a onça fluida (fl oz), que equivale a aproximadamente 2,95 centilitros (cL).

Sabe-se que o centilitro é a centésima parte do litro e que a lata de refrigerante usualmente comercializada no Brasil tem capacidade de 355 mL.

Assim, a medida do volume da lata de refrigerante de 355 mL, em onça fluida (fl oz), é mais próxima de

a) 0,83.   b) 1,20.   c) 12,03.
d) 104,73.   e) 120,34.

Resp: 110 A   111 E   112 B   113 A

119

Na aferição de um novo semáforo, os tempos são ajustados de modo que, em cada ciclo completo (verde-amarelo-vermelho), a luz amarela permaneça acesa por 5 segundos, e o tempo em que a luz verde permaneça acesa seja igual a $\frac{2}{3}$ do tempo em que a luz vermelha fique acesa. A luz verde fica acesa, em cada ciclo, durante X segundos e cada ciclo dura Y segundos.

Qual é a expressão que representa a relação entre X e Y?

a) $5X - 3Y + 15 = 0$
b) $5X - 2Y + 10 = 0$
c) $3X - 3Y + 15 = 0$
d) $3X - 2Y + 15 = 0$
e) $3X - 2Y + 10 = 0$

120

A temperatura T de um forno (em graus centígrados) é reduzida por um sistema a partir do instante de seu desligamento (t = 0) e varia de acordo com a expressão $T(t) = -\frac{t^2}{4} + 400$, com t em minutos. Por motivos de segurança, a trava do forno só é liberada para abertura quando o forno atinge a temperatura de 39° C.

Qual o tempo mínimo de espera, em minutos, após se desligar o forno, para que a porta possa ser aberta?

a) 19,0   b) 19,8   c) 20,0   d) 38,0   e) 39,0

121

O ciclo de atividade magnética do Sol tem um período de 11 anos. O início do primeiro ciclo registrado se deu no começo de 1755 e se estendeu até o final de 1765.

Desde então, todos os ciclos de atividade magnética do Sol têm sido registrados.

Disponível em: http://g1.globo.com. Acesso em: 27 fev. 2013.

No ano de 2101, o Sol estará no ciclo de atividade magnética de número

a) 32.   b) 34.   c) 33.   d) 35.   e) 31.

122

A figura apresenta dois mapas, em que o estado do Rio de Janeiro é visto em diferentes escalas

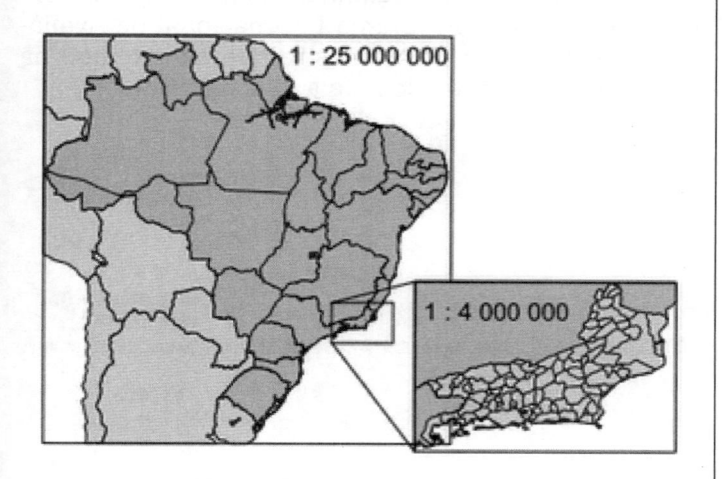

Há interesse em estimar o número de vezes que foi ampliada a área correspondente a esse estado no mapa do Brasil.

Esse número é

a) menor que 10.
b) maior que 10 e menor que 20.
c) maior que 20 e menor que 30.
d) maior que 30 e menor que 40.
e) maior que 40.

123

Nos últimos anos, a televisão tem passado por uma verdadeira revolução, em termos de qualidade de imagem, som e interatividade com o telespectador. Essa transformação se deve à conversão do sinal analógico para o sinal digital. Entretanto, muitas cidades ainda não contam com essa nova tecnologia. Buscando levar esses benefícios a três cidades, uma emissora de televisão pretende construir uma nova torre de transmissão, que envie sinal às antenas A, B e C, já existentes nessas cidades. As localizações das antenas estão representadas no plano cartesiano:

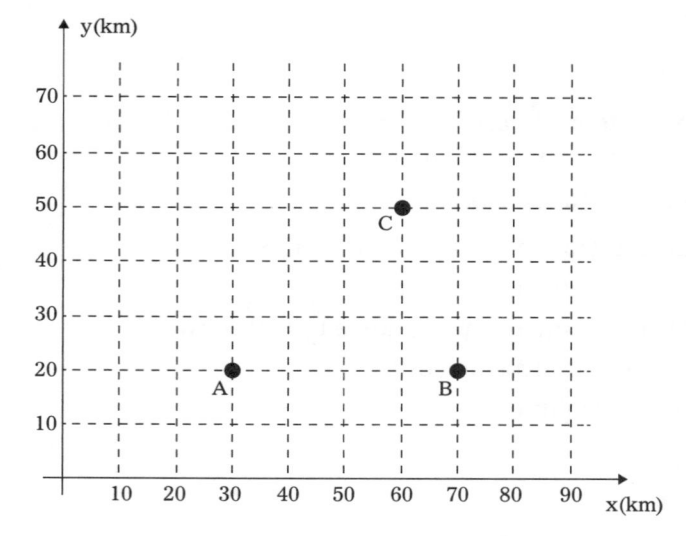

A torre deve estar situada em um local equidistante das três antenas.

O local adequado para a construção dessa torre corresponde ao ponto de coordenadas

a) (65; 35). b) (53; 30). c) (45; 35).
d) (50; 20). e) (50; 30).

Resp: 114 C   115 E   116 B   117 E   118 C

124

Uma cozinheira, especialista em fazer bolos, utiliza uma forma no formato representado na figura:

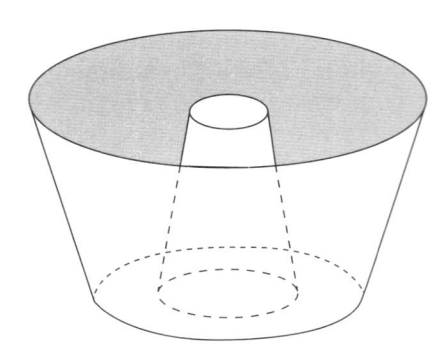

Nela identifica-se a representação de duas figuras geométricas tridimensionais.

Essas figuras são

a) um tronco de cone e um cilindro.
b) um cone e um cilindro.
c) um tronco de pirâmide e um cilindro.
d) dois troncos de cone.
e) dois cilindros.

125

Uma falsa relação

O cruzamento da quantidade de horas estudadas com o desempenho no Programa Internacional de Avaliação de Estudantes (Pisa) mostra que mais tempo na escola não é garantia de nota acima da média.

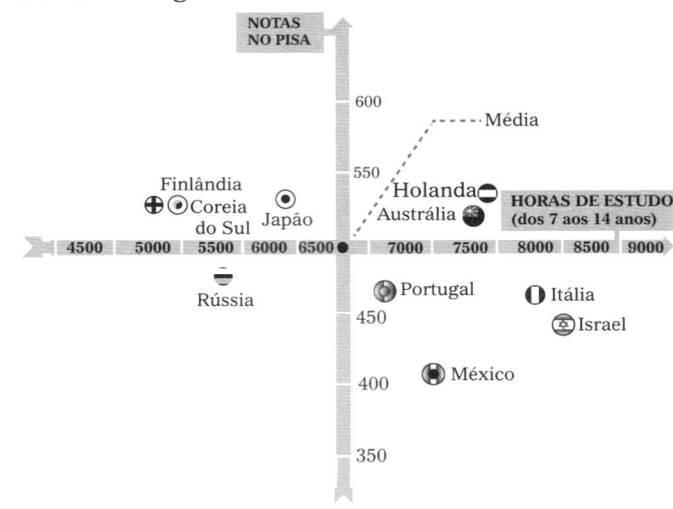

*Considerando as médias de cada país no exame de matemática.

Nova Escola, São Paulo, dez. 2010 (adaptado)

Dos países com notas abaixo da média nesse exame, aquele que apresenta maior quantidade de horas de estudo é

a) Finlândia.
b) Holanda.
c) Israel.
d) México.
e) Rússia.

126

Um restaurante utiliza, para servir bebidas, bandejas com bases quadradas. Todos os copos desse restaurante têm o formato representado na figura:

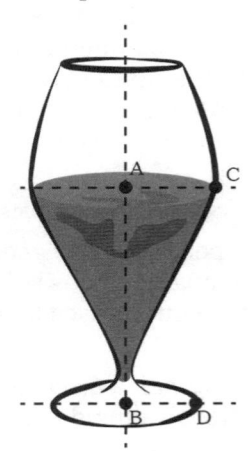

Considere que $\overline{AC} = \dfrac{7}{5}\overline{BD}$ e que L é a medida de um dos lados da base da bandeja.

Qual deve ser o menor valor da razão $\dfrac{L}{\overline{BD}}$ para que uma bandeja tenha capacidade de portar exatamente quatro copos de uma só vez?

a) 2   b) $\dfrac{14}{5}$ c) 4   d) $\dfrac{24}{5}$ e) $\dfrac{28}{5}$

127

O dono de um sítio pretende colocar uma haste de sustentação para melhor firmar dois postes de comprimentos iguais a 6 m e 4 m. A figura representa a situação real na qual os postes são descritos pelos segmentos AC e BD e a haste é representada pelo segmento EF, todos perpendiculares ao solo, que é indicado pelo segmento de reta AB. Os segmentos AD e BC representam cabos de aço que serão instalados.

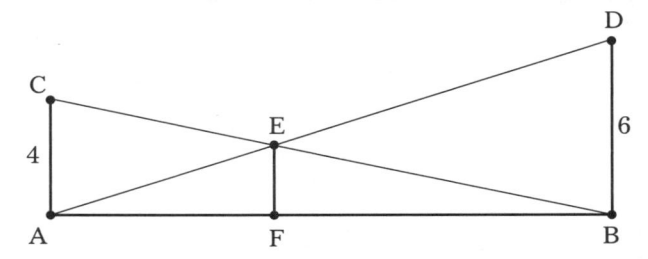

Qual deve ser o valor do comprimento da haste EF?

a) 1 m   b) 2 m   c) 2,4 m   d) 3 m   e) $2\sqrt{6}$ m

Resp: 119 B   120 D   121 A   122 D   123 E

128

Gangorra é um brinquedo que consiste de uma tábua longa e estreita equilibrada e fixada no seu ponto central (pivô). Nesse brinquedo, duas pessoas sentam-se nas extremidades e, alternadamente, impulsionam-se para cima, fazendo descer a extremidade oposta, realizando, assim, o movimento da gangorra.

Considere a gangorra representada na figura, em que os pontos A e B são equidistantes do pivô:

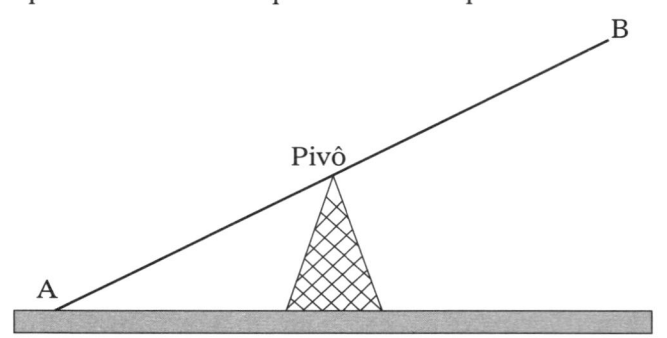

A projeção ortogonal da trajetória dos pontos A e B, sobre o plano do chão da gangorra, quando esta se encontra em movimento, é:

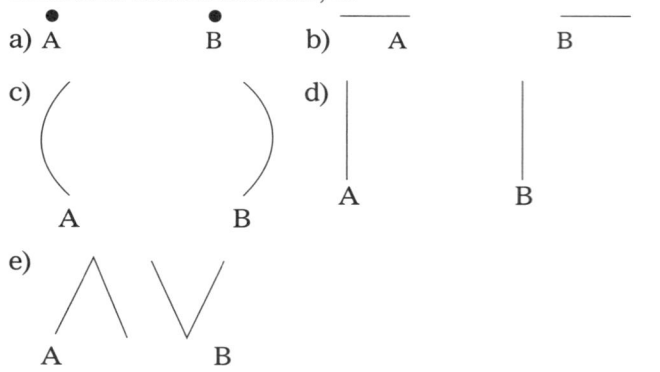

a) •A   •B

b) ___A   ___B

c))A   (B

d) |A |B

e) /\A   \/B

129

A cerâmica constitui-se em um artefato bastante presente na história da humanidade. Uma de suas várias propriedades é a retração (contração), que consiste na evaporação da água existente em um conjunto ou bloco cerâmico quando submetido a uma determinada temperatura elevada. Essa elevação de temperatura, que ocorre durante o processo de cozimento, causa uma redução de até 20% nas dimensões lineares de uma peça.

Disponível em. www.arq.ufsc.br Acesso em: 3 mar. 2012.

Suponha que uma peça, quando moldada em argila, possuía uma base retangular cujos lados mediam 30 cm e 15 cm. Após o cozimento, esses lados foram reduzidos em 20%.

Em relação à área original, a área da base dessa peça, após o cozimento, ficou reduzida em

a) 4%   b) 20%   c) 36%.   d) 64%.   e) 96%

130

Uma fábrica de parafusos possui duas máquinas, I e II, para a produção de certo tipo de parafuso.

Em setembro, a máquina I produziu $\frac{54}{100}$ do total de parafusos produzidos pela fábrica. Dos parafusos produzidos por essa máquina, $\frac{25}{1000}$ eram defeituosos. Por sua vez, $\frac{38}{1000}$ dos parafusos produzidos no mesmo mês pela máquina II eram defeituosos.

O desempenho conjunto das duas máquinas é classificado conforme o quadro, em que P indica a probabilidade de um parafuso escolhido ao acaso ser defeituoso.

$0 \leq P < \frac{2}{100}$	Excelente
$\frac{2}{100} \leq P < \frac{4}{100}$	Bom
$\frac{4}{100} \leq P < \frac{6}{100}$	Regular
$\frac{6}{100} \leq P < \frac{8}{100}$	Ruim
$\frac{8}{100} \leq P < 1$	Péssimo

O desempenho conjunto dessas máquinas, em setembro, pode ser classificado como

a) excelente.   b) bom.   c) regular.
d) ruim.   e) péssimo.

131

Considere o seguinte jogo de apostas: Numa cartela com 60 números disponíveis, um apostador escolhe de 6 a 10 números. Dentre os números disponíveis, serão sorteados apenas 6. O apostador será premiado caso os 6 números sorteados estejam entre os números escolhidos por ele numa mesma cartela.

O quadro apresenta o preço de cada cartela, de acordo com a quantidade de números escolhidos.

Quantidade de números escolhidos em uma cartela	Preço da cartela (R$)
6	2,00
7	12,00
8	40,00
9	125,00
10	250,00

Cinco apostadores, cada um com R$ 500,00 para apostar, fizeram as seguintes opções:

Arthur: 250 cartelas com 6 números escolhidos;

Bruno: 41 cartelas com 7 números escolhidos e 4 cartelas com 6 números escolhidos;

Caio: 12 cartelas com 8 números escolhidos e 10 cartelas com 6 números escolhidos;

Douglas: 4 cartelas com 9 números escolhidos;

Eduardo: 2 cartelas com 10 números escolhidos.

Os dois apostadores com maiores probabilidades de serem premiados são

a) Caio e Eduardo.   b) Arthur e Eduardo.
c) Bruno e Caio.   d) Arthur e Bruno.
e) Douglas e Eduardo.

132

Um comerciante visita um centro de vendas para fazer cotação de preços dos produtos que deseja comprar. Verifica que se aproveita 100% da quantidade adquirida de produtos do tipo A, mas apenas 90% de produtos do tipo B. Esse comerciante deseja comprar uma quantidade de produtos, obtendo o menor custo/benefício em cada um deles. O quadro mostra o preço por quilograma, em reais, de cada produto comercializado.

Produto	Tipo A	Tipo B
Arroz	2,00	1,70
Feijão	4,50	4,10
Soja	3,80	3,50
Milho	6,00	5,30

Os tipos de arroz, feijão, soja e milho que devem ser escolhidos pelo comerciante são, respectivamente,

a) A, A, A, A.
b) A, B, A, B.
c) A, B, B, A.
d) B, A, A, B.
e) B, B, B, B.

133

Em um sistema de dutos, três canos iguais, de raio externo 30 cm, são soldados entre si e colocados dentro de um cano de raio maior, de medida R. Para posteriormente ter fácil manutenção, é necessário haver uma distância de 10 cm entre os canos soldados e o cano de raio maior.

Essa distância é garantida por um espaçador de metal, conforme a figura:

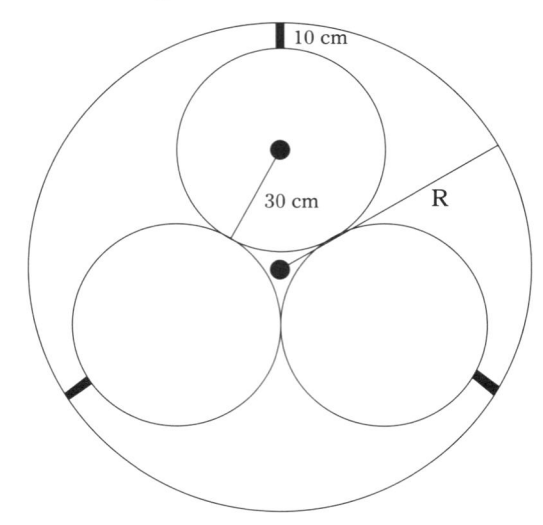

Utilize 1,7 como aproximação para $\sqrt{3}$.

O valor de R, em centímetros, é igual a

a) 64,0.
b) 65,5.
c) 74,0.
d) 81,0.
e) 91,0.

134

O índice de eficiência utilizado por um produtor de leite qualificar suas vacas é dado pelo produto do tempo de lactação (em dias) pela produção média diária de leite (em kg), dividido pelo intervalo entre partos (em meses). Para esse produtor, a vaca é qualificada como eficiente quando esse índice é, no mínimo, 281 quilogramas por mês, mantendo sempre as mesmas condições de manejo (alimentação, vacinação e outros). Na comparação de duas ou mais vacas, a mais eficiente é a que tem maior índice.

A tabela apresenta os dados coletados de cinco vacas:

Dados relativos à produção das vacas

Vaca	Tempo de lactação (em dias)	Produção média diária de leite (em kg)	Intervalo entre partos (em meses)
Malhada	360	12,0	15
Mamona	310	11,0	12
Maravilha	260	14,0	12
Mateira	310	13,0	13
Mimosa	270	12,0	11

Após a análise dos dados, o produtor avaliou que a vaca mais eficiente é a

a) Malhada. b) Mamona. c) Maravilha.
d) Mateira. e) Mimosa.

135

A Secretaria de Saúde de um município avalia um programa que disponibiliza, para cada aluno de uma escola municipal, uma bicicleta, que deve ser usada no trajeto de ida e volta, entre sua casa e a escola. Na fase de implantação do programa, o aluno que morava mais distante da escola realizou sempre o mesmo trajeto, representado na figura, na escala 1 : 25 000, por um período de cinco dias.

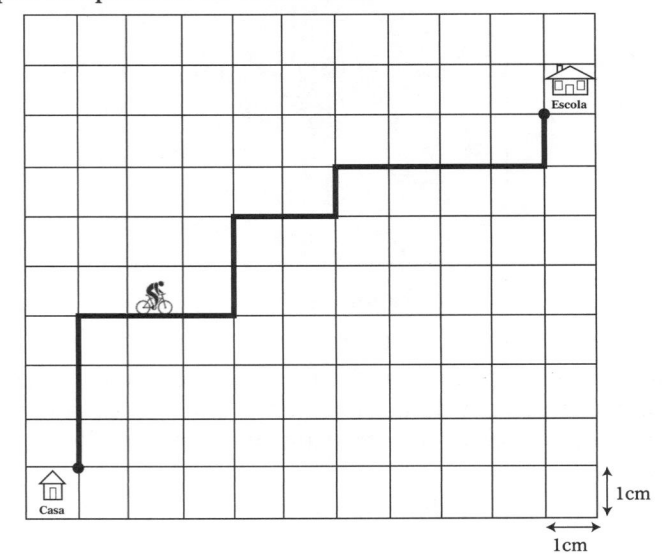

Quantos quilômetros esse aluno percorreu na fase de implantação do programa?

a) 4 b) 8 c) 16 d) 20 e) 40

ENEM – 2014

136

A Figura 1 representa uma gravura retangular com 8 m de comprimento e 6 m de altura.

8 metros

6 metros

Figura 1

Deseja-se reproduzi-la numa folha de papel retangular com 42 cm de comprimento e 30 cm de altura, deixando livres 3 cm em cada margem, conforme a Figura 2.

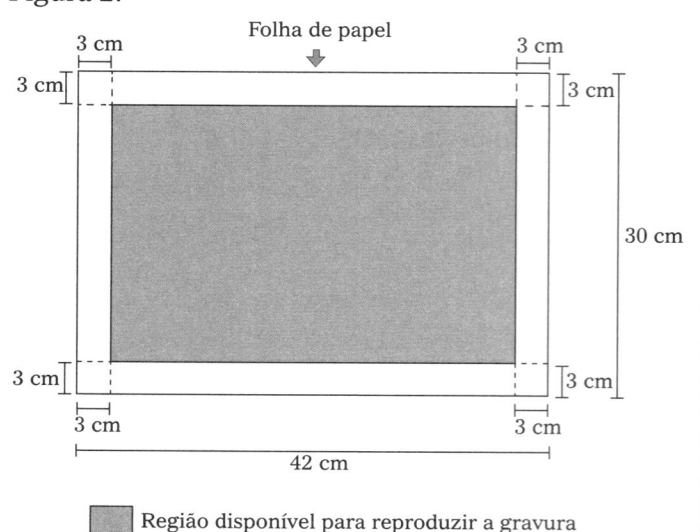

Folha de papel

3 cm / 3 cm / 3 cm / 3 cm / 3 cm / 3 cm / 30 cm / 42 cm

■ Região disponível para reproduzir a gravura
□ Região proibida para reproduzir a gravura

Figura 2

A reprodução da gravura deve ocupar o máximo possível da região disponível, mantendo-se as proporções da Figura 1.

PRADO, A. C. Superinteressante, ed. 301, fev. 2012 (adaptado).

A escala da gravura reproduzida na folha de papel é

a) 1: 3.   b) 1: 4.   c) 1: 20.   d) 1: 25.   e) 1: 32.

137

Uma empresa que organiza eventos de formatura confecciona canudos de diplomas a partir de folhas de papel quadradas. Para que todos os canudos fiquem idênticos, cada folha é enrolada em torno de um cilindro de madeira de diâmetro **d** em centímetros, sem folga, dando-se 5 voltas completas em torno de tal cilindro. Ao final, amarra-se um cordão no meio do diploma, bem ajustado, para que não ocorra o desenrolamento, como ilustrado na figura.

Em seguida, retira-se o cilindro de madeira do meio do papel enrolado, finalizando a confecção do diploma. Considere que a espessura da folha de papel original seja desprezível.

Qual é a medida, em centímetros, do lado da folha de papel usado na confecção do diploma?

a) πd b) $2\pi d$ c) $4\pi d$
d) $5\pi d$ e) $10\pi d$

138

Uma ponte precisa ser dimensionada de forma que possa ter três pontos de sustentação. Sabe-se que a carga máxima suportada pela ponte será de 12 t. O ponto de sustentação central receberá 60% da carga da ponte, e o restante da carga será distribuído igualmente entre os outros dois pontos de sustentação.

No caso de carga máxima, as cargas recebidas pelos três pontos de sustentação serão, respectivamente,

a) 1,8 t; 8,4 t; 1,8 t.
b) 3,0 t; 6,0 t; 3,0 t.
c) 2,4 t; 7,2 t; 2,4 t.
d) 3,6 t; 4,8 t; 3,6 t.
e) 4,2 t; 3,6 t; 4,2 t.

139

Para comemorar o aniversário de uma cidade, um artista projetou uma escultura transparente e oca, cujo formato foi inspirado em uma ampulheta. Ela é formada por três partes de mesma altura: duas são troncos de cone iguais e a outra é um cilindro. A figura é a vista frontal dessa escultura.

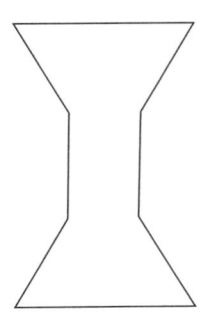

No topo da escultura foi ligada uma torneira que verte água, para dentro dela, com vazão constante.

O gráfico que expressa a altura (h) da água na escultura em função do tempo (t) decorrido é

a), 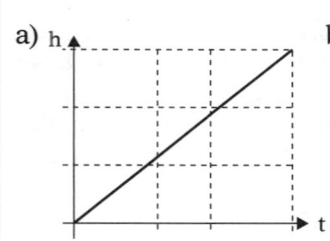 b), 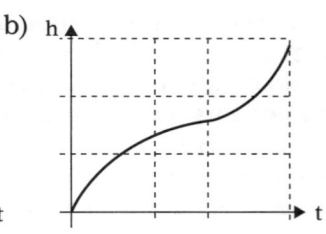 c), 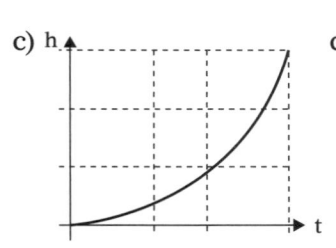 d), 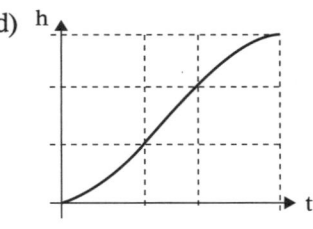 e) 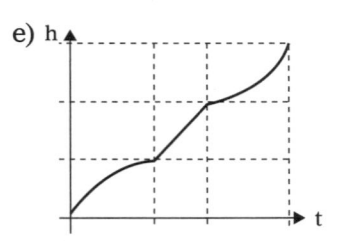 (gráficos)

Resp: **132** D **133** C **134** D **135** E

140

Um sinalizador de trânsito tem o formato de um cone circular reto. O sinalizador precisa ser revestido externamente com adesivo fluorescente, desde sua base (base do cone) até a metade de sua altura, para sinalização noturna. O responsável pela colocação do adesivo precisa fazer o corte do material de maneira que a forma do adesivo corresponda exatamente à parte da superfície lateral a ser revestida.

Qual deverá ser a forma do adesivo?

a)

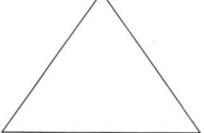

b)

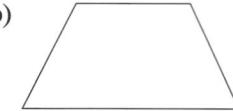

c)

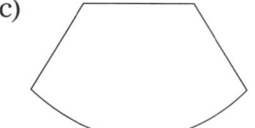

d)

e)

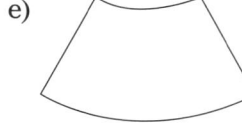

141

O gráfico apresenta as taxas de desemprego durante o ano de 2011 e o primeiro semestre de 2012 na região metropolitana de São Paulo. A taxa de desemprego total é a soma das taxas de desemprego aberto e oculto.

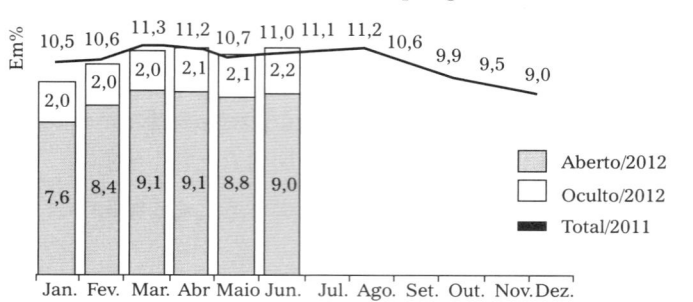

Suponha que a taxa de desemprego oculto do mês de dezembro de 2012 tenha sido a metade da mesma taxa em junho de 2012 e que a taxa de desemprego total em dezembro de 2012 seja igual a essa taxa em dezembro de 2011.

Disponível em: www.dieese.org.br. Acesso em: 1 ago. 2012(fragmento).

Nesse caso, a taxa de desemprego aberto de dezembro de 2012 teria sido, em termos percentuais, de

a) 1,1.   b) 3,5.   c) 4,5.   d) 6,8.   e) 7,9.

142

A taxa de fecundidade é um indicador que expressa a condição reprodutiva média das mulheres de uma região, e é importante para uma análise da dinâmica demográfica dessa região. A tabela apresenta os dados obtidos pelos Censos de 2000 e 2010, feitos pelo IBGE, com relação à taxa de fecundidade no Brasil.

Ano	Taxa de fecundidade no Brasil
2000	2,38
2010	1,90

Suponha que a variação percentual relativa na taxa de fecundidade no período de 2000 a 2010 se repita no período de 2010 a 2020.

Nesse caso, em 2020 a taxa de fecundidade no Brasil estará mais próxima de

a) 1,14.   b) 1,42.   c) 1,52.   d) 1,70.   e) 1,80.

143

O Ministério da Saúde e as unidades federadas promovem frequentemente campanhas nacionais e locais de incentivo à doação voluntária de sangue, em regiões com menor número de doadores por habitante, com o intuito de manter a regularidade de estoques nos serviços hemoterápicos. Em 2010, foram recolhidos dados sobre o número de doadores e o número de habitantes de cada região conforme o quadro seguinte.

Taxa de doação de sangue, por região, em 2010			
Região	Doadores	Número de habitantes	Doadores/ habitantes
Nordeste	820 950	53 081 950	1,5%
Norte	232 079	15 864 454	1,5%
Sudeste	1 521 766	80 364 410	1,9%
Centro - Oeste	362 334	14 058 094	2,6%
Sul	690 391	27 386 891	2,5%
Total	3 627 529	190 755 799	1,9%

Os resultados obtidos permitiram que estados, municípios e o governo federal estabelecessem as regiões prioritárias do país para a intensificação das campanhas de doação de sangue.

A campanha deveria ser intensificada nas regiões em que o percentual de doadores por habitantes fosse menor ou igual ao do país.

Disponível em: http://bvsms.saude.gov.br. Acesso em: 2 ago. 2013 (adaptado).

As regiões brasileiras onde foram intensificadas as campanhas na época são

a) Norte, Centro-Oeste e Sul.

b) Norte, Nordeste e Sudeste.

c) Nordeste, Norte e Sul.

d) Nordeste, Sudeste e Sul.

e) Centro-Oeste, Sul e Sudeste.

144

Um **show** especial de Natal teve 45 000 ingressos vendidos. Esse evento ocorrerá em um estádio de futebol que disponibilizará 5 portões de entrada, com 4 catracas eletrônicas por portão. Em cada uma dessas catracas, passará uma única pessoa a cada 2 segundos. O público foi igualmente dividido pela quantidade de portões e catracas, indicados no ingresso para o **show**, para a efetiva entrada no estádio. Suponha que todos aqueles que compraram ingressos irão ao **show** e que todos passarão pelos portões e catracas eletrônicas indicados.

Qual é o tempo mínimo para que todos passem pelas catracas?

a) 1 hora.
b) 1 hora e 15 minutos.
c) 5 horas.
d) 6 horas.
e) 6 horas e 15 minutos.

145

Conforme regulamento da Agência Nacional de Aviação Civil (Anac), o passageiro que embarcar em voo doméstico poderá transportar bagagem de mão, contudo a soma das dimensões da bagagem (altura + comprimento + largura) não pode ser superior a 115 cm.

A figura mostra a planificação de uma caixa que tem a forma de um paralelepípedo retângulo.

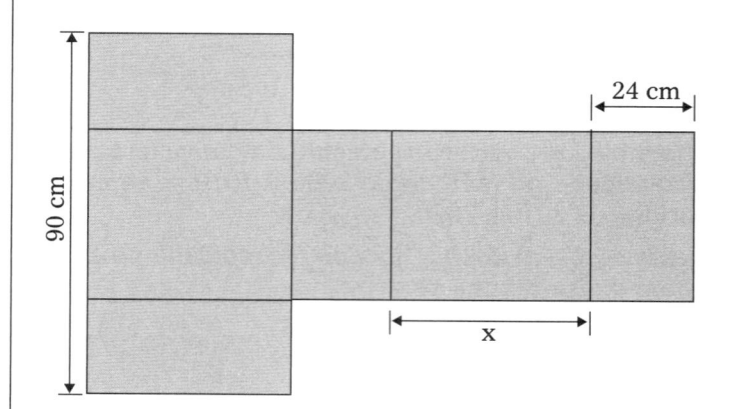

O maior valor possível para x, em centímetros, para que a caixa permaneça dentro dos padrões permitidos pela Anac é

a) 25. b) 33. c) 42. d) 45. e) 49.

146

Uma lata de tinta, com a forma de um paralelepípedo retangular reto, tem as dimensões, em centímetros, mostradas na figura.

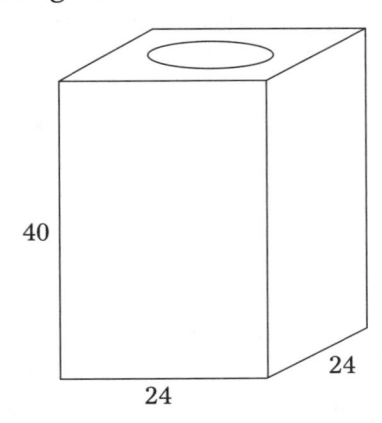

Será produzida uma nova lata, com os mesmos formato e volume, de tal modo que as dimensões de sua base sejam 25% maiores que as da lata atual.

Para obter a altura da nova lata, a altura da lata atual deve ser reduzida em

a) 14,4%   b) 20,0%   c) 32,0%   d) 36,0%   e) 64,0%

147

Uma organização não governamental divulgou um levantamento de dados realizado em algumas cidades brasileiras sobre saneamento básico. Os resultados indicam que somente 36% do esgoto gerado nessas cidades é tratado, o que mostra que 8 bilhões de litros de esgoto sem nenhum tratamento são lançados todos os dias nas águas.

Uma campanha para melhorar o saneamento básico nessas cidades tem como meta a redução da quantidade de esgoto lançado nas águas diariamente, sem tratamento, para 4 bilhões de litros nos próximos meses.

Se o volume de esgoto gerado permanecer o mesmo e a meta dessa campanha se concretizar, o percentual de esgoto tratado passará a ser

a) 72%.   b) 68%.   c) 64%.   d) 54%.   e) 18%.

148

Uma empresa de alimentos oferece três valores diferentes de remuneração a seus funcionários, de acordo com o grau de instrução necessário para cada cargo. No ano de 2013, a empresa teve uma receita de 10 milhões de reais por mês e um gasto mensal com a folha salarial de R$ 400 000,00, distribuídos de acordo com o Gráfico 1. No ano seguinte, a empresa ampliará o número de funcionários, mantendo o mesmo valor salarial para cada categoria. Os demais custos da empresa permanecerão constantes de 2013 para 2014.

O número de funcionários em 2013 e 2014, por grau de instrução, está no Gráfico 2.

Distribuição da Folha Salarial

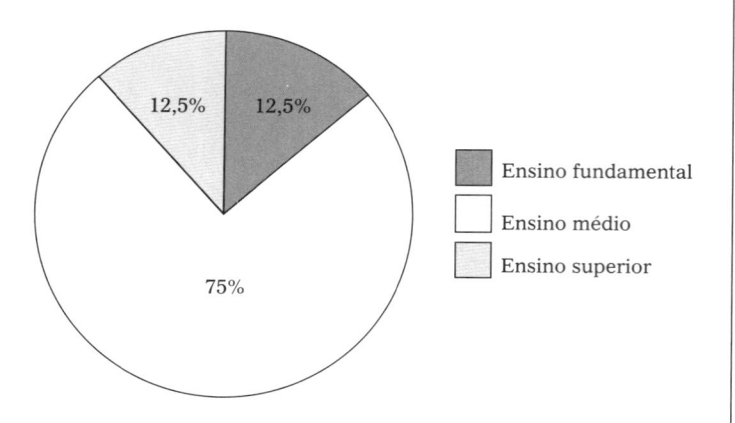

(Gráfico 1: Ensino fundamental 12,5%; Ensino médio 75%; Ensino superior 12,5%)

Gráfico 1

Número de funcionários por grau de instrução

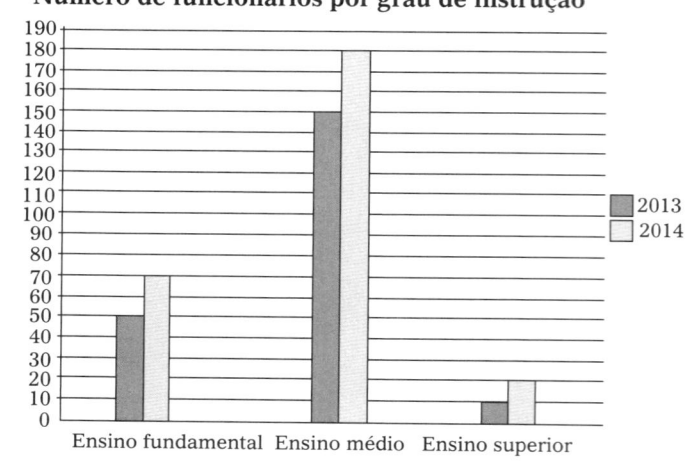

(Gráfico 2: Ensino fundamental: 50 (2013), 70 (2014); Ensino médio: 150 (2013), 180 (2014); Ensino superior: 10 (2013), 20 (2014))

Gráfico 2

Qual deve ser o aumento na receita da empresa para que o lucro mensal em 2014 seja o mesmo de 2013?

a) R$ 114 285,00
b) R$ 130 000,00
c) R$ 160 000,00
d) R$ 210 000,00
e) R$ 213 333,00

149

Boliche é um jogo em que se arremessa uma bola sobre uma pista para atingir dez pinos, dispostos em uma formação de base triangular, buscando derrubar o maior número de pinos. A razão entre o total de vezes em que o jogador derruba todos os pinos e o número de jogadas determina seu desempenho.

Em uma disputa entre cinco jogadores, foram obtidos os seguintes resultados:

Jogador I – Derrubou todos os pinos 50 vezes em 85 jogadas.
Jogador II – Derrubou todos os pinos 40 vezes em 65 jogadas.
Jogador III – Derrubou todos os pinos 20 vezes em 65 jogadas.
Jogador IV – Derrubou todos os pinos 30 vezes em 40 jogadas.
Jogador V – Derrubou todos os pinos 48 vezes em 90 jogadas.

Qual desses jogadores apresentou maior desempenho?

a) I
b) II
c) III
d) IV
e) V

150

Ao final de uma competição de ciências em uma escola, restaram apenas três candidatos. De acordo com as regras, o vencedor será o candidato que obtiver a maior média ponderada entre as notas das provas finais nas disciplinas química e física, considerando, respectivamente, os pesos 4 e 6 para elas. As notas são sempre números inteiros. Por questões médicas, o candidato II ainda não fez a prova final de química. No dia em que sua avaliação for aplicada, as notas dos outros dois candidatos, em ambas as disciplinas, já terão sido divulgadas.

O quadro apresenta as notas obtidas pelos finalistas nas provas finais.

Candidato	Química	Física
I	20	23
II	X	25
III	21	18

A menor nota que o candidato II deverá obter na prova final de química para vencer a competição é

a) 18.   b) 19.   c) 22.   d) 25.   e) 26.

151

Um cliente de uma videolocadora tem o hábito de alugar dois filmes por vez. Quando os devolve, sempre pega outros dois filmes e assim sucessivamente. Ele soube que a videolocadora recebeu alguns lançamentos, sendo 8 filmes de ação, 5 de comédia e 3 de drama e, por isso, estabeleceu uma estratégia para ver todos esses 16 lançamentos. Inicialmente alugará, em cada vez, um filme de ação e um de comédia. Quando se esgotarem as possibilidades de comédia, o cliente alugará um filme de ação e um de drama, até que todos os lançamentos sejam vistos e sem que nenhum filme seja repetido.

De quantas formas distintas a estratégia desse cliente poderá ser posta em prática?

a) $20 \times 8! + (3!)2$

b) $8! \times 5! \times 3!$

c) $\dfrac{8! \times 5! \times 3!}{2^8}$

d) $\dfrac{8! \times 5! \times 3!}{2^2}$

e) $\dfrac{16!}{2^8}$

152

O psicólogo de uma empresa aplica um teste para analisar a aptidão de um candidato a determinado cargo. O teste consiste em uma série de perguntas cujas respostas devem ser verdadeiro ou falso e termina quando o psicólogo fizer a décima pergunta ou quando o candidato der a segunda resposta errada. Com base em testes anteriores, o psicólogo sabe que a probabilidade de o candidato errar uma resposta é 0,20.

A probabilidade de o teste terminar na quinta pergunta é

a) 0,02048.

b) 0,08192.

c) 0,24000.

d) 0,40960.

e) 0,49152.

153

A Companhia de Engenharia de Tráfego (CET) de São Paulo testou em 2013 novos radares que permitem o cálculo da velocidade média desenvolvida por um veículo em um trecho da via.

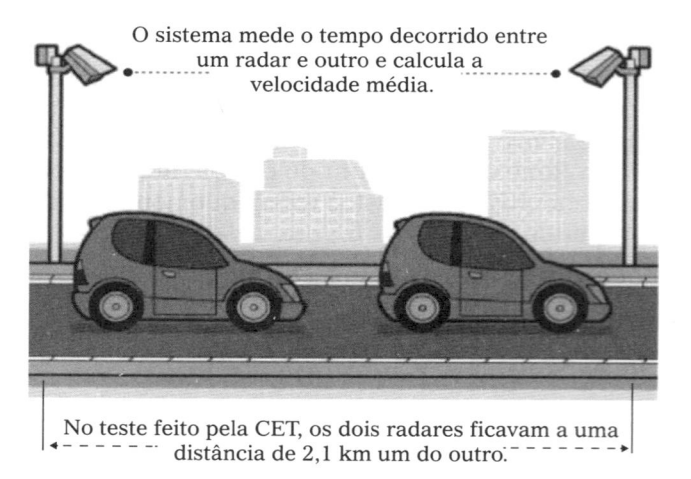

O sistema mede o tempo decorrido entre um radar e outro e calcula a velocidade média.

No teste feito pela CET, os dois radares ficavam a uma distância de 2,1 km um do outro.

As medições de velocidade deixariam de ocorrer de maneira instantânea, ao se passar pelo radar, e seriam feitas a partir da velocidade média no trecho, considerando o tempo gasto no percurso entre um radar e outro. Sabe-se que a velocidade média é calculada como sendo a razão entre a distância percorrida e o tempo gasto para percorrê-la.

O teste realizado mostrou que o tempo que permite uma condução segura de deslocamento no percurso entre os dois radares deveria ser de, no mínimo, 1 minuto e 24 segundos. Com isso, a CET precisa instalar uma placa antes do primeiro radar informando a velocidade média máxima permitida nesse trecho da via. O valor a ser exibido na placa deve ser o maior possível, entre os que atendem às condições de condução segura observadas.

Disponível em: www1.folha.uol.com.br. Acesso em: 11 jan. 2014 (adaptado).

A placa de sinalização que informa a velocidade que atende a essas condições é

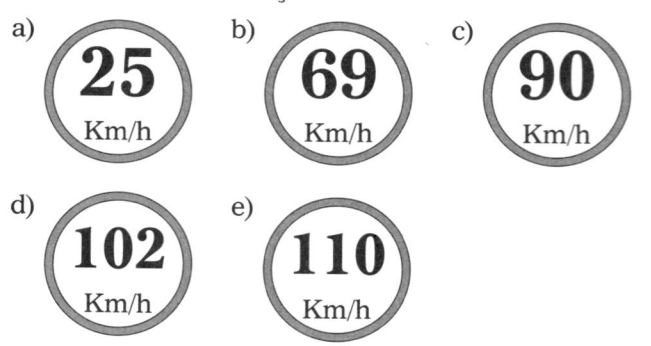

a) 25 Km/h
b) 69 Km/h
c) 90 Km/h
d) 102 Km/h
e) 110 Km/h

154

O acesso entre os dois andares de uma casa é feito através de uma escada circular (escada caracol), representada na figura. Os cinco pontos A, B, C, D, E sobre o corrimão estão igualmente espaçados, e os pontos P, A e E estão em uma mesma reta. Nessa escada, uma pessoa caminha deslizando a mão sobre o corrimão do ponto A até o ponto D.

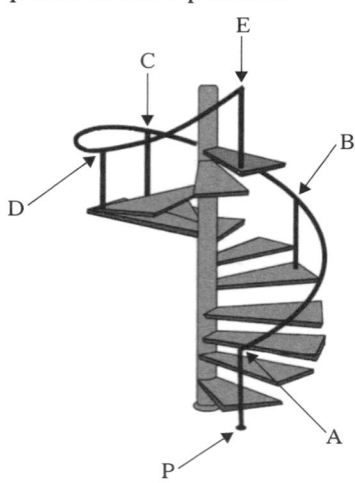

A figura que melhor representa a projeção ortogonal, sobre o piso da casa (plano), do caminho percorrido pela mão dessa pessoa é:

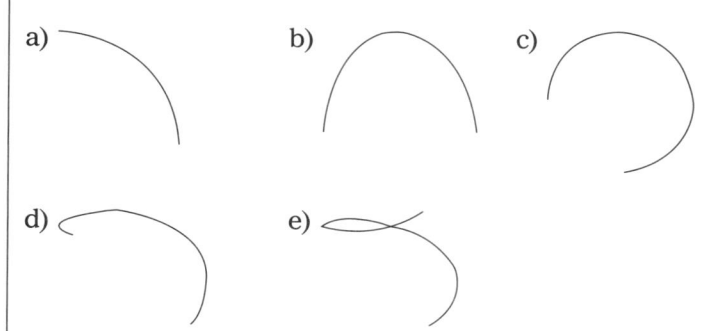

a)
b)
c)
d)
e)

155

Um pesquisador está realizando varias séries de experimentos com alguns reagentes para verificar qual o mais adequado para a produção de um determinado produto. Cada série consiste em avaliar um dado reagente em cinco experimentos diferentes. O pesquisador está especialmente interessado naquele reagente que apresentar a maior quantidade dos resultados de seus experimentos acima da média encontrada para aquele reagente. Após a realização de cinco séries de experimentos, o pesquisador encontrou os seguintes resultados:

	Reagente 1	Reagente 2	Reagente 3	Reagente 4	Reagente 5
Experimento 1	1	0	2	2	1
Experimento 2	6	6	3	4	2
Experimento 3	6	7	8	7	9
Experimento 4	6	6	10	8	10
Experimento 5	11	5	11	12	11

Levando-se em consideração os experimentos feitos, o reagente que atende às expectativas do pesquisador é o

a) 1.   b) 2.   c) 3.   d) 4.   e) 5.

156

Em uma cidade, o valor total da conta de energia elétrica é obtido pelo produto entre o consumo (em kWh) e o valor da tarifa do kWh (com tributos), adicionado à Cosip (contribuição para custeio da iluminação pública), conforme a expressão:

Valor do kWh (com tributos) x consumo (em kWh) + Cosip

O valor da Cosip é fixo em cada faixa de consumo. O quadro mostra o valor cobrado para algumas faixas.

Faixa de consumo mensal (kwh)	Valor da Cosip (R$)
Até 80	0,00
Superior a 80 até 100	2,00
Superior a 100 até 140	3,00
Superior a 140 até 200	4,50

Suponha que, em uma residência, todo mês o consumo seja de 150 kWh, e o valor do kWh (com tributos) seja de R$ 0,50. O morador dessa residência pretende diminuir seu consumo mensal de energia elétrica com o objetivo de reduzir o custo total da conta em pelo menos 10%.

Qual deve ser o consumo máximo, em kWh, dessa residência para produzir a redução pretendida pelo morador?

a) 134,1   b) 135,0   c) 137,1   d) 138,6   e) 143,1

157

No Brasil há várias operadoras e planos de telefonia celular.

Uma pessoa recebeu 5 propostas (A, B, C, D e E) de planos telefônicos. O valor mensal de cada plano está em função do tempo mensal das chamadas, conforme o gráfico.

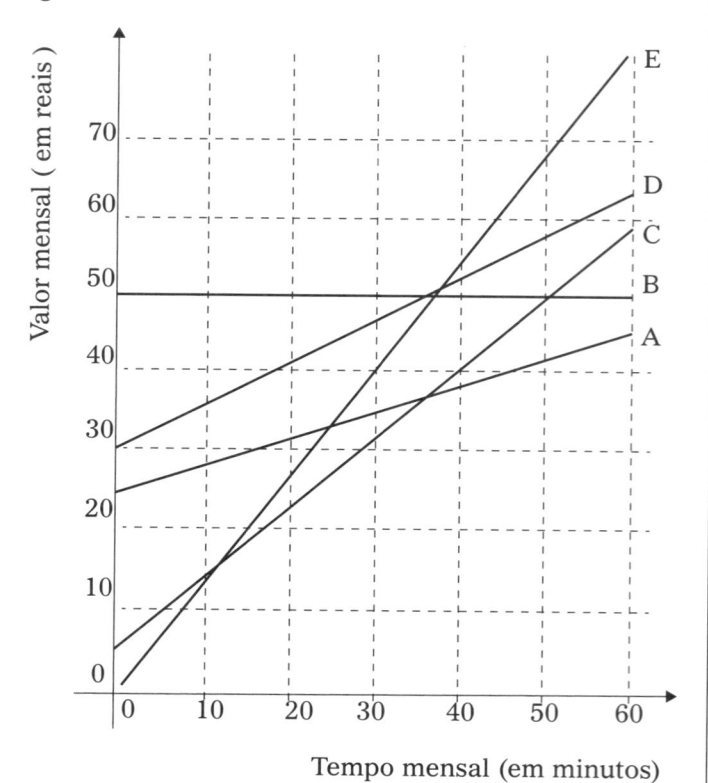

Essa pessoa pretende gastar exatamente R$ 30,00 por mês com telefone.

Dos planos telefônicos apresentados, qual é o mais vantajoso, em tempo de chamada, para o gasto previsto para essa pessoa?

a) A   b) B   c) C   d) D   e) E

158

Uma empresa farmacêutica produz medicamentos em pílulas, cada uma na forma de um cilindro com uma semiesfera com o mesmo raio do cilindro em cada uma de suas extremidades. Essas pílulas são moldadas por uma máquina programada para que os cilindros tenham sempre 10 mm de comprimento, adequando o raio de acordo com o volume desejado.

Um medicamento é produzido em pílulas com 5 mm de raio. Para facilitar a deglutição, deseja-se produzir esse medicamento diminuindo o raio para 4 mm, e, por consequência, seu volume. Isso exige a reprogramação da máquina que produz essas pílulas.

Use 3 como valor aproximado para π.

A redução do volume da pílula, em milímetros cúbicos, após a reprogramação da máquina, será igual a

a) 168.   b) 304.   c) 306.   d) 378.   e) 514.

159

O Brasil é um país com uma vantagem econômica clara no terreno dos recursos naturais, dispondo de uma das maiores áreas com vocação agrícola do mundo. Especialistas calculam que, dos 853 milhões de hectares do país, as cidades, as reservas indígenas e as áreas de preservação, incluindo florestas e mananciais, cubram por volta de 470 milhões de hectares. Aproximadamente 280 milhões se destinam à agropecuária, 200 milhões para pastagens e 80 milhões para a agricultura, somadas as lavouras anuais e as perenes, como o café e a fruticultura.

FORTES, G. Recuperação de pastagens é alternativa para ampliar cultivos. Folha de S. Paulo, 30 out. 2011.

De acordo com os dados apresentados, o percentual correspondente à área utilizada para agricultura em relação à área do território brasileiro é mais próximo de

a) 32,8%   b) 28,6%   c) 10,7%   d) 9,4%   e) 8,0%

160

O condomínio de um edifício permite que cada proprietário de apartamento construa um armário em sua vaga de garagem. O projeto da garagem, na escala 1 : 100, foi disponibilizado aos interessados já com as especificações das dimensões do armário, que deveria ter o formato de um paralelepípedo retângulo reto, com dimensões, no projeto, iguais a 3 cm, 1 cm e 2 cm.

O volume real do armário, em centímetros cúbicos, será

a) 6.
b) 600.
c) 6 000.
d) 60 000.
e) 6 000 000.

161

Uma loja que vende sapatos recebeu diversas reclamações de seus clientes relacionadas à venda de sapatos de cor branca ou preta. Os donos da loja anotaram as numerações dos sapatos com defeito e fizeram um estudo estatístico com o intuito de reclamar com o fabricante.

A tabela contém a média, a mediana e a moda desses dados anotados pelos donos.

Estatísticas sobre as numerações dos sapatos com defeitos			
	Média	Mediana	Moda
Numerações dos sapatos com defeitos	36	37	38

Para qualificar os sapatos pela cor, os donos representam a cor branca pelo número 0 e a cor preta pelo número 1.

Sabe-se que a média da distribuição desses zeros e uns é igual a 0,45.

Os donos da loja decidiram que a numeração dos sapatos com maior número de reclamações e a cor com maior número de reclamações não serão mais vendidas.

A loja encaminhou um ofício ao fornecedor dos sapatos, explicando que não serão mais encomendados os sapatos de cor

a) branca e os de número 38.
b) branca e os de número 37.
c) branca e os de número 36.
d) preta e os de número 38.
e) preta e os de número 37.

Resp: 153 C   154 C   155 B   156 C

162

Para analisar o desempenho de um método diagnóstico, realizam-se estudos em populações contendo pacientes sadios e doentes. Quatro situações distintas podem acontecer nesse contexto de teste:

1) Paciente TEM a doença e o resultado do teste é POSITIVO.
2) Paciente TEM a doença e o resultado do teste é NEGATIVO.
3) Paciente NÃO TEM a doença e o resultado do teste é POSITIVO.
4) Paciente NÃO TEM a doença e o resultado do teste é NEGATIVO.

Um índice de desempenho para avaliação de um teste diagnóstico é a sensibilidade, definida como a probabilidade de o resultado do teste ser POSITIVO se o paciente estiver com a doença.

O quadro refere-se a um teste diagnóstico para a doença A, aplicado em uma amostra composta por duzentos indivíduos.

Resultado do teste	Doença A Presente	Doença A Ausente
Positivo	95	15
Negativo	5	85

BENSEÑOR, I. M.; LOTUFO, P. A. Epidemiologia: abordagem prática. São Paulo: Sarvier, 2011 (adaptado).

Conforme o quadro do teste proposto, a sensibilidade dele é de

a) 47,5%.
b) 85,0%.
c) 86,3%.
d) 94,4%.
e) 95,0%.

163

Uma pessoa possui um espaço retangular de lados 11,5 m e 14 m no quintal de sua casa e pretende fazer um pomar doméstico de maçãs. Ao pesquisar sobre o plantio dessa fruta, descobriu que as mudas de maçã devem ser plantadas em covas com uma única muda e com espaçamento mínimo de 3 metros entre elas e entre elas e as laterais do terreno. Ela sabe que conseguirá plantar um número maior de mudas em seu pomar se dispuser as covas em filas alinhadas paralelamente ao lado de maior extensão.

O número máximo de mudas que essa pessoa poderá plantar no espaço disponível é

a) 4.
b) 8.
c) 9.
d) 12.
e) 20.

164

Um professor, depois de corrigir as provas de sua turma, percebeu que várias questões estavam muito difíceis. Para compensar, decidiu utilizar uma função polinomial f, de grau menor que 3, para alterar as notas x da prova para notas y = f(x), da seguinte maneira:

- A nota zero permanece zero.
- A nota 10 permanece 10.
- A nota 5 passa a ser 6.

A expressão da função y = f(x) a ser utilizada pelo professor é

a) $y = -\dfrac{1}{25}x^2 + \dfrac{7}{5}x$

b) $y = -\dfrac{1}{10}x^2 + 2x$

c) $y = -\dfrac{1}{24}x^2 + \dfrac{7}{12}x$

d) $y = \dfrac{4}{5}x + 2$

e) $y = x$

165

Durante a Segunda Guerra Mundial, para decifrarem as mensagens secretas, foi utilizada a técnica de decomposição em fatores primos. Um número N é dado pela expressão $2^x \cdot 5^y \cdot 7^z$, na qual x, y e z são números inteiros não negativos. Sabe-se que N é múltiplo de 10 e não é múltiplo de 7.

O número de divisores de **N**, diferentes de **N**, é

a) $x \cdot y \cdot z$

b) $(x + 1) \cdot (y + 1)$

c) $x \cdot y \cdot z - 1$

d) $(x + 1) \cdot (y + 1) \cdot z$

e) $(x + 1) \cdot (y + 1) \cdot (z + 1) - 1$

166

Uma criança deseja criar triângulos utilizando palitos de fósforo de mesmo comprimento. Cada triângulo será construído com exatamente 17 palitos e pelo menos um dos lados do triângulo deve ter o comprimento de exatamente 6 palitos. A figura ilustra um triângulo construído com essas características.

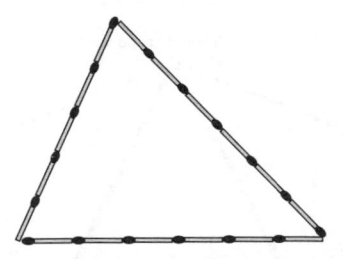

A quantidade máxima de triângulos não congruentes dois a dois que podem ser construídos é

a) 3. b) 5. c) 6. d) 8. e) 10.

167

A figura mostra uma criança brincando em um balanço no parque. A corda que prende o assento do balanço ao topo do suporte mede 2 metros. A criança toma cuidado para não sofrer um acidente, então se balança de modo que a corda não chegue a alcançar a posição horizontal.

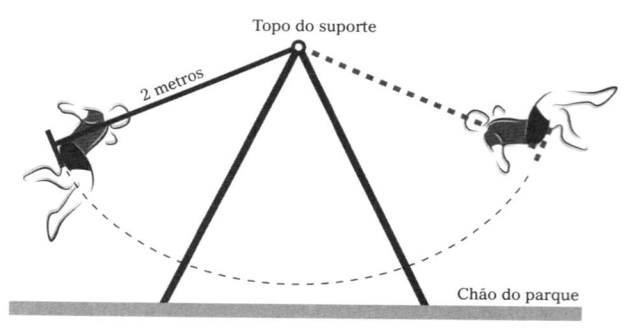

Na figura, considere o plano cartesiano que contém a trajetória do assento do balanço, no qual a origem está localizada no topo do suporte do balanço, o eixo X é paralelo ao chão do parque, e o eixo Y tem orientação positiva para cima.

A curva determinada pela trajetória do assento do balanço é parte do gráfico da função.

a) $f(x) = -\sqrt{2-x^2}$ b) $f(x) = -\sqrt{2-x^2}$
c) $f(x) = x^2 - 2$ d) $f(x) = -\sqrt{4-x^2}$
e) $f(x) = \sqrt{4-x^2}$

168

Um carpinteiro fabrica portas retangulares maciças, feitas de um mesmo material. Por ter recebido de seus clientes pedidos de portas mais altas, aumentou sua altura em $\frac{1}{8}$, preservando suas espessuras. A fim de manter o custo com o material de cada porta, precisou reduzir a largura.

A razão entre a largura da nova porta e a largura da porta anterior é

a) $\frac{1}{8}$ b) $\frac{7}{8}$ c) $\frac{8}{7}$ d) $\frac{8}{9}$ e) $\frac{9}{8}$

169

De acordo com a ONU, da água utilizada diariamente,

- 25% são para tomar banho, lavar as mãos e escovar os dentes.
- 33% são utilizados em descarga de banheiro.
- 27% são para cozinhar e beber.
- 15% são para demais atividades.

No Brasil, o consumo de água por pessoa chega, em média, a 200 litros por dia.

O quadro mostra sugestões de consumo moderado de água por pessoa, por dia, em algumas atividades.

Atividade	Consumo de água na atividade (em litros)
Tomar banho	24,0
Dar descarga	18,0
Lavar as mãos	3,2
Escovar os dentes	2,4
Beber e cozinhar	22,0

Se cada brasileiro adotar o consumo de água indicado no quadro, mantendo o mesmo consumo nas demais atividades, então economizará diariamente, em média, em litros de água,

a) 30,0.   b) 69,6.   c) 100,4.   d) 130,4.   e) 170,0

170

Os candidatos K, L, M, N e P estão disputando uma única vaga de emprego em uma empresa e fizeram provas de português, matemática, direito e informática. A tabela apresenta as notas obtidas pelos cinco candidatos.

Candidatos	Português	Matemática	Direito	Informática
K	33	33	33	34
L	32	39	33	34
M	35	35	36	34
N	24	37	40	35
P	36	16	26	41

Segundo o edital de seleção, o candidato aprovado será aquele para o qual a mediana das notas obtidas por ele nas quatro disciplinas for a maior.

O candidato aprovado será

a) K.   b) L.   c) M.   d) N.   e) P.

171

Na alimentação de gado de corte, o processo de cortar a forragem, colocá-la no solo, compactá-la e protegê-la com uma vedação denomina-se silagem. Os silos mais comuns são os horizontais, cuja forma é a de um prisma reto trapezoidal, conforme mostrado na figura.

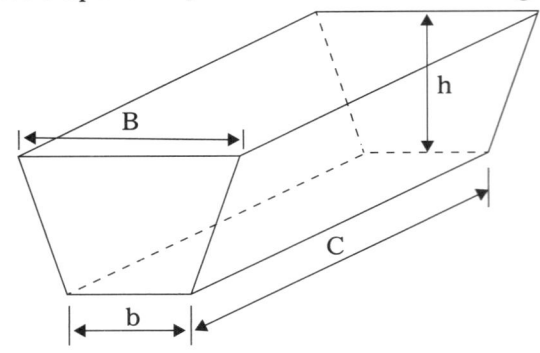

Legenda:

b - largura do fundo
B - largura do topo
C - comprimento do silo
h - altura do silo

Considere um silo de 2 m de altura, 6 m de largura do topo e 20 m de comprimento. Para cada metro de altura do silo, a largura do topo tem 0,5 m a mais do que a largura do fundo. Após a silagem, 1 tonelada de forrragem ocupa 2 m³ desse tipo de silo.

EMBRAPA. **Gado de corte**. Disponível em:
www.cnpgc.embrapa.br
Acesso em : 1 ago. 2012 (adaptado)

Após a silagem, a quantidade máxima de forragem que cabe no silo, em toneladas, é

a) 110.   b) 125.   c) 130.   d) 220.   e) 260.

172

Um cientista trabalha com as espécies I e II de bactérias em um ambiente de cultura. Inicialmente, existem 350 bactérias da espécie I e 1 250 bactérias da espécie II. O gráfico representa as quantidades de bactérias de cada espécie, em função do dia, durante uma semana.

Bactérias das espécies I e II

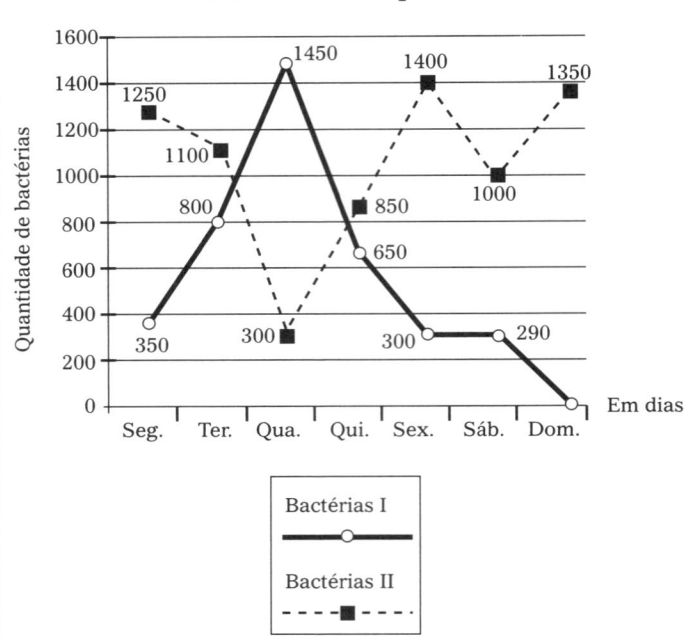

Em que dia dessa semana a quantidade total de bactérias nesse ambiente de cultura foi máxima?

a) Terça-feira.
b) Quarta-feira.
c) Quinta-feira.
d) Sexta-feira.
e) Domingo.

173

Um fazendeiro tem um depósito para armazenar leite formado por duas partes cúbicas que se comunicam, como indicado na figura. A aresta da parte cúbica de baixo tem medida igual ao dobro da medida da aresta da parte cúbica de cima. A torneira utilizada para encher o depósito tem vazão constante e levou 8 minutos para encher metade da parte de baixo.

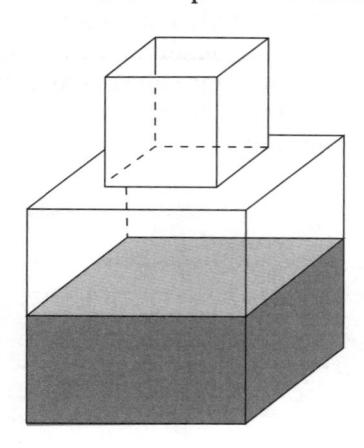

Quantos minutos essa torneira levará para encher completamente o restante do depósito?

a) 8   b) 10   c) 16   d) 18   e) 24

174

Diariamente, uma residência consome 20 160 Wh. Essa residência possui 100 células solares retangulares (dispositivos capazes de converter a luz solar em energia elétrica) de dimensões 6 cm x 8 cm. Cada uma das tais células produz, ao longo do dia, 24 Wh por centímetro de diagonal. O proprietário dessa residência quer produzir, por dia, exatamente a mesma quantidade de energia que sua casa consome.

Qual deve ser a ação desse proprietário para que ele atinja o seu objetivo?

a) Retirar 16 células.   b) Retirar 40 células.
c) Acrescentar 5 células.   d) Acrescentar 20 células.
e) Acrescentar 40 células.

175

Uma pessoa compra semanalmente, numa mesma loja, sempre a mesma quantidade de um produto que custa R$ 10,00 a unidade. Como já sabe quanto deve gastar, leva sempre R$ 6,00 a mais do que a quantia necessária para comprar tal quantidade, para o caso de eventuais despesas extras. Entretanto, um dia, ao chegar à loja, foi informada de que o preço daquele produto havia aumentado 20%. Devido a esse reajuste, concluiu que o dinheiro levado era a quantia exata para comprar duas unidades a menos em relação à quantidade habitualmente comprada.

A quantia que essa pessoa levava semanalmente para fazer a compra era

a) R$ 166,00.   b) R$ 156,00.
c) R$ 84,00.   d) R$ 46,00.
e) R$ 24,00.

176

Um executivo sempre viaja entre as cidades A e B, que estão localizadas em fusos horários distintos. O tempo de duração da viagem de avião entre as duas cidades é de 6 horas. Ele sempre pega um voo que sai de A às 15h e chega à cidade B às 18h (respectivos horários locais).

Certo dia, ao chegar à cidade B, soube que precisava estar de volta à cidade A, no máximo, até as 13h do dia seguinte (horário local de A).

Para que o executivo chegue à cidade A no horário correto e admitindo que não haja atrasos, ele deve pegar um voo saindo da cidade B, em horário local de B, no máximo à(s)

a) 16h.   b) 10h.   c) 7h.
d) 4h.   e) 1h.

177

Os incas desenvolveram uma maneira de registrar quantidades e representar números utilizando um sistema de numeração decimal posicional: um conjunto de cordas com nós denominado **quipus**. O **quipus** era feito de uma corda matriz, ou principal (mais grossa que as demais), na qual eram penduradas outras cordas, mais finas, de diferentes tamanhos e cores (cordas pendentes). De acordo com a sua posição, os nós significavam unidades, dezenas, centenas e milhares. Na Figura 1, o **quipus** representa o número decimal 2 453. Para representar o "zero" em qualquer posição, não se coloca nenhum nó.

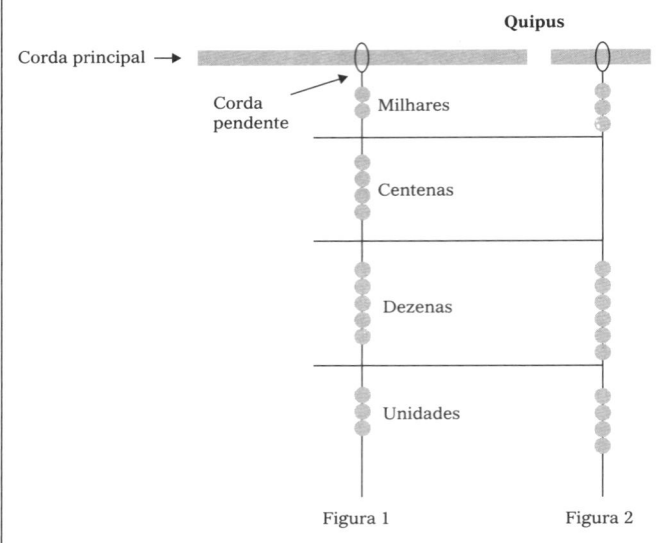

Disponível em: www.culturaperuana.com.br. Acesso em: 13 dez. 2012.

O número da representação do quipus da Figura 2, em base decimal, é

a) 364.   b) 463.   c) 3 064.
d) 3 640.   e) 4 603.

178

A maior piscina do mundo, registrada no livro Guiness, está localizada no Chile, em San Alfonso del Mar, cobrindo um terreno de 8 hectares de área.

Sabe-se que 1 hectare corresponde a 1 hectômetro quadrado.

Qual é o valor, em metros quadrados, da área coberta pelo terreno da piscina?

a) 8   b) 80   c) 800
d) 8 000   e) 80 000

179

Durante uma epidemia de uma gripe viral, o secretário de saúde de um município comprou 16 galões de álcool em gel, com 4 litros de capacidade cada um, para distribuir igualmente em recipientes para 10 escolas públicas do município. O fornecedor dispõe à venda diversos tipos de recipientes, com suas respectivas capacidades listadas:

- Recipiente I: 0,125 litro
- Recipiente II: 0,250 litro
- Recipiente III: 0,320 litro
- Recipiente IV: 0,500 litro
- Recipiente V: 0,800 litro

O secretário de saúde comprará recipientes de um mesmo tipo, de modo a instalar 20 deles em cada escola, abastecidos com álcool em gel na sua capacidade máxima, de forma a utilizar todo o gel dos galões de uma só vez.

Que tipo de recipiente o secretário de saúde deve comprar?

a) I   b) II   c) III   d) IV   e) V

180

Os vidros para veículos produzidos por certo fabricante têm transparências entre 70% e 90%, dependendo do lote fabricado. Isso significa que, quando um feixe luminoso incide no vidro, uma parte entre 70% e 90% da luz consegue atravessá-lo. Os veículos equipados com vidros desse fabricante terão instaladas, nos vidros das portas, películas protetoras cuja transparência, dependendo do lote fabricado, estará entre 50% e 70%. Considere que uma porcentagem P da intensidade da luz, proveniente de uma fonte externa, atravessa o vidro e a película.

De acordo com as informações, o intervalo das porcentagens que representam a variação total possível de P é

a) [35; 63].   b) [40; 63].   c) [50; 70].
d) [50; 90].   e) [70; 90].

Resp: 171 A   172 A   173 B   174 A   175 B

ENEM – 2015

181

Um estudante está pesquisando o desenvolvimento de certo tipo de bactéria. Para essa pesquisa, ele utiliza uma estufa para armazenar as bactérias. A temperatura no interior dessa estufa, em graus Celsius, é dada pela expressão $T(h) = -h^2 + 22h - 85$, em que h representa as horas do dia. Sabe-se que o número de bactérias é o maior possível quando a estufa atinge sua temperatura máxima e, nesse momento, ele deve retirá-las da estufa. A tabela associa intervalos de temperatura, em graus Celsius, com as classificações: muito baixa, baixa, média, alta e muito alta.

Intervalos de temperatura (°C)	Classificação
T < 0	Muito baixa
0 ≤ T ≤ 17	Baixa
17 < T < 30	Média
30 ≤ T ≤ 43	Alta
T > 43	Muita Alta

Quando o estudante obtém o maior número possível de bactérias, a temperatura no interior da estufa está classificada como:

a) muito baixa. b) baixa. c) média.
d) alta. e) muito alta.

182

A figura representa a vista superior de uma bola de futebol americano, cuja forma é um elipsoide obtido pela rotação de uma elipse em torno do eixo das abscissas. Os valores **a** e **b** são, respectivamente, a metade do seu comprimento horizontal e a metade do seu comprimento vertical. Para essa bola, a diferença entre os comprimentos horizontal e vertical é igual à metade do comprimento vertical.

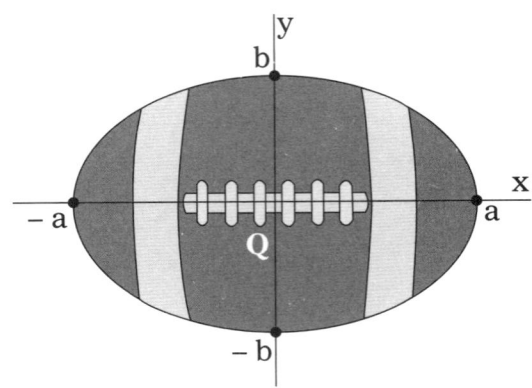

Considere que o volume aproximado dessa bola é dado por $V = 4ab^2$.

O volume dessa bola, em função apenas de **b**, é dado por

a) $8b^3$ b) $6b^3$ c) $5b^3$
d) $4b^3$ e) $2b^3$

183

Após realizar uma pesquisa de mercado, uma operadora de telefonia celular ofereceu aos clientes que utilizavam até 500 ligações ao mês o seguinte plano mensal: um valor fixo de R$ 12,00 para os clientes que fazem até 100 ligações ao mês. Caso o cliente faça mais de 100 ligações, será cobrado um valor adicional de R$ 0,10 por ligação, a partir da 101ª até a 300ª; e caso realize entre 300 e 500 ligações, será cobrado um valor fixo mensal de R$ 32,00.

Com base nos elementos apresentados, o gráfico que melhor representa a relação entre o valor mensal pago nesse plano e o número de ligações feitas é:

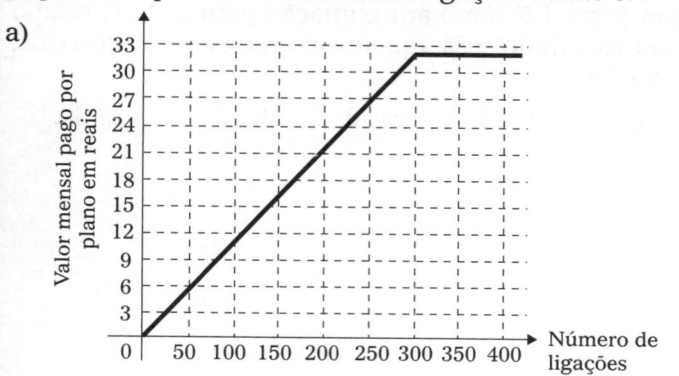

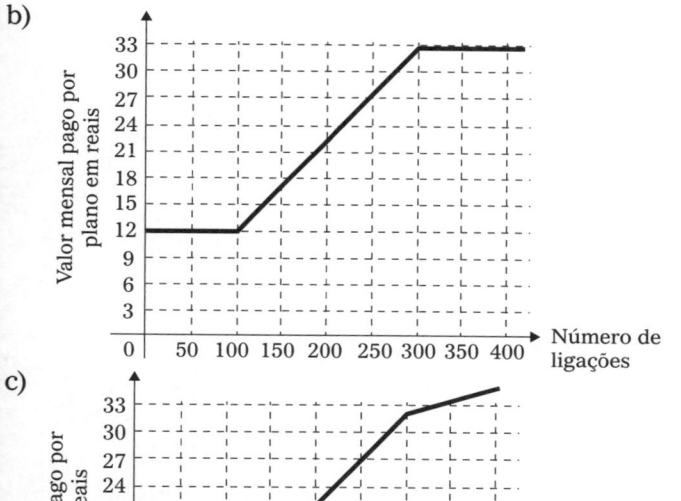

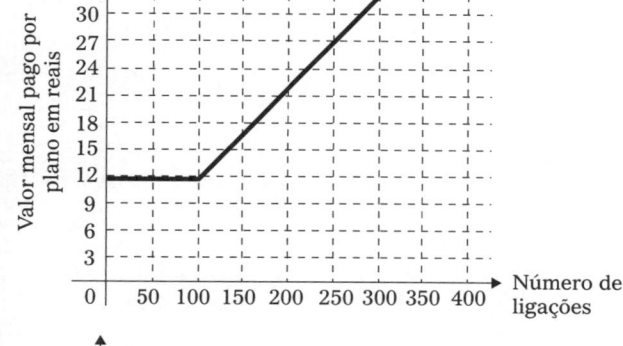

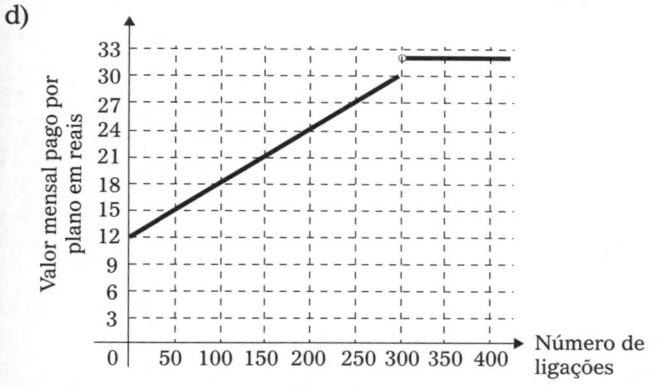

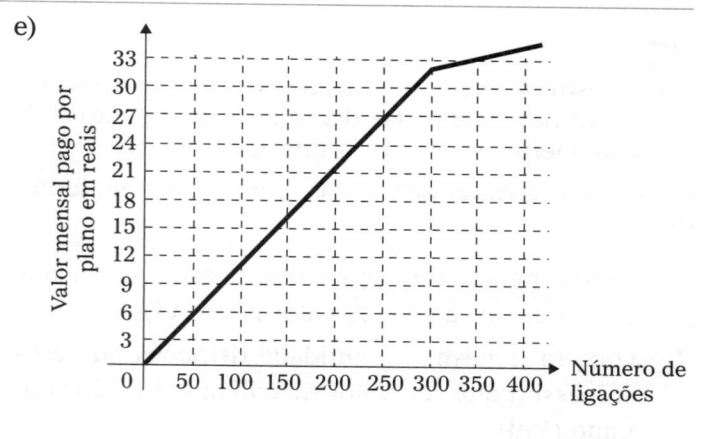

a)

b)

c)

d)

e)

Resp: **176** D **177** C **178** E **179** C **180** A

184

Um investidor inicia um dia com x ações de uma empresa. No decorrer desse dia, ele efetua apenas dois tipos de operações, comprar ou vender ações.

Para realizar essas operações, ele segue estes critérios:

I. vende metade das ações que possui, assim que seu valor fica acima do valor ideal **(Vi)**;

II. compra a mesma quantidade de ações que possui, assim que seu valor fica abaixo do valor mínimo **(Vm)**;

III. vende todas as ações que possui, quando seu valor fica acima do valor ótimo **(Vo)**.

O gráfico apresenta o período de operações e a variação do valor de cada ação, em reais, no decorrer daquele dia e a indicação dos valores ideal, mínimo e ótimo.

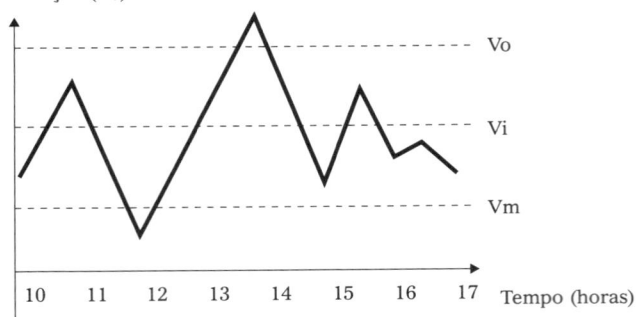

Quantas operações o intestidor fez naquele dia?

a) 3   b) 4   c) 5   d) 6   e) 7

185

O tampo de vidro de uma mesa quebrou-se e deverá ser substituído por outro que tenha a forma de círculo.

O suporte de apoio da mesa tem o formato de um prisma reto, de base em forma de triângulo equilátero com lados medindo 30 cm.

Uma loja comercializa cinco tipos de tampos de vidro circulares com cortes já padronizados, cujos raios medem 18 cm, 26 cm, 30 cm, 35 cm e 60 cm. O proprietário da mesa deseja adquirir nessa loja o tampo de menor diâmetro que seja suficiente para cobrir a base superior do suporte da mesa.

Considere 1,7 como aproximação para $\sqrt{3}$. O tampo a ser escolhido será aquele cujo raio, em centímetros, é igual a:

a) 18.   b) 26.   c) 30.   d) 35.   e) 60.

186

Atualmente existem diversas locadoras de veículos permitindo uma concorrência saudável para o mercado fazendo com que os preços se tornem acessíveis.

Nas locadoras P e Q, o valor da diária de seus carros depende da distância percorrida, conforme o gráfico.

Valor da diária (R$)

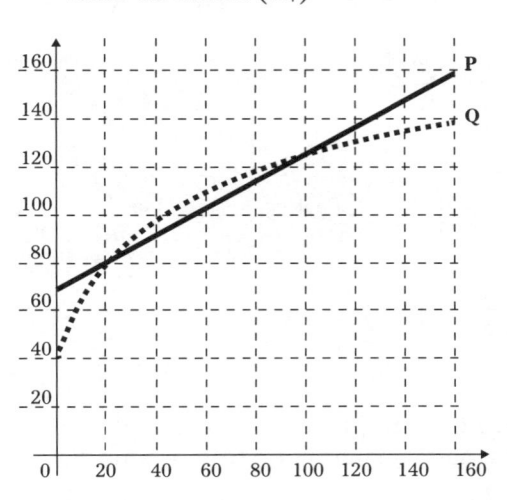

Distância percorrida (Km)

Disponível em: www.sempretops.com. Acesso em: 7 ago. 2010

O valor pago na locadora Q é menor ou igual àquele pago na locadora P para distâncias, em quilômetros, presentes em qual(is) intervalo(s)?

a) De 20 a 100.
b) De 80 a 130.
c) De 100 e 160.
d) De 0 a 20 e de 100 a 160.
e) De 40 a 80 e de 130 a 160.

187

Numa cidade, cinco escolas de samba (I, II, III, IV e V) participaram do desfile de Carnaval. Quatro quesitos são julgados, cada um por dois jurados, que podem atribuir somente uma dentre as notas 6, 7, 8, 9 ou 10. A campeã será a escola que obtiver mais pontuação na soma de todas as notas emitidas. Em caso de empate, a campeã será a que alcançar a maior soma das notas atribuídas pelos jurados no quesito Enredo e Harmonia. A tabela mostra as notas do desfile desse ano no momento em que faltava somente a divulgação das notas do jurado B no quesito Bateria.

Quesitos	1. Fantasia e Alegoria		2. Evolução e Conjunto		3. Enredo e Harmonia		4. Bateria		Total
Jurado	A	B	A	B	A	B	A	B	
Escola I	6	7	8	8	9	9	8		55
Escola II	9	8	10	9	10	10	10		66
Escola III	8	8	7	8	6	7	6		50
Escola IV	9	10	10	10	9	10	10		68
Escola V	8	7	9	8	6	8	8		54

Quantas configurações distintas das notas a serem atribuídas pelo jurado B no quesito Bateria tornariam campeã a Escola II?

a) 21 b) 90 c) 750 d) 1250 e) 3125

Resp: 181 D   182 B   183 B

188

Uma carga de 100 contêineres, idênticos ao modelo apresentado na Figura 1, deverá ser descarregada no porto de uma cidade. Para isso, uma área retangular de 10 m por 32 m foi cedida para o empilhamento desses contêineres (Figura 2).

Figura 1

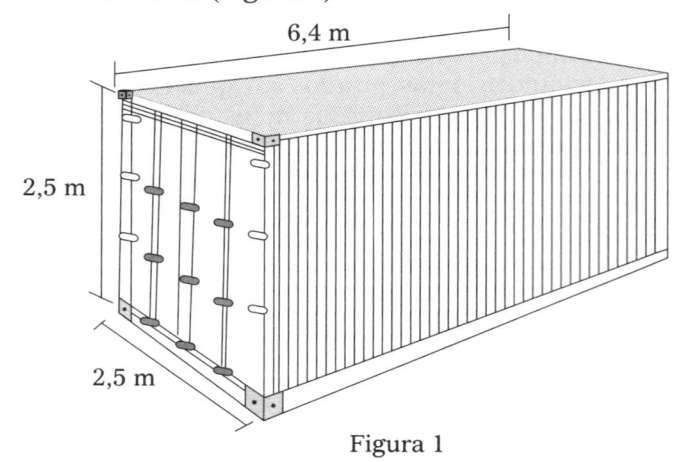

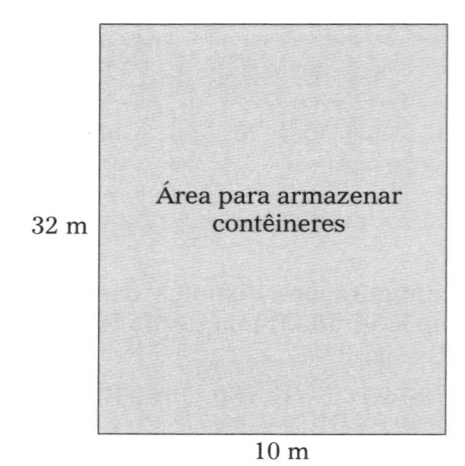

Figura 2

De acordo com as normas desse porto, os contêineres deverão ser empilhados de forma a não sobrarem espaços nem ultrapassarem a área delimitada.

Após o empilhamento total da carga e atendendo à norma do porto, a altura mínima a ser atingida por essa pilha de contêineres é

a) 12,5 m. b) 17,5 m. c) 25,0 m.
d) 22,5 m. e) 32,5 m.

189

Um pesquisador, ao explorar uma floresta, fotografou uma caneta de 16,8 cm de comprimento ao lado de uma pegada. O comprimento da caneta (c), a largura (L) e o comprimento (C) da pegada, na fotografia, estão indicados no esquema.

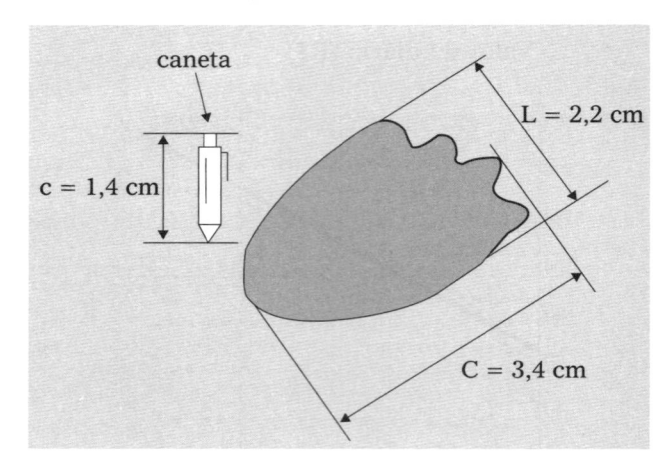

A largura e o comprimento reais da pegada, em centímetros, são, respectivamente, iguais a

a) 4,9 e 7,6. b) 8,6 e 9,8. c) 14,2 e 15,4.
d) 26,4 e 40,8. e) 27,5 e 42,5.

190

Uma indústria produz malhas de proteção solar para serem aplicadas em vidros, de modo a diminuir a passagem de luz, a partir de fitas plásticas entrelaçadas perpendicularmente. Nas direções vertical e horizontal, são aplicadas fitas de 1 milímetro de largura, tal que a distância entre elas é de (d – 1) milímetros, conforme a figura. O material utilizado não permite a passagem da luz, ou seja, somente o raio de luz que atingir as lacunas deixadas pelo entrelaçamento consegue transpor essa proteção.

A taxa de cobertura do vidro é o percentual da área da região coberta pelas fitas da malha, que são colocadas paralelamente às bordas do vidro.

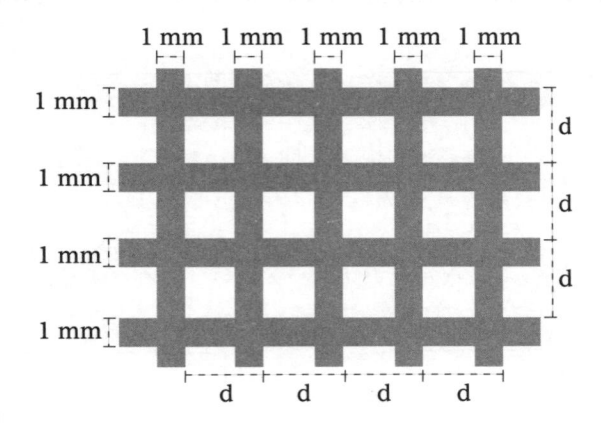

Essa indústria recebeu a encomenda de uma malha de proteção solar para ser aplicada em um vidro retangular de 5 m de largura por 9 m de comprimento. A medida de d, em milímetros, para que a taxa de cobertura da malha seja de 75% é

a) 2   b) 1   c) $\dfrac{11}{3}$ d) $\dfrac{4}{3}$ e) $\dfrac{2}{3}$

191

Um arquiteto está reformando uma casa. De modo a contribuir com o meio ambiente, decide reaproveitar tábuas de madeira retiradas da casa. Ele dispõe de 40 tábuas de 540 cm, 30 de 810 cm e 10 de 1 080 cm, todas de mesma largura e espessura. Ele pediu a um carpinteiro que cortasse as tábuas em pedaços de mesmo comprimento, sem deixar sobras, e de modo que as novas peças ficassem com o maior tamanho possível, mas de comprimento menor que 2 m.

Atendendo o pedido do arquiteto, o carpinteiro deverá produzir

a) 105 peças.   b) 120 peças.   c) 210 peças.
d) 243 peças.   e) 420 peças.

192

A insulina é utilizada no tratamento de pacientes com diabetes para o controle glicêmico. Para facilitar sua aplicação, foi desenvolvida uma "caneta" na qual pode ser inserido um refil contendo 3 mL de insulina, como mostra a imagem.

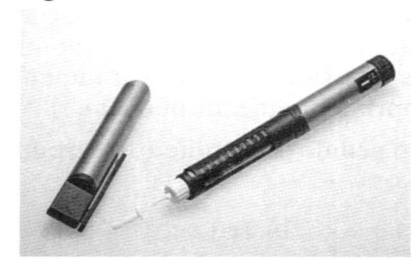

Para controle das aplicações, definiu-se a unidade de insulina como 0,01 mL. Antes de cada aplicação, é necessário descartar 2 unidades de insulina, de forma a retirar possíveis bolhas de ar.

A um paciente foram prescritas duas aplicações diárias: 10 unidades de insulina pela manhã e 10 à noite.

Qual o número máximo de aplicações por refil que o paciente poderá utilizar com a dosagem prescrita?

a) 25   b) 15   c) 13   d) 12   e) 8

193

Uma família fez uma festa de aniversário e enfeitou o local da festa com bandeirinhas de papel. Essas bandeirinhas foram feitas da seguinte maneira: inicialmente, recortaram as folhas de papel em forma de quadrado, como mostra a Figura 1. Em seguida, dobraram as folhas quadradas ao meio sobrepondo os lados BC e AD, de modo que C e D coincidam, e o mesmo ocorra com A e B, conforme ilustrado na Figura 2. Marcaram os pontos médios O e N, dos lados FG e AF, respectivamente, e o ponto M do lado AD, de modo que AM seja igual a um quarto de AD. A seguir, fizeram cortes sobre as linhas pontilhadas ao longo da folha dobrada.

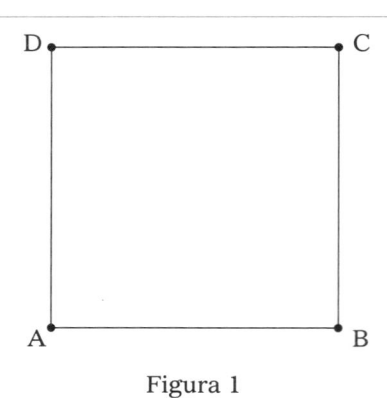

Figura 1 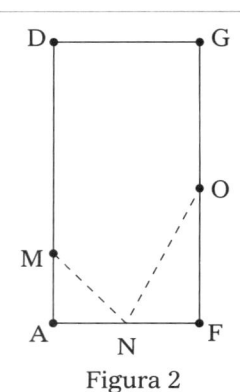   Figura 2

Após os cortes, a folha é aberta e a bandeirinha está pronta.

A figura que representa a forma da bandeirinha pronta é

a)

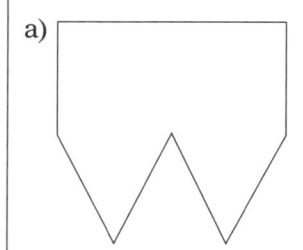

b)

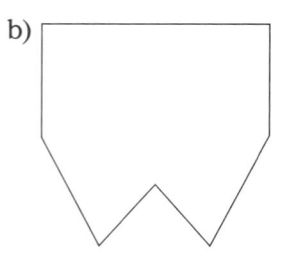

c)

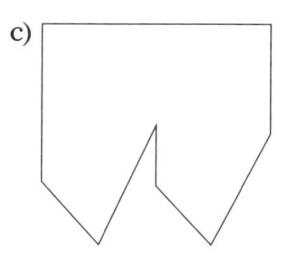

d)

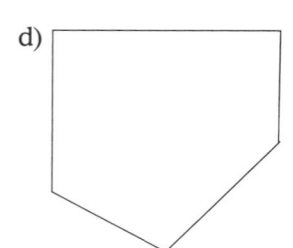

e)

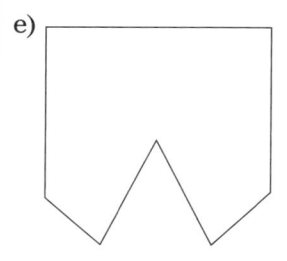

194

Em uma escola, a probabilidade de um aluno compreender e falar inglês é de 30%. Três alunos dessa escola, que estão em fase final de seleção de intercâmbio, aguardam, em uma sala, serem chamados para uma entrevista. Mas, ao invés de chamá-los um a um, o entrevistador entra na sala e faz, oralmente, uma pergunta em inglês que pode ser respondida por qualquer um dos alunos.

A probabilidade de o entrevistador ser entendido e ter sua pergunta oralmente respondida em inglês é

a) 23,7%   b) 30,0%   c) 44,1%
d) 65,7%   e) 90,0%

195

O polímero de PET (Politereftalato de Etileno) é um dos plásticos mais reciclados em todo o mundo devido à sua extensa gama de aplicações, entre elas, fibras têxteis, tapetes, embalagens, filmes e cordas. Os gráficos mostram o destino do PET reciclado no Brasil, sendo que, no ano de 2010, o total de PET reciclado foi de 282 kton (quilotoneladas).

PET RECICLADO – 2010

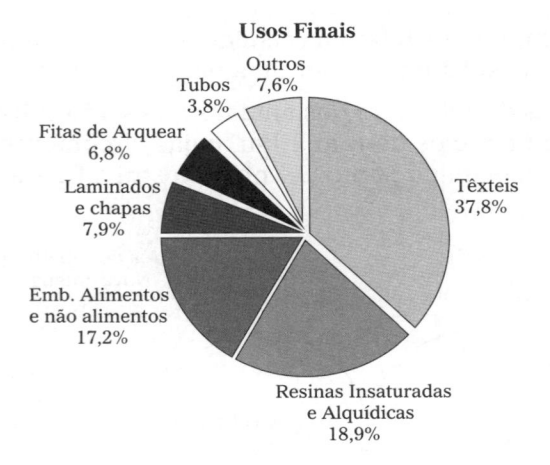

Usos Finais
- Outros 7,6%
- Tubos 3,8%
- Fitas de Arquear 6,8%
- Laminados e chapas 7,9%
- Emb. Alimentos e não alimentos 17,2%
- Resinas Insaturadas e Alquídicas 18,9%
- Têxteis 37,8%

Usos Finais Têxteis
- Cerdas / Cordas / Monofilamentos 27%
- Tecidos e Malhas 30%
- Não tecidos 43%

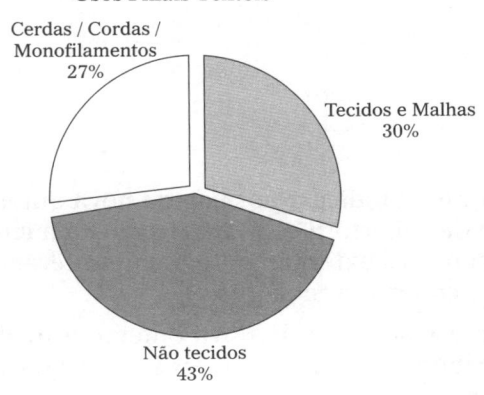

Disponível em: www.abipet.org.br. Acesso em: 12 jul. 2012 (adaptado)

De acordo com os gráficos, a quantidade de embalagens PET recicladas destinadas à produção de tecidos e malhas, em kton, é mais aproximada de

a) 16,0.   b) 22,9.   c) 32,0.
d) 84,6.   e) 106,6.

196

Uma empresa de telefonia celular possui duas antenas que serão substituídas por uma nova, mais potente.

As áreas de cobertura das antenas que serão substituídas são círculos de raio 2 km, cujas circunferências se tangenciam no ponto O, como mostra a figura.

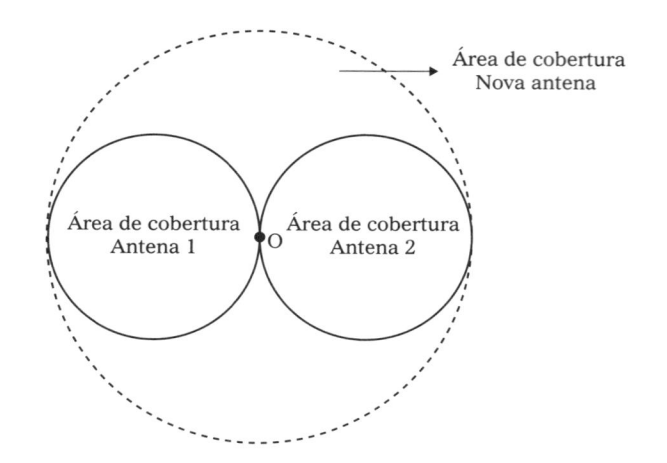

O ponto O indica a posição da nova antena, e sua região de cobertura será um círculo cuja circunferência tangenciará externamente as circunferências das áreas de cobertura menores.

Com a instalação da nova antena, a medida da área de cobertura, em quilômetros quadrados, foi ampliada em

a) 8π.   b) 12π.   c) 16π.   d) 32π.   e) 64π.

197

Um casal realiza um financiamento imobiliário de R$ 180 000,00, a ser pago em 360 prestações mensais, com taxa de juros efetiva de 1% ao mês. A primeira prestação é paga um mês após a liberação dos recursos e o valor da prestação mensal é de R$ 500,00 mais juro de 1% sobre o saldo devedor (valor devido antes do pagamento). Observe que, a cada pagamento, o saldo devedor se reduz em R$ 500,00 e considere que não há prestação em atraso.

Efetuando o pagamento dessa forma, o valor, em reais, a ser pago ao banco na décima prestação é de

a) 2 075,00.   b) 2 093,00.   c) 2 138,00.
d) 2 255,00.   e) 2 300,00.

198

As exportações de soja do Brasil totalizaram 4,129 milhões de toneladas no mês de julho de 2012, e registraram um aumento em relação ao mês de julho de 2011, embora tenha havido uma baixa em relação ao mês de maio de 2012.

Disponível em: www.noticiasagricolas.com.br.
Acesso em: 2 ago. 2012.

A quantidade, em quilogramas, de soja exportada pelo Brasil no mês de julho de 2012 foi de

a) $4,129 \times 10^3$ b) $4,129 \times 10^6$ c) $4,129 \times 10^9$
d) $4,129 \times 10^{12}$ e) $4,129 \times 10^{15}$

199

A expressão "Fórmula de Young" é utilizada para calcular a dose infantil de um medicamento, dada a dose do adulto:

$$\text{dose de criança} = \left(\frac{\text{idade da criança (em anos)}}{\text{idade da criança (em anos)} + 12}\right) \cdot \text{(dose de adulto)}$$

Uma enfermeira deve administrar um medicamento X a uma criança inconsciente, cuja dosagem de adulto é de 60 mg. A enfermeira não consegue descobrir onde está registrada a idade da criança no prontuário, mas identifica que, algumas horas antes, foi administrada a ela uma dose de 14 mg de um medicamento Y, cuja dosagem de adulto é 42 mg. Sabe-se que a dose da medicação Y administrada à criança estava correta.

Então, a enfermeira deverá ministrar uma dosagem do medicamento X, em miligramas, igual a

a) 15.   b) 20.   c) 30.   d) 36.   e) 40.

200

Segundo dados apurados no Censo 2010, para uma população de 101,8 milhões de brasileiros com 10 anos ou mais de idade e que teve algum tipo de rendimento em 2010, a renda média mensal apurada foi de R$ 1 202,00. A soma dos rendimentos mensais dos 10% mais pobres correspondeu a apenas 1,1 % do total de rendimentos dessa população considerada, enquanto que a soma dos rendimentos mensais dos 10% mais ricos correspondeu a 44,5% desse total.

Disponível em: www.estadao.com.br. Acesso em: 16 nov. 2011(adaptado).

Qual foi a diferença, em reais, entre a renda média mensal de um brasileiro que estava na faixa dos 10% mais ricos e de um brasileiro que estava na faixa dos 10% mais pobres?

a) 240,40   b) 548,11   c) 1 723,67
d) 4 026,70   e) 5 216,68

201

Para o modelo de um troféu foi escolhido um poliedro P, obtido a partir de cortes nos vértices de um cubo. Com um corte plano em cada um dos cantos do cubo, retira-se o canto, que é um tetraedro de arestas menores do que metade da aresta do cubo. Cada face do poliedro P, então, é pintada usando uma cor distinta das demais faces.

Com base nas informações, qual é a quantidade de cores que serão utilizadas na pintura das faces do troféu?

a) 6   b) 8   c) 14   d) 24   e) 30

202

Uma padaria vende, em média, 100 pães especiais por dia e arrecada com essas vendas, em média, R$ 300,00. Constatou-se que a quantidade de pães especiais vendidos diariamente aumenta, caso o preço seja reduzido, de acordo com a equação

$$q = 400 - 100p,$$

na qual q representa a quantidade de pães especiais vendidos diariamente e p, o seu preço em reais.

A fim de aumentar o fluxo de clientes, o gerente da padaria decidiu fazer uma promoção. Para tanto, modificará o preço do pão especial de modo que a quantidade a ser vendida diariamente seja a maior possível, sem diminuir a média de arrecadação diária na venda desse produto.

O preço p, em reais, do pão especial nessa promoção deverá estar no intervalo

a) R$ 0,50 ≤ p < R$ 1,50   b) R$ 1,50 ≤ p < R$ 2,50
c) R$ 2,50 ≤ p < R$ 3,50   d) R$ 3,50 ≤ p < R$ 4,50
e) R$ 4,50 ≤ p < R$ 5,50

203

O HPV é uma doença sexualmente transmissível. Uma vacina com eficácia de 98% foi criada com o objetivo de prevenir a infecção por HPV e, dessa forma, reduzir o número de pessoas que venham a desenvolver câncer de colo de útero. Uma campanha de vacinação foi lançada em 2014 pelo SUS, para um público-alvo de meninas de 11 a 13 anos de idade. Considera-se que, em uma população não vacinada, o HPV acomete 50% desse público ao longo de suas vidas. Em certo município, a equipe coordenadora da campanha decidiu vacinar meninas entre 11 e 13 anos de idade em quantidade suficiente para que a probabilidade de uma menina nessa faixa etária, escolhida ao acaso, vir a desenvolver essa doença seja, no máximo, de 5,9%. Houve cinco propostas de cobertura, de modo a atingir essa meta:

Proposta I: vacinação de 90% do público-alvo.

Proposta II: vacinação de 55,8% do público-alvo.

Proposta III: vacinação de 88,2% do público-alvo.

Proposta IV: vacinação de 49% do público-alvo.

Proposta V: vacinação de 95,9% do público-alvo.

Para diminuir os custos, a proposta escolhida deveria ser também aquela que vacinasse a menor quantidade possível de pessoas.

Disponível em: www.virushpv.com.br. Acessoem: 30 ago. 2014

(adaptado)

A proposta implementada foi a de número

a) I.   b) II.   c) III.   d) IV.   e) V.

204

O acréscimo de tecnologias no sistema produtivo industrial tem por objetivo reduzir custos e aumentar a produtividade. No primeiro ano de funcionamento, uma indústria fabricou 8 000 unidades de um determinado produto. No ano seguinte, investiu em tecnologia adquirido novas máquinas e aumentou a produção em 50%. Estima-se que esse aumento percentual se repita nos próximos anos, garantindo um crescimento anual de 50%. Considere P a quantidade anual de produtos fabricados no ano t de funcionamento da indústria. Se a estimativa for alcançada, qual é a expressão que determina o número de unidades produzidas P em função de t, para t ⩾ 1?

a) $P(t) = 0{,}5 \cdot t^{-1} + 8\,000$

b) $P(t) = 50 \cdot t^{-1} + 8\,000$

c) $P(t) = 4\,000 \cdot t^{-1} + 8\,000$

d) $P(t) = 8\,000 \cdot (0{,}5)^{t-1}$

e) $P(t) = 8\,000 \cdot (1{,}5)^{t-1}$

205

Em uma seletiva para a final dos 100 metros livres de natação, numa olimpíada, os atletas, em suas respectivas raias, obtiveram os seguintes tempos:

Raia	1	2	3	4	5	6	7	8
Tempo (segundos)	20,90	20,90	20,50	20,80	20,60	20,60	20,90	20,96

A mediana dos tempos apresentados no quadro é

a) 20,70.   b) 20,77.   c) 20,80.

d) 20,85.   e) 20,90.

206

O Esquema I mostra a configuração de uma quadra de basquete. Os trapézios em cinza, chamados de garrafões, correspondem a áreas restritivas.

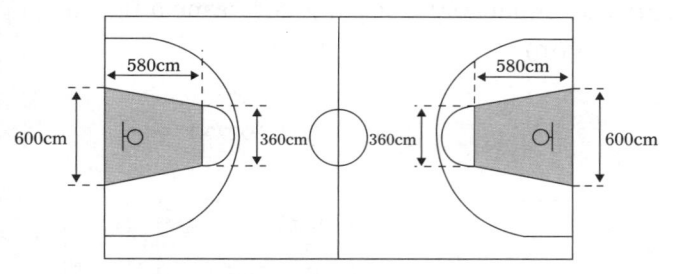

Esquema I: área restritiva antes de 2010

Visando atender as orientações do Comitê Central da Federação Internacional de Basquete (Fiba) em 2010, que unificou as marcações das diversas ligas, foi prevista uma modificação nos garrafões das quadras, que passariam a ser retângulos, como mostra o Esquema II.

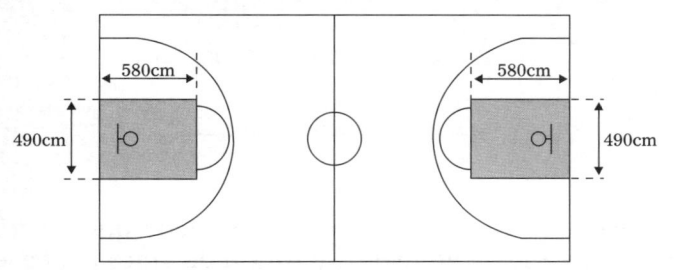

Esquema II: área restritiva a partir de 2010

Após executadas as modificações previstas, houve uma alteração na área ocupada por cada garrafão, que corresponde a um(a)

a) aumento de 5 800 cm².
b) aumento de 75 400 cm².
c) aumento de 214 600 cm².
d) diminuição de 63 800 cm².
e) diminuição de 272 600 cm².

207

O gerente de um cinema fornece anualmente ingressos gratuitos para escolas. Este ano serão distribuídos 400 ingressos para uma sessão vespertina e 320 ingressos para uma sessão noturna de um mesmo filme. Várias escolas podem ser escolhidas para receberem ingressos. Há alguns critérios para a distribuição dos ingressos:

1) cada escola deverá receber ingressos para uma única sessão;
2) todas as escolas contempladas deverão receber o mesmo número de ingressos;
3) não haverá sobra de ingressos (ou seja, todos os ingressos serão distribuídos).

O número mínimo de escolas que podem ser escolhidas para obter ingressos, segundo os critérios estabelecidos, é

a) 2.   b) 4.   c) 9.   d) 40.   e) 80.

208

Para resolver o problema de abastecimento de água foi decidida, numa reunião do condomínio, a construção de uma nova cisterna. A cisterna atual tem formato cilíndrico, com 3 m de altura e 2 m de diâmetro, e estimou-se que a nova cisterna deverá comportar 81 m³ de água, mantendo o formato cilíndrico e a altura da atual. Após a inauguração da nova cisterna a antiga será desativada.

Utilize 3,0 como aproximação para π.

Qual deve ser o aumento, em metros, no raio da cisterna para atingir o volume desejado?

a) 0,5   b) 1,0   c) 2,0   d) 3,5   e) 8,0

209

Para uma alimentação saudável, recomenda-se ingerir, em relação ao total de calorias diárias, 60% de carboidratos, 10% de proteínas e 30% de gorduras. Uma nutricionista, para melhorar a visualização dessas porcentagens, quer dispor esses dados em um polígono. Ela pode fazer isso em um triângulo equilátero, um losango, um pentágono regular, um hexágono regular ou um octógono regular, desde que o polígono seja dividido em regiões cujas áreas sejam proporcionais às porcentagens mencionadas. Ela desenhou as seguintes figuras:

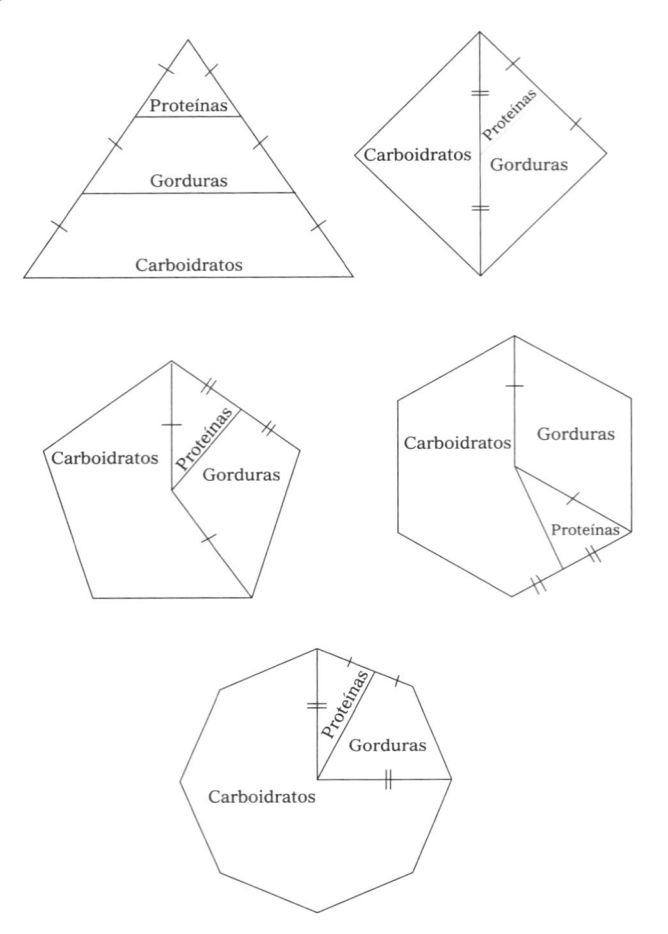

Entre esses polígonos, o único que satisfaz as condições necessárias para representar a ingestão correta de diferentes tipos de alimentos é o

a) triângulo.
b) losango.
c) pentágono.
d) hexágono.
e) octógono.

210

Um engenheiro projetou um automóvel cujos vidros das portas dianteiras foram desenhados de forma que suas bordas superiores fossem representadas pela curva de equação y = log (x), conforme a figura.

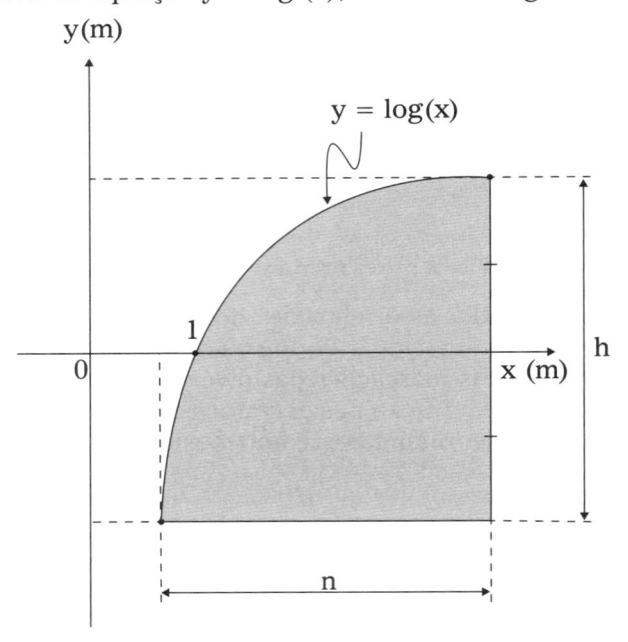

A forma do vidro foi concebida de modo que o eixo x sempre divida ao meio a altura h do vidro e a base do vidro seja paralela ao eixo x. Obedecendo a essas condições, o engenheiro determinou uma expressão que fornece a altura h do vidro em função da medida n de sua base, em metros.

A expressão algébrica que determina a altura do vidro é

a) $\log\left(\dfrac{n+\sqrt{n^2+4}}{2}\right) - \log\left(\dfrac{n-\sqrt{n^2+4}}{2}\right)$

b) $\log\left(1+\dfrac{n}{2}\right) - \log\left(1-\dfrac{n}{2}\right)$

c) $\log\left(1+\dfrac{n}{2}\right) + \log\left(1-\dfrac{n}{2}\right)$

d) $\log\left(\dfrac{n+\sqrt{n^2+4}}{2}\right)$

e) $2\log\left(\dfrac{n+\sqrt{n^2+4}}{2}\right)$

211

Um concurso é composto por cinco etapas. Cada etapa vale 100 pontos. A pontuação final de cada candidato é a média de suas notas nas cinco etapas. A classificação obedece à ordem decrescente das pontuações finais. O critério de desempate baseia-se na maior pontuação na quinta etapa.

Candidato	Média nas quatro primeiras etapas	Pontuação na quinta etapa
A	90	60
B	85	85
C	80	95
D	60	90
E	60	100

A ordem de classificação final desse concurso é

a) A, B, C, E, D.
b) B, A, C, E, D.
c) C, B, E, A, D.
d) C, B, E, D, A.
e) E, C, D, B, A.

212

O índice pluviométrico é utilizado para mensurar a precipitação da áqua da chuva, em milímetros, em determinado período de tempo. Seu cálculo é feito de acordo com o nível de água da chuva acumulada em 1 m², ou seja, se o índice for de 10 mm, significa que a altura do nível de água acumulada em um tanque aberto, em formato de um cubo com 1 m² de área de base, é de 10 mm. Em uma região, após um forte temporal, verificou-se que a quantidade de chuva acumulada em uma lata de formato cilíndrico, com raio 300 mm e altura 1200 mm, era de um terço da sua capacidade.

Utilize 3,0 como aproximação para π.

O índice pluviométrico da região, durante o período do temporal, em milímetros, é de

a) 10,8.   b) 12,0.   c) 32,4.   d) 108,0.   e) 324,0.

213

Devido ao aumento do fluxo de passageiros, uma empresa de transporte coletivo urbano está fazendo estudos para a implantação de um novo ponto de parada em uma determinada rota. A figura mostra o percurso, indicado pelas setas, realizado por um ônibus nessa rota e a localização de dois de seus atuais pontos de parada, representados por P e Q.

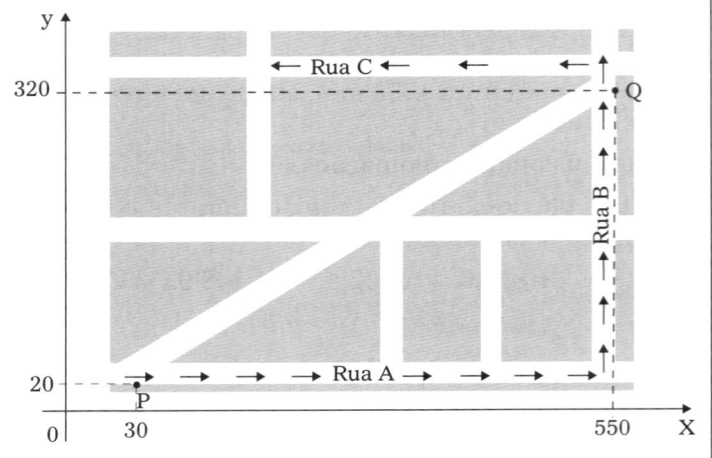

Os estudos indicam que o novo ponto T deverá ser instalado, nesse percurso, entre as paradas já existentes P e Q, de modo que as distâncias percorridas pelo ônibus entre os pontos P e T e entre os pontos T e Q sejam iguais.

De acordo com os dados, as coordenadas do novo ponto de parada são

a) (290; 20).   b) (410; 0).   c) (410; 20).

d) (440; 0).   e) (440; 20).

214

Deseja-se comprar lentes para óculos. As lentes devem ter espessuras mais próximas possíveis da medida 3 mm.

No estoque de uma loja, há lentes de espessuras: 3,10 mm; 3,021 mm; 2,96 mm; 2,099 mm e 3,07 mm.

Se as lentes forem adquiridas nessa loja, a espessura escolhida será, em milímetros, de

a) 2,099.   b) 2,96.   c) 3,021.   d) 3,07.   e) 3,10.

215

Uma família composta por sete pessoas adultas, após decidir o itinerário de sua viagem, consultou o site de uma empresa aérea e constatou que o voo para a data escolhida estava quase lotado. Na figura, disponibilizada pelo site, as poltronas ocupadas estão marcadas com X e as únicas poltronas disponíveis são as mostradas em branco.

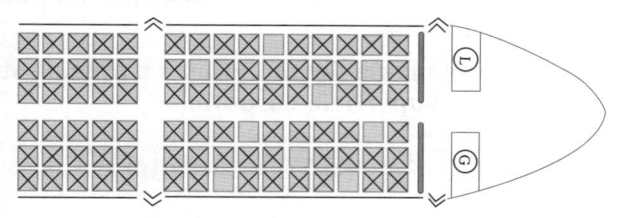

Disponível em: www.gebh.net. Acesso em: 30 out. 2013 (adaptado).

O número de formas distintas de se acomodar a família nesse voo é calculado por

a) $\dfrac{9!}{2!}$ b) $\dfrac{9!}{7! \times 2!}$ c) $7!$

d) $\dfrac{5!}{2!} \times 4!$ e) $\dfrac{5!}{2!} \times \dfrac{4!}{3!}$

216

O proprietário de um parque aquático deseja construir uma piscina em suas dependências. A figura representa a vista superior dessa piscina, que é formada por três setores circulares idênticos, com ângulo central igual a 60°. O raio R deve ser um número natural.

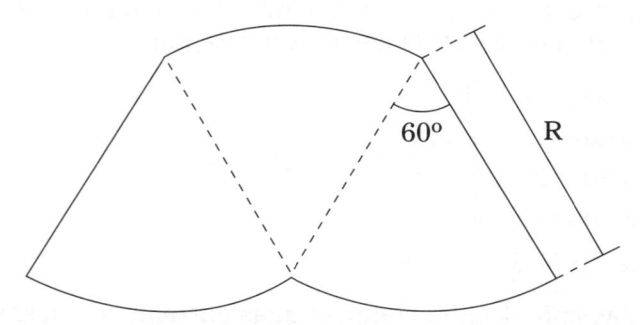

O parque aquático já conta com uma piscina em formato retangular com dimensões 50 m x 24 m.

O proprietário quer que a área ocupada pela nova piscina seja menor que a ocupada pela piscina já existente.

Considere 3,0 como aproximação para π.

O maior valor possível para R, em metros, deverá ser

a) 16.   b) 28.   c) 29.   d) 31.   e) 49.

217

Alguns exames médicos requerem uma ingestão de água maior do que a habitual. Por recomendação médica, antes do horário do exame, uma paciente deveria ingerir 1 copo de água de 150 mililitros a cada meia hora, durante as 10 horas que antecederiam um exame. A paciente foi a um supermercado comprar água e verificou que havia garrafas dos seguintes tipos:

Garrafa I: 0,15 litro

Garrafa II: 0,30 litro

Garrafa III: 0,75 litro

Garrafa IV: 1,50 litro

Garrafa V: 3,00 litros

A paciente decidiu comprar duas garrafas do mesmo tipo, procurando atender à recomendação médica e, ainda, de modo a consumir todo o líquido das duas garrafas antes do exame.

Qual o tipo de garrafa escolhida pela paciente?

a) I b) II c) III d) IV e) V

218

Alguns medicamentos para felinos são administrados com base na superfície corporal do animal. Foi receitado a um felino pesando 3,0 kg um medicamento na dosagem diária de 250 mg por metro quadrado de superfície corporal.

O quadro apresenta a relação entre a massa do felino, em quilogramas, e a área de sua superfície corporal, em metros quadrados.

Relação entre a massa de um felino e a área de sua superfície corporal

Massa (kg)	Área (m²)
1,0	0,100
2,0	0,159
3,0	0,208
4,0	0,252
5,0	0,292

NORSWORTHY, G. D. O paciente felino. São Paulo: Roca, 2009.

A dose diária, em miligramas, que esse felino deverá receber é de

a) 0,624. b) 52,0. c) 156,0.
d) 750,0. e) 1 201,9.

219

Para economizar em suas contas mensais de água, uma família de 10 pessoas deseja construir um reservatório para armazenar a água captada das chuvas, que tenha capacidade suficiente para abastecer a família por 20 dias.

Cada pessoa da família consome, diariamente, 0,08 m³ de água.

Para que os objetivos da família sejam atingidos, a capacidade mínima, em litros, do reservatório a ser construído deve ser

a) 16.
b) 800.
c) 1 600.
d) 8 000.
e) 16 000.

220

Uma competição esportiva envolveu 20 equipes com 10 atletas cada. Uma denúncia à organização dizia que um dos atletas havia utilizado substância proibida.

Os organizadores, então, decidiram fazer um exame **antidoping**. Foram propostos três modos diferentes para escolher os atletas que irão realizá-lo:

Modo I: sortear três atletas dentre todos os participantes;

Modo II: sortear primeiro uma das equipes e, desta, sortear três atletas;

Modo III: sortear primeiro três equipes e, então, sortear um atleta de cada uma dessas três equipes.

Considere que todos os atletas têm igual probabilidade de serem sorteados e que P(I), P(II) e P(III) sejam as probabilidades de o atleta que utilizou a substância proibida seja um dos escolhidos para o exame no caso do sorteio ser feito pelo modo I, II ou III.

Comparando-se essas probabilidades, obtém-se

a) P(I) < P(III) < P(II)
b) P(II) < P(I) < P(III)
c) P(I) < P(II) = P(III)
d) P(I) = P(II) < P(III)
e) P(I) = P(II) = P(III)

Resp: 213 E   214 C   215 A   216 B

221

Segundo o Instituto Brasileiro de Geografia e Estatística (IBGE), produtos sazonais são aqueles que apresentam ciclos bem definidos de produção, consumo e preço. Resumidamente, existem épocas do ano em que a sua disponibilidade nos mercados varejistas ora é escassa, com preços elevados, ora é abundante, com preços mais baixos, o que ocorre no mês de produção máxima da safra.

A partir de uma série histórica, observou-se que o preço P, em reais, do quilograma de um certo produto sazonal pode ser descrito pela função $P(x) = 8 + 5\cos\left(\dfrac{\pi x - \pi}{6}\right)$

onde x representa o mês do ano, sendo x = 1 associado ao mês de janeiro, x = 2 ao mês de fevereiro, e assim sucessivamente, até x = 12 associado ao mês de dezembro.

Disponível em: www.ibge.gov.br.Acesso em: 2 ago. 2012(adaptado).

Na safra, o mês de produção máxima desse produto é

a) janeiro. b) abril. c) junho.
d) julho.   e) outubro.

222

No contexto da matemática recreativa, utilizando diversos materiais didáticos para motivar seus alunos, uma professora organizou um jogo com um tipo de baralho modificado, No início do jogo, vira-se uma carta do baralho na mesa e cada jogador recebe em mãos nove cartas. Deseja-se formar pares de cartas, sendo a primeira carta a da mesa e a segunda, uma carta na mão do jogador, que tenha um valor equivalente àquele descrito na carta da mesa. O objetivo do jogo é verificar qual jogador consegue o maior número de pares. Iniciado o jogo, a carta virada na mesa e as cartas da mão de um jogador são como no esquema:

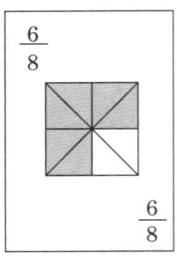

Carta da mesa

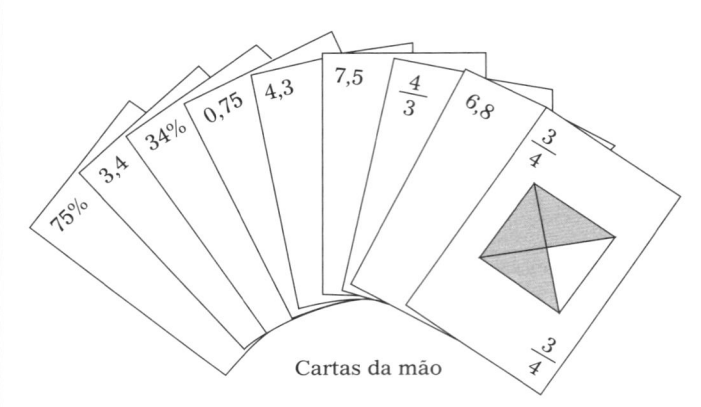

Cartas da mão

Segundo as regras do jogo, quantas cartas da mão desse jogador podem formar um par com a carta da mesa?

a) 9 b) 7 c) 5 d) 4 e) 3

223

Uma pesquisa de mercado foi realizada entre os consumidores das classes sociais A, B, C e D que costumam participar de promoções tipo sorteio ou concurso. Os dados comparativos, expressos no gráfico, revelam a participação desses consumidores em cinco categorias: via Correios (juntando embalagens ou recortando códigos de barra), via internet (cadastrando-se no site da empresa/marca promotora), via mídias sociais (redes sociais), via SMS (mensagem por celular) ou via rádio/Tv.

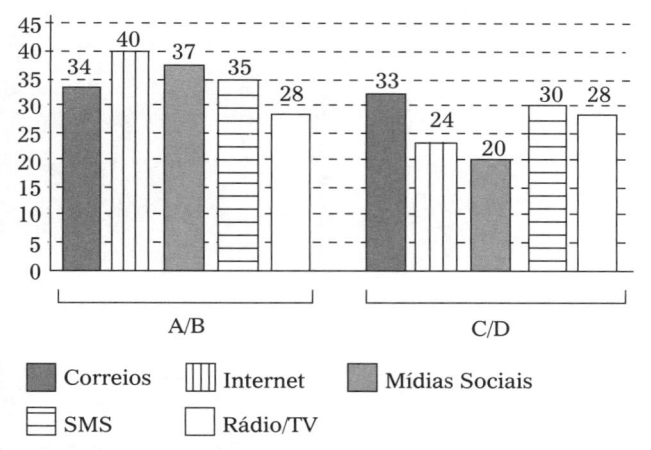

Uma empresa vai lançar uma promoção utilizando apenas uma categoria nas classes A e B (A/B) e uma categoria nas classes C e D (C/D).

De acordo com o resultado da pesquisa, para atingir o maior número de consumidores das classes A/B e C/D, a empresa deve realizar a promoção, respectivamente, via

a) Correios e SMS.
b) internet e Correios.
c) internet e internet.
d) internet e mídias sociais.
e) rádio/TV e rádio/TV.

224

Uma fábrica de sorvetes utiliza embalagens plásticas no formato de paralelepípedo retangular reto. Internamente, a embalagem tem 10 cm de altura e base de 20 cm por 10 cm. No processo de confecção do sorvete, uma mistura é colocada na embalagem no estado líquido e, quando levada ao congelador, tem seu volume aumentado em 25%, ficando com consistência cremosa.

Inicialmente é colocada na embalagem uma mistura sabor chocolate com volume de 1 000 cm³ e, após essa mistura ficar cremosa, será adicionada uma mistura sabor morango, de modo que, ao final do processo de congelamento, a embalagem fique completamente preenchida com sorvete, sem transbordar.

O volume máximo, em cm³, da mistura sabor morango que deverá ser colocado na embalagem é

a) 450.   b) 500.   c) 600.   d) 750.   e) 1 000.

225

Em uma central de atendimento, cem pessoas receberam senhas numeradas de 1 até 100. Uma das senhas é sorteada ao acaso.

Qual é a probabilidade de a senha sorteada ser um número de 1 a 20?

a) $\dfrac{1}{100}$ b) $\dfrac{19}{100}$ c) $\dfrac{20}{100}$ d) $\dfrac{21}{100}$ e) $\dfrac{80}{100}$

ENEM – 2016

226

Uma cisterna de 6 000 L foi esvaziada em um período de 3 h. Na primeira hora foi utilizada apenas uma bomba, mas nas duas horas seguintes, a fim de reduzir o tempo de esvaziamento, outra bomba foi ligada junto com a primeira. O gráfico, formado por dois segmentos de reta, mostra o volume de água presente na cisterna, em função do tempo.

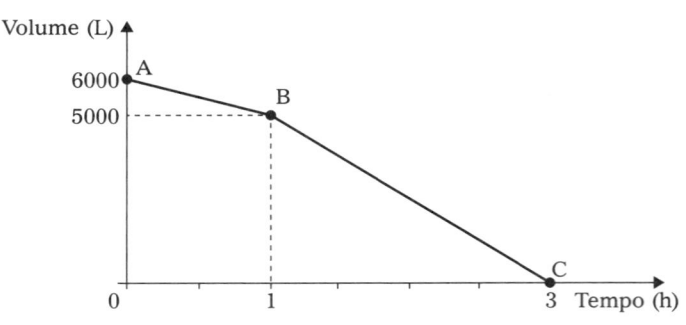

Volume (L)

6000 A
5000 B
         C
0   1   3 Tempo (h)

Qual é a vazão, em litro por hora, da bomba que foi ligada no início da segunda hora?

a) 1 000   b) 1 250   c) 1 500   d) 2 000   e) 2 500

227

O procedimento de perda rápida de "peso" é comum entre os atletas dos esportes de combate. Para participar de um torneio, quatro atletas da categoria até 66 kg, Peso-Pena, foram submetidos a dietas balanceadas e atividades físicas. Realizaram três "pesagens" antes do início do torneio. Pelo regulamento do torneio, a primeira luta deverá ocorrer entre o atleta mais regular e o menos regular quanto aos "pesos". As informações com base nas pesagens dos atletas estão no quadro.

Atleta	1ª pesagem (kg)	2ª pesagem (kg)	3ª pesagem (kg)	Média	Mediana	Desvio padrão
I	78	72	66	72	72	4,90
II	83	65	65	71	65	8,49
III	75	70	65	70	70	4,08
IV	80	77	62	73	77	7,87

Após as três "pesagens", os organizadores do torneio informaram aos atletas quais deles se enfrentariam na primeira luta. A primeira luta foi entre os atletas

a) I e III   b) I e IV   c) II e III
d) II e IV   e) III e IV

228

De forma geral, os pneus radiais trazem em sua lateral uma marcação do tipo abc/deRfg, como 185/65R15. Essa marcação identifica as medidas do pneu da seguinte forma:

- abc é a medida da largura do pneu, em milímetro;
- de é igual ao produto de 100 pela razão entre a medida da altura (em milímetro) e a medida da largura do pneu (em milímetro);
- R significa radial;
- fg é a medida do diâmetro interno do pneu, em polegada.

A figura ilustra as variáveis relacionadas com esses dados.

O proprietário de um veículo precisa trocar os pneus de seu carro e, ao chegar a uma loja, é informado por um vendedor que há somente pneus com os seguintes códigos: 175/65R15, 175/75R15, 175/80R15, 185/60R15 e 205/55R15. Analisando, juntamente com o vendedor, as opções de pneus disponíveis, concluem que o pneu mais adequado para seu veículo é o que tem a menor altura.

Desta forma, o proprietário do veículo deverá comprar o pneu com a marcação

a) 205/55R15
b) 175/65R15
c) 175/75R15
d) 175/80R15
e) 185/60R15

229

A figura representa o globo terrestre e nela estão marcados os pontos A, B e C. Os pontos A e B estão localizados sobre um mesmo paralelo, e os pontos B e C, sobre um mesmo meridiano. É traçado um caminho do ponto A até C, pela superfície do globo, passando por B, de forma que o trecho de A até B se dê sobre o paralelo que passa por A e B e, o trecho de B até C se dê sobre o meridiano que passa por B e C. Considere que o plano α é paralelo à linha do equador na figura.

A projeção ortogonal, no plano α, do caminho traçado no globo pode ser representada por

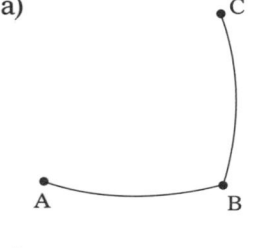

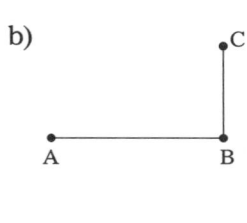

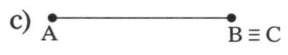

a) [arco de A a B, com C acima de B]
b) [A a B reto, C acima de B]
c) A————B≡C
d) A⌣B≡C
e) [A com arco até B, C acima de B]

Resp: 221 D 222 E 223 B 224 C 225 C

230

Diante da hipótese do comprometimento da qualidade da água retirada do volume morto de alguns sistemas hídricos, os técnicos de um laboratório decidiram testar cinco tipos de filtros de água. Dentre esses, os quatro com melhor desempenho serão escolhidos para futura comercialização. Nos testes, foram medidas as massas de agentes contaminantes, em miligrama, que não são capturados por cada filtro em diferentes períodos, em dia, como segue:

- Filtro 1 (F1): 18 mg em 6 dias;
- Filtro 2 (F2): 15 mg em 3 dias;
- Filtro 3 (F3): 18 mg em 4 dias;
- Filtro 4 (F4): 6 mg em 3 dias;
- Filtro 5 (F5): 3 mg em 2 dias.

Ao final, descarta-se o filtro com a maior razão entre a medida da massa de contaminantes não capturados e o número de dias, o que corresponde ao de pior desempenho.

Disponível em: www.redebrasilatual.com.br. Acesso em: 12 jul. 2015 (adaptado).

O filtro descartado é o

a) F1   b) F2   c) F3   d) F4   e) F5

231

Em 2011, um terremoto de magnitude 9,0 na escala Richter causou um devastador *tsunami* no Japão, provocando um alerta na usina nuclear de Fukushima. Em 2013, outro terremoto, de magnitude 7,0 na mesma escala, sacudiu Sichuan (sudoeste da China), deixando centenas de mortos e milhares de feridos. A magnitude de um terremoto na escala Richter pode ser calculada por $M = \dfrac{2}{3} \log\left(\dfrac{E}{E_0}\right)$, sendo E a energia, em kWh, liberada pelo terremoto e E_0 uma constante real positiva. Considere que E_1 e E_2 representam as energias liberadas nos terremotos ocorridos no Japão e na China, respectivamente.

Disponível em: www.terra.com.br. Acesso em: 15 ago. 2013 (adaptado).

Qual a relação entre E_1 e E_2?

a) $E_1 = E_2 + 2$ b) $E_1 = 10^2 \cdot E_2$

c) $E_1 = 10^3 \cdot E_2$ d) $E_1 = 10^{\frac{9}{7}} \cdot E_2$

e) $E_1 = \dfrac{9}{7} \cdot E_2$

232

Um paciente necessita de reidratação endovenosa feita por meio de cinco frascos de soro durante 24 h. Cada frasco tem um volume de 800 mL de soro. Nas primeiras quatro horas, deverá receber 40% do total a ser aplicado. Cada mililitro de soro corresponde a 12 gotas. O número de gotas por minuto que o paciente deverá receber após as quatro primeiras horas será

a) 16   b) 20   c) 24   d) 34   e) 40

233

É comum os artistas plásticos se apropriarem de entes matemáticos para produzirem, por exemplo, formas e imagens por meio de manipulações. Um artista plástico, em uma de suas obras, pretende retratar os diversos polígonos obtidos pelas intersecções de um plano com uma pirâmide regular de base quadrada. Segundo a classificação dos polígonos, quais deles são possíveis de serem obtidos pelo artista plástico?

a) Quadrados, apenas.

b) Triângulos e quadrados, apenas.

c) Triângulos, quadrados e trapézios, apenas.

d) Triângulos, quadrados, trapézios e quadriláteros irregulares, apenas.

e) Triângulos, quadrados, trapézios, quadriláteros irregulares e pentágonos, apenas.

234

Um reservatório é abastecido com água por uma torneira e um ralo faz a drenagem da água desse reservatório. Os gráficos representam as vazões Q, em litro por minuto, do volume de água que entra no reservatório pela torneira e do volume que sai pelo ralo, em função do tempo t, em minuto.

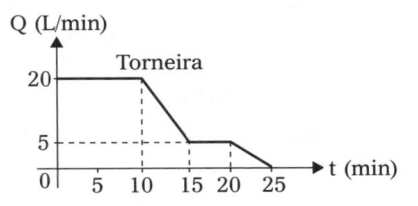

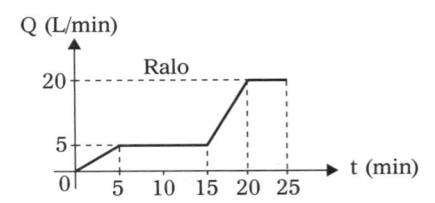

Em qual intervalo de tempo, em minuto, o reservatório tem uma vazão constante de enchimento?

a) De 0 a 10

b) De 5 a 10

c) De 5 a 15

d) De 15 a 25

e) De 0 a 25

235

O LlRAa, Levantamento Rápido do Índice de Infestação por Aedes aegypti, consiste num mapeamento da infestação do mosquito *Aedes aegypti*. O LlRAa é dado pelo percentual do número de imóveis com focos do mosquito, entre os escolhidos de uma região em avaliação. O serviço de vigilância sanitária de um município, no mês de outubro do ano corrente, analisou o LlRAa de cinco bairros que apresentaram o maior índice de infestação no ano anterior. Os dados obtidos para cada bairro foram:

I. 14 imóveis com focos de mosquito em 400 imóveis no bairro;

II. 6 imóveis com focos de mosquito em 500 imóveis no bairro;

III. 13 imóveis com focos de mosquito em 520 imóveis no bairro;

IV. 9 imóveis com focos de mosquito em 360 imóveis no bairro;

V. 15 imóveis com focos de mosquito em 500 imóveis no bairro.

O setor de dedetização do municipio definiu que o direcionamento das ações de controle iniciarão pelo bairro que apresentou o maior índice do LlRAa.

Disponível em: http:/bvsms.saude.gov.br. Acesso em: 28 out. 2015.

As ações de controle iniciarão pelo bairro

a) I b) II c) III d) IV e) V

236

Um dos grandes desafios do Brasil é o gerenciamento dos seus recursos naturais, sobretudo os recursos hídricos. Existe uma demanda crescente por água e o risco de racionamento não pode ser descartado. O nível de água de um reservatório foi monitorado por um período, sendo o resultado mostrado no gráfico. Suponha que essa tendência linear observada no monitoramento se prolongue pelos próximos meses.

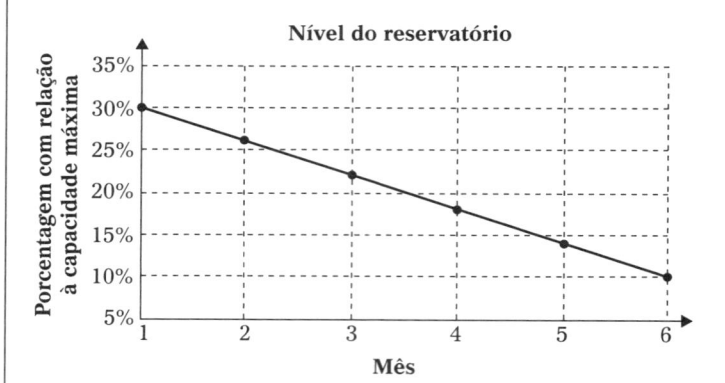

Nas condições dadas, qual o tempo mínimo, após o sexto mês, para que o reservatório atinja o nível zero de sua capacidade?

a) 2 meses e meio
b) 3 meses e meio
c) 1 mês e meio
d) 4 meses
e) 1 mês

237

Um posto de saúde registrou a quantidade de vacinas aplicadas contra febre amarela nos últimos cinco meses:

- 1º mês: 21;
- 2º mês: 22;
- 3º mes: 25;
- 4º mês: 31;
- 5º mês: 21.

No início do primeiro mês, esse posto de saúde tinha 228 vacinas contra febre amarela em estoque. A política de reposição do estoque prevê a aquisição de novas vacinas, no início do sexto mês, de tal forma que a quantidade inicial em estoque para os próximos meses seja igual a 12 vezes a média das quantidades mensais dessas vacinas aplicadas nos últimos cinco meses.

Para atender essas condições, a quantidade de vacinas contra febre amarela que o posto de saúde deve adquirir no início do sexto mês é

a) 156   b) 180   c) 192   d) 264   e) 288

238

Uma liga metálica sai do forno a uma temperatura de 3000ºC e diminui 1% de sua temperatura a cada 30 min. Use 0,477 como aproximação para $\log_{10}(3)$ e 1,041 como aproximação para $\log_{10}(11)$. O tempo decorrido, em hora, até que a liga atinja 30ºC é mais próximo de

a) 22   b) 50   c) 100   d) 200   e) 400

239

Um petroleiro possui reservatório em formato de um paralelepípedo retangular com as dimensões dadas por 60 m x 10 m de base e 10 m de altura. Com o objetivo de minimizar o impacto ambiental de um eventual vazamento, esse reservatório é subdividido em três compartimentos, A, B e C, de mesmo volume, por duas placas de aço retangulares com dimensões de 7 m de altura e 10 m de base, de modo que os compartimentos são interligados, conforme a figura. Assim, caso haja rompimento no casco do reservatório, apenas uma parte de sua carga vazará.

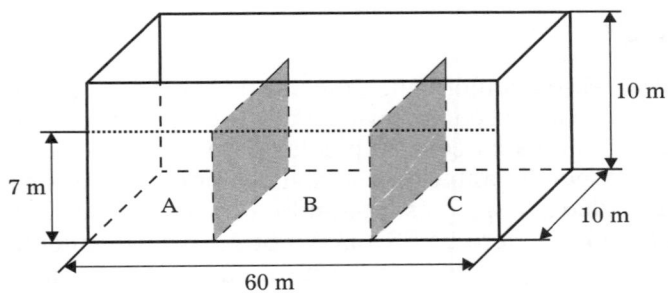

Suponha que ocorra um desastre quando o petroleiro se encontra com sua carga máxima: ele sofre um acidente que ocasiona um furo no fundo do compartimento C. Para fins de cálculo, considere desprezíveis as espessuras das placas divisórias. Após o fim do vazamento, o volume de petróleo derra mado terá sido de

a) 1,4 x10³ m³   b) 1,8 x 10³ m³
c) 2,0 x 10³ m³   d) 3,2 x 10³ m³
e) 6,0 x 10³ m³

240

O setor de recursos humanos de uma empresa pretende fazer contratações para adequar-se ao artigo 93 da Lei no. 8.213/91, que dispõe:

Art. 93. A empresa com 100 (cem) ou mais empregados está obrigada a preencher de 2% (dois por cento) a 5% (cinco por cento) dos seus cargos com beneficiários reabilitados ou pessoas com deficiência, habilitadas, na seguinte proporção:

   I.   até 200 empregados 2%;
   II. de 201 a 500 empregados 3%;
   III. de 507 a 1000 empregados 4%;
   IV. de 1001 em diante .... .5%.

Disponível em: www.planalto.gov.br. Acesso em: 3 fev. 2015.

Constatou-se que a empresa possui 1200 funcionários, dos quais 10 são reabilitados ou com deficiência, habilitados. Para adequar-se à referida lei, a empresa contratará apenas empregados que atendem ao perfil indicado no artigo 93. O número mínimo de empregados reabilitados ou com deficiência, habilitados, que deverá ser contratado pela empresa é

a) 74   b) 70   c) 64   d) 60   e) 53

241

Uma pessoa comercializa picolés. No segundo dia de certo evento ela comprou 4 caixas de picolés, pagando R$ 16,00 a caixa com 20 picolés para revendê-los no evento. No dia anterior, ela havia comprado a mesma quantidade de picolés, pagando a mesma quantia, e obtendo um lucro de R$ 40,00 (obtido exclusivamente pela diferença entre o valor de venda e o de compra dos picolés) com a venda de todos os picolés que possuía.

Pesquisando o perfil do público que estará presente no evento, a pessoa avalia que será possível obter um lucro 20% maior do que o obtido com a venda no primeiro dia do evento.

Para atingir seu objetivo, e supondo que todos os picolés disponíveis foram vendidos no segundo dia, o valor de venda de cada picolé, no segundo dia, deve ser

a) R$ 0,96   b) R$ 1,00   c) R$ 1,40
d) R$ 1,50   e) R$ 1,56.

242

O tênis é um esporte em que a estratégia de jogo a ser adotada depende, entre outros fatores, de o adversário ser canhoto ou destro. Um clube tem um grupo de 10 tenistas, sendo que 4 são canhotos e 6 são destros. O técnico do clube deseja realizar uma partida de exibição entre dois desses jogadores, porém, não poderão ser ambos canhotos. Qual o número de possibilidades de escolha dos tenistas para a partida de exibição?

a) $\dfrac{10!}{2! \cdot 8!} - \dfrac{4!}{2! \cdot 2!}$

b) $\dfrac{10!}{8!} - \dfrac{4!}{2!}$

c) $\dfrac{10!}{2! \cdot 8!} - 2$

d) $\dfrac{6!}{4!} + 4 \cdot 4$

e) $\dfrac{6!}{4!} + 6 \cdot 4$

243

O ábaco é um antigo instrumento de cálculo que usa notação posicional de base dez para representar números naturais. Ele pode ser apresentado em vários modelos, um deles é formado por hastes apoiadas em uma base. Cada haste corresponde a uma posição no sistema decimal e nelas são colocadas argolas; a quantidade de argolas na haste representa o algarismo daquela posição. Em geral, colocam-se adesivos abaixo das hastes com os simbolos U, D, C, M, DM e CM que correspondem, respectivamente, a unidades, dezenas, centenas, unidades de milhar, dezenas de milhar e centenas de milhar, sempre começando com a unidade na haste da direita e as demais ordens do número no sistema decimal nas hastes subsequentes (da direita para esquerda), até a haste que se encontra mais à esquerda.

Entretanto, no ábaco da figura, os adesivos não seguiram a disposição usual.

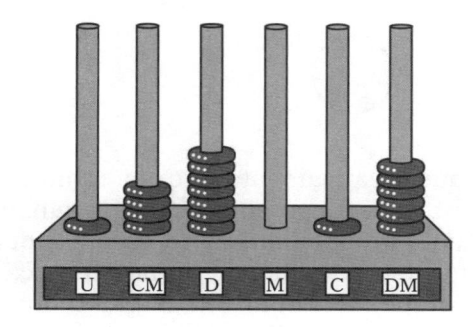

Nessa disposição, o número que está representado na figura é

a) 46171
b) 147016
c) 171064
d) 460171
e) 610741

244

Os alunos de uma escola utilizaram cadeiras iguais às da figura para uma aula ao ar livre. A professora, ao final da aula, solicitou que os alunos fechassem as cadeiras para guardá-las. Depois de guardadas, os alunos fizeram um esboço da vista lateral da cadeira fechada.

Qual e o esboço obtido pelos alunos?

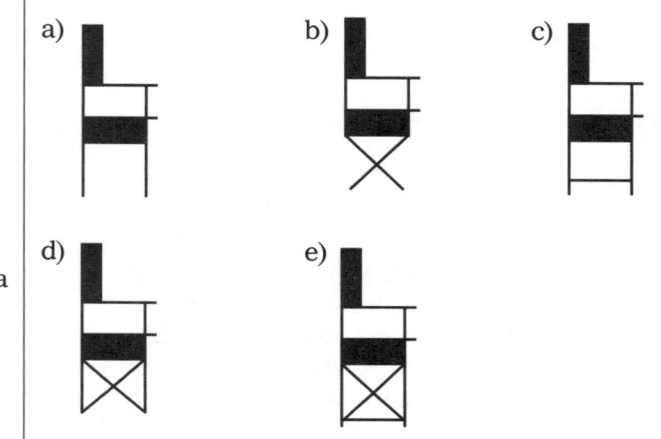

a)
b)
c)
d)
e)

Resp: 235 A   236 A   237 B   238 D   239 D

245

Para garantir a segurança de um grande evento público que terá início às 4 h da tarde, um organizador precisa monitorar a quantidade de pessoas presentes em cada instante. Para cada 2000 pessoas se faz necessária a presença de um policial. Além disso, estima-se uma densidade de quatro pessoas por metro quadrado de área de terreno ocupado. Às 10 h da manhã, o organizador verifica que a área de terreno já ocupada equivale a um quadrado com lados medindo 500 m. Porém, nas horas seguintes, espera-se que o público aumente a uma taxa de 120000 pessoas por hora até o início do evento, quando não será mais permitida a entrada de público. Quantos policiais serão necessários no início do evento para garantir a segurança?

a) 360   b) 485   c) 560   d) 740   e) 860

246

A permanência de um gerente em uma empresa está condicionada à sua produção no semestre. Essa produção é avaliada pela média do lucro mensal do semestre. Se a média for, no mínimo, de 30 mil reais, o gerente permanece no cargo, caso contrário, ele será despedido. O quadro mostra o lucro mensal, em milhares de reais, dessa empresa, de janeiro a maio do ano em curso.

Janeiro	Fevereiro	Março	Abril	Maio
21	35	21	30	38

Qual deve ser o lucro mínimo da empresa no mês de junho, em milhares de reais, para o gerente continuar no cargo no próximo semestre?

a) 26   b) 29   c) 30   d) 31   e) 35

247

Um adolescente vai a um parque de diversões tendo, prioritariamente, o desejo de ir a um brinquedo que se encontra na área IV, dentre as áreas I, II, III, IV e V existentes. O esquema ilustra o mapa do parque, com a localização da entrada, das cinco áreas com os brinquedos disponíveis e dos possíveis caminhos para se chegar a cada área. O adolescente não tem conhecimento do mapa do parque e decide ir caminhando da entrada até chegar à área IV.

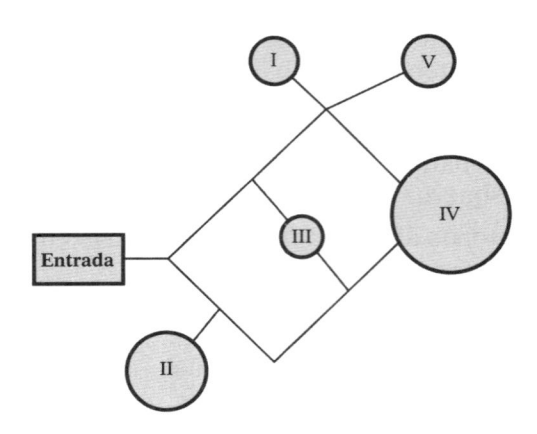

Suponha que relativamente a cada ramificação, as opções existentes de percurso pelos caminhos apresentem iguais probabilidades de escolha, que a caminhada foi feita escolhendo ao acaso os caminhos existentes e que, ao tornar um caminho que chegue a uma área distinta da IV, o adolescente necessariamente passa por ela ou retorna. Nessas condições, a probabilidade de ele chegar à área IV sem passar por outras áreas e sem retornar é igual a

a) $\dfrac{1}{96}$ b) $\dfrac{1}{64}$ c) $\dfrac{5}{24}$ d) $\dfrac{1}{4}$ e) $\dfrac{5}{12}$

248

Em uma cidade, o número de casos de dengue confirmados aumentou consideravelmente nos últimos dias. A prefeitura resolveu desenvolver uma ação contratando funcionários para ajudar no combate à doença, os quais orientarão os moradores a eliminarem criadouros do mosquito *Aedes aegypti*, transmissor da dengue. A tabela apresenta o número atual de casos confirmados, por região da cidade.

Região	Casos confirmados
Oeste	237
Centro	262
Norte	158
Sul	159
Noroeste	160
Leste	278
Centro-Oeste	300
Centro-Sul	278

A prefeitura optou pela seguinte distribuição dos funcionários a serem contratados:

I. 10 funcionários para cada região da cidade cujo número de casos seja maior que a média dos casos confirmados.

II. 7 funcionários para cada região da cidade cujo número de casos seja menor ou igual à média dos casos confirmados.

Quantos funcionários a prefeitura deverá contratar para efetivar a ação?

a) 59   b) 65   c) 68   d) 71   e) 80

249

Cinco marcas de pão integral apresentam as seguintes concentrações de fibras (massa de fibra por massa de pão):

- Marca A: 2 g de fibras a cada 50 g de pão;
- Marca B: 5 g de fibras a cada 40 g de pão;
- Marca C: 5 g de fibras a cada 100 g de pão;
- Marca D: 6 g de fibras a cada 90 g de pão;
- Marca E: 7 g de fibras a cada 70 g de pão.

Recomenda-se a ingestão do pão que possui a maior concentração de fibras.

Disponível em: www.blog.saude.gov.br. Acesso em: 25 fev. 2013.

A marca a ser escolhida é

a) A   b) B   c) C   d) D   e) E

250

Uma família resolveu comprar um imóvel num bairro cujas ruas estão representadas na figura. As ruas com nomes de letras são paralelas entre si e perpendiculares às ruas identificadas com números. Todos os quarteirões são quadrados, com as mesmas medidas, e todas as ruas têm a mesma largura, permitindo caminhar somente nas direções vertical e horizontal. Desconsidere a largura das ruas.

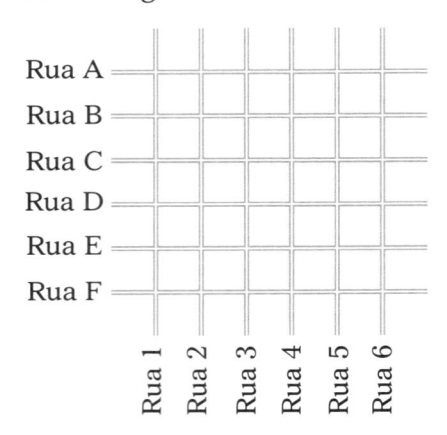

A família pretende que esse imóvel tenha a mesma distância de percurso até o local de trabalho da mãe, localizado na rua 6 com a rua E, o consultório do pai, na rua 2 com a rua E, e a escola das crianças, na rua 4 com a rua A.

Com base nesses dados, o imóvel que atende as pretensões da família deverá ser localizado no encontro das ruas

a) 3 e C
b) 4 e C
c) 4 e D
d) 4 e E
e) 5 e C

251

Um senhor, pai de dois filhos, deseja comprar dois terrenos, com áreas de mesma medida, um para cada filho. Um dos terrenos visitados já está demarcado e, embora não tenha um formato convencional (como se observa na Figura B), agradou ao filho mais velho e, por isso, foi comprado. O filho mais novo possui um projeto arquitetônico de uma casa que quer construir, mas, para isso, precisa de um terreno na forma retangular (como mostrado na Figura A) cujo comprimento seja 7 m maior do que a largura.

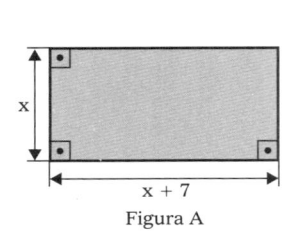

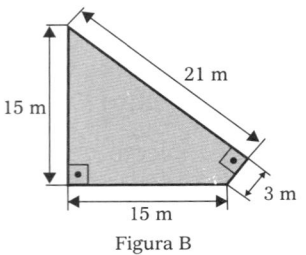

Para satisfazer o filho mais novo, esse senhor precisa encontrar um terreno retangular cujas medidas, em metro, do comprimento e da largura sejam iguais, respectivamente, a

a) 7,5 e 14,5
b) 9,0 e 16,0
c) 9,3 e 16,3
d) 10,0 e 17,0
e) 13,5 e 20,5

252

Preocupada com seus resultados, uma empresa fez um balanço dos lucros obtidos nos últimos sete meses, conforme dados do quadro.

Mês	I	II	III	IV	V	VI	VII
Lucro (em milhões de reais)	37	33	35	22	30	35	25

Avaliando os resultados, o conselho diretor da empresa decidiu comprar, nos dois meses subsequentes, a mesma quantidade de matéria-prima comprada no mês em que o lucro mais se aproximou da média dos lucros mensais dessa empresa nesse período de sete meses. Nos próximos dois meses, essa empresa deverá comprar a mesma quantidade de matéria-prima comprada no mês

a) I   b) II   c) IV   d) V   e) VII

253

Um marceneiro está construindo um material didático que corresponde ao encaixe de peças de madeira com 10 cm de altura e formas geométricas variadas, num bloco de madeira em que cada peça se posicione na perfuração com seu formato correspondente, conforme ilustra a figura. O bloco de madeira já possui três perfurações prontas de bases distintas: uma quadrada (Q), de lado 4 cm, uma retangular (R), com base 3 cm e altura 4 cm, e uma em forma de um triângulo equilátero (T), de lado 6,8 cm. Falta realizar uma perfuração de base circular (C).

O marceneiro não quer que as outras peças caibam na perfuração circular e nem que a peça de base circular caiba nas demais perfurações e, para isso, escolherá o diâmetro do círculo que atenda a tais condições. Procurou em suas ferramentas uma serra copo (broca com formato circular) para perfurar a base em madeira, encontrando cinco exemplares, com diferentes medidas de diâmetros, como segue: (I) 3,8 cm; (II) 4,7 cm; (III) 5,6 cm; (IV) 7,2 cm e (V) 9,4 cm.

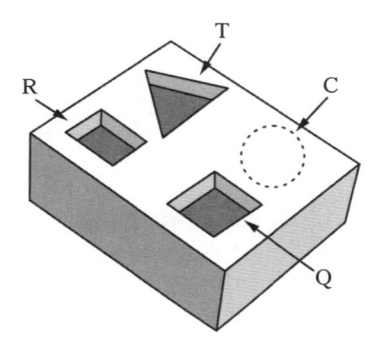

Considere 1,4 e 1,7 como aproximações para $\sqrt{2}$ e $\sqrt{3}$, repectivamente.

Para que seja atingido o seu objetivo, qual dos exemplares de serra copo o marceneiro deverá escolher?

a) I   b) II   c) III   d) IV   e) V

Resp: 245 E   246 E   247 C   248 D   249 B

254

Em um exame, foi feito o monitoramento dos níveis de duas substâncias presentes (A e B) na corrente sanguínea de uma pessoa, durante um período de 24 h, conforme o resultado apresentado na figura. Um nutricionista, no intuito de prescrever uma dieta para essa pessoa, analisou os níveis dessas substâncias, determinando que, para uma dieta semanal eficaz, deverá ser estabelecido um parâmetro cujo valor será dado pelo número de vezes em que os níveis de A e de B forem iguais, porém, maiores que o nível mínimo da substância A durante o período de duração da dieta.

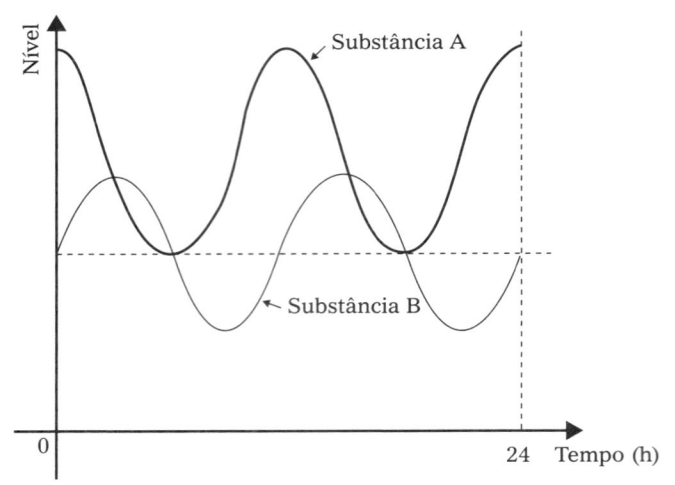

Considere que o padrão apresentado no resultado do exame, no período analisado, se repita para os dias subsequentes. O valor do parâmetro estabelecido pelo nutricionista, para uma dieta semanal, será igual a

a) 28   b) 21   c) 2   d) 7   e) 14

255

Para uma feira de ciências, dois projéteis de foguetes, A e B, estão sendo construídos para serem lançados. O planejamento é que eles sejam lançados juntos, com o objetivo de o projétil B interceptar o A quando esse alcançar sua altura máxima. Para que isso aconteça, um dos projéteis descreverá uma trajetória parabólica, enquanto o outro irá descrever uma trajetória supostamente retilínea. O gráfico mostra as alturas alcançadas por esses projéteis em função do tempo, nas simulações realizadas.

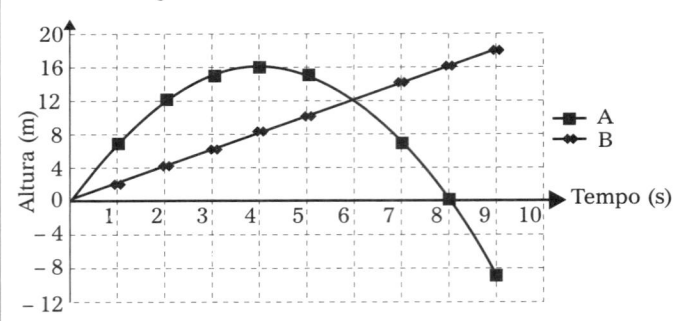

Com base nessas simulações, observou-se que a trajetória do projétil B deveria ser alterada para que o objetivo fosse alcançado. Para alcançar o objetivo, o coeficiente angular da reta que representa a trajetória de B deverá

a) diminuir em 2 unidades.
b) diminuir em 4 unidades.
c) aumentar em 2 unidades.
d) aumentar em 4 unidades.
e) aumentar em 8 unidades.

256

Para a construção de isolamento acústico numa parede cuja área mede 9 m², sabe-se que, se a fonte sonora estiver a 3 m do plano da parede, o custo é de R$ 500,00. Nesse tipo de isolamento, a espessura do material que reveste a parede é inversamente proporcional ao quadrado da distância até a fonte sonora, e o custo é diretamente proporcional ao volume do material do revestimento.

Uma expressão que fornece o custo para revestir uma parede de área A (em metro quadrado), situada a D metros da fonte sonora, é

a) $\dfrac{500 \cdot 81}{A \cdot D^2}$

b) $\dfrac{500 \cdot A}{D^2}$

c) $\dfrac{500 \cdot D^2}{A}$

d) $\dfrac{500 \cdot A \cdot D^2}{81}$

e) $\dfrac{500 \cdot 3 \cdot D^2}{A}$

257

A fim de acompanhar o crescimento de crianças, foram criadas pela Organização Mundial da Saúde (OMS) tabelas de altura, também adotadas pelo Ministério da Saúde do Brasil. Além de informar os dados referentes ao índice de crescimento, a tabela traz gráficos com curvas, apresentando padrões de crescimento estipulados pela OMS. O gráfico apresenta o crescimento de meninas, cuja análise se dá pelo ponto de intersecção entre o comprimento, em centímetro, e a idade, em mês completo e ano, da criança.

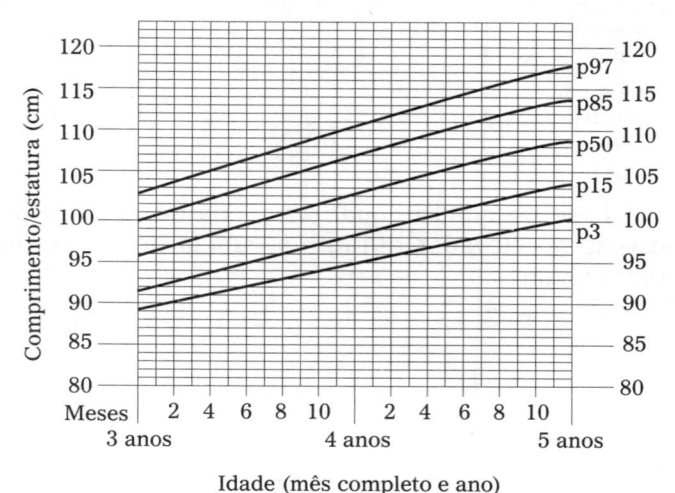

Disponível em: www.aprocura.com.br. Acesso em: 22 out. 2015 (adaptado)

Uma menina aos 3 anos de idade tinha altura de 85 centímetros e aos 4 anos e 4 meses sua altura chegou a um valor que corresponde a um ponto exatamente sobre a curva p50. Qual foi o aumento percentual da altura dessa menina, descrito com uma casa decimal, no período considerado?

a) 23,5%   b) 21,2%   c) 19,0%
d) 11,8%   e) 10,0%

258

Ao iniciar suas atividades, um ascensorista registra tanto o número de pessoas que entram quanto o número de pessoas que saem do elevador em cada um dos andares do edifício onde ele trabalha. O quadro apresenta os registros do ascensorista durante a primeira subida do térreo, de onde partem ele e mais três pessoas, ao quinto andar do edifício.

Número de pessoas	Térreo	1º andar	2º andar	3º andar	4º andar	5º andar
que entram no elevador	4	4	1	2	2	2
que saem do elevador	0	3	1	2	0	6

Com base no quadro, qual é a moda do número de pessoas no elevador durante a subida do térreo ao quinto andar?

a) 2   b) 3   c) 4   d) 5   e) 6

259

O censo demográfico é um levantamento estatístico que permite a coleta de várias informações. A tabela apresenta os dados obtidos pelo censo demográfico brasileiro nos anos de 1940 e 2000, referentes à concentração da população total, na capital e no interior, nas cinco grandes regiões.

População residente, na capital e interior segundo as Grandes Regiões 1940/2000

Grandes regiões	Total 1940	Total 2000	Capital 1940	Capital 2000	Interior 1940	Interior 2000
Norte	1632917	12900704	368528	3895400	1264389	9005304
Nordeste	14434080	47741711	1270729	10162351	13163351	37579365
Sudeste	18278837	72412411	3346991	18822986	14931846	53589425
Sul	5735305	25107616	459659	3290220	5275646	21817396
Centro-Oeste	1088182	11636728	152189	4291120	935993	7345608

Fonte: IBGE, Censo Demográfico 1940/2000

O valor mais próximo do percentual que descreve o aumento da população nas capitais da Região Nordeste é

a) 125%   b) 231%   c) 331%   d) 700%   e) 800%

260

O cultivo de uma flor rara só é viável se do mês do plantio para o mês subsequente o clima da região possuir as seguintes peculiaridades:

- a variação do nível de chuvas (pluviosidade), nesses meses, não for superior a 50 mm;
- a temperatura mínima, nesses meses, for superior a 15°C;
- ocorrer, nesse período, um leve aumento não superior a 5 °C na temperatura máxima.

Um floricultor, pretendendo investir no plantio dessa flor em sua região, fez uma consulta a um meteorologista que lhe apresentou o gráfico com as condições previstas para os 12 meses seguintes nessa região.

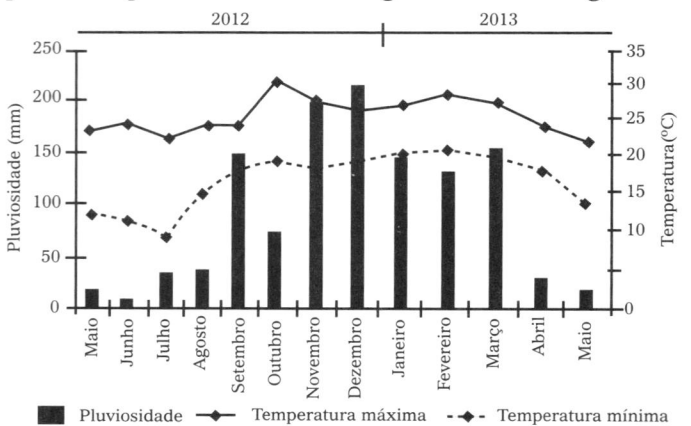

Com base nas informações do gráfico, o floricultor verificou que poderia plantar essa flor rara. O mês escolhido para o plantio foi

a) janeiro
b) fevereiro
c) agosto
d) novembro
e) dezembro.

261

Um túnel deve ser lacrado com uma tampa de concreto. A seção transversal do túnel e a tampa de concreto têm contornos de um arco de parábola e mesmas dimensões. Para determinar o custo da obra, um engenheiro deve calcular a área sob o arco parabólico em questão. Usando o eixo horizontal no nível do chão e o eixo de simetria da parábola como eixo vertical, obteve a seguinte equação para a parábola: $y = 9 - x^2$, sendo x e y medidos em metros. Sabe-se que a área sob uma parábola como esta é igual a $\frac{2}{3}$ da área do retângulo cujas dimensões são, respectivamente, iguais à base e à altura da entrada do túnel. Qual é a área da parte frontal da tampa de concreto, em metro quadrado?

a) 18
b) 20
c) 36
d) 45
e) 54

262

Para cadastrar-se em um *site*, uma pessoa precisa escolher uma senha composta por quatro caracteres, sendo dois algarismos e duas letras (maiúsculas ou minúsculas). As letras e os algarismos podem estar em qualquer posição. Essa pessoa sabe que o alfabeto é composto por vinte e seis letras e que uma letra maiúscula difere da minúscula em uma senha.

Disponível em: www.infowester.com. Acesso em: 14 dez. 2012.

O número total de senhas possíveis para o cadastramento nesse *site* é dado por

a) $10^2 \cdot 26^2$
b) $10^2 \cdot 52^2$
c) $10^2 \cdot 52^2 \cdot \frac{4!}{2!}$
d) $10^2 \cdot 26^2 \cdot \frac{4!}{2! \cdot 2!}$
e) $10^2 \cdot 52^2 \cdot \frac{4!}{2! \cdot 2!}$

Resp: 254 E 255 C 256 B 257 A

263

A distribuição de salários pagos em uma empresa pode ser analisada destacando-se a parcela do total da massa salarial que é paga aos 10% que recebem os maiores salários. Isso pode ser representado na forma de um gráfico formado por dois segmentos de reta, unidos em um ponto P, cuja abscissa tem valor igual a 90, como ilustrado na figura. No eixo horizontal do gráfico tem-se o percentual de funcionários, ordenados de forma crescente pelos valores de seus salários, e no eixo vertical tem-se o percentual do total da massa salarial de todos os funcionários.

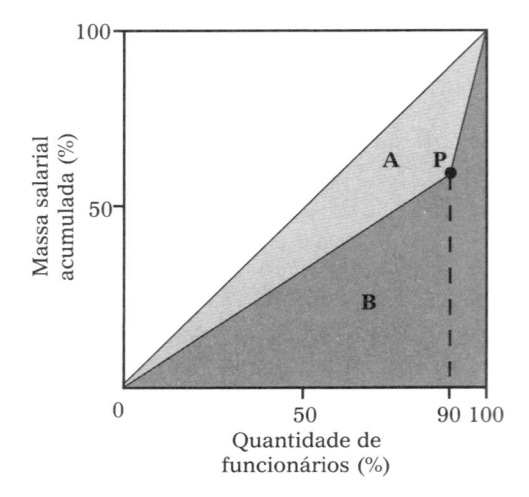

O Índice de Gini, que mede o grau de concentração de renda de um determinado grupo, pode ser calculado pela razão $\frac{A}{A+B}$, em que A e B são as medidas das áreas indicadas no gráfico. A empresa tem como meta tornar seu Índice de Gini igual ao do país, que e 0,3. Para tanto, precisa ajustar os salários de modo a alterar o percentual que representa a parcela recebida pelos 10% dos funcionários de maior salário em relação ao total da massa salarial.

Disponível em: www.ipea.gov.br. Acesso em: 4 maio 2016 (adaptado).

Para atingir a meta desejada, o percentual deve ser

a) 40%   b) 20%   c) 60%   d) 30%   e) 70%

264

Densidade absoluta (d) é a razão entre a massa de um corpo e o volume por ele ocupado. Um professor propôs à sua turma que os alunos analisassem a densidade de três corpos: d_A, d_B, d_C. Os alunos verificaram que o corpo A possuía 1,5 vez a massa do corpo B e esse, por sua vez, tinha $\frac{3}{4}$ da massa do corpo C. Observaram, ainda, que o volume do corpo A era o mesmo do corpo B e 20% maior do que o volume do corpo C. Após a análise, os alunos ordenaram corretamente as densidades desses corpos da seguinte maneira

a) $d_B < d_A < d_C$

b) $d_B = d_A < d_C$

c) $d_C < d_B = d_A$

d) $d_B < d_C < d_A$

e) $d_C < d_B < d_A$

265

No tanque de um certo carro de passeio cabem até 50 L de combustível, e o rendimento médio deste carro na estrada é de 15 km/L de combustível. Ao sair para uma viagem de 600 km o motorista observou que o marcador de combustível estava exatamente sobre uma das marcas da escala divisória do medidor, conforme figura a seguir.

Como o motorista conhece o percurso, sabe que existem, até a chegada a seu destino, cinco postos de abastecimento de combustível, localizados a 150 km, 187 km, 450 km, 500 km e 570 km do ponto de partida.

Qual a máxima distância, em quilômetro, que poderá percorrer até ser necessário reabastecer o veículo, de modo a não ficar sem combustível na estrada?

a) 570   b) 500   c) 450   d) 187   e) 150

266

Sob a orientação de um mestre de obras, João e Pedro trabalharam na reforma de um edifício. João efetuou reparos na parte hidráulica nos andares 1, 3, 5, 7, e assim sucessivamente, de dois em dois andares. Pedro trabalhou na parte elétrica nos andares 1, 4, 7, 10, e assim sucessivamente, de três em três andares. Coincidentemente, terminaram seus trabalhos no último andar. Na conclusão da reforma, o mestre de obras informou, em seu relatório, o número de andares do edifício. Sabe-se que, ao longo da execução da obra, em exatamente 20 andares, foram realizados reparos nas partes hidráulica e elétrica por João e Pedro. Qual é o número de andares desse edifício?

a) 40   b) 60   c) 100   d) 115   e) 120

Resp: 258 D   259 D   260 A   261 C   262 E

267

Em uma cidade será construída uma galeria subterrânea que receberá uma rede de canos para o transporte de água de uma fonte (F) até o reservatório de um novo bairro (B). Após avaliações, foram apresentados dois projetos para o trajeto de construção da galeria: um segmento de reta que atravessaria outros bairros ou uma semicircunferência que contornaria esses bairros, conforme ilustrado no sistema de coordenadas xOy da figura, em que a unidade de medida nos eixos é o quilômetro.

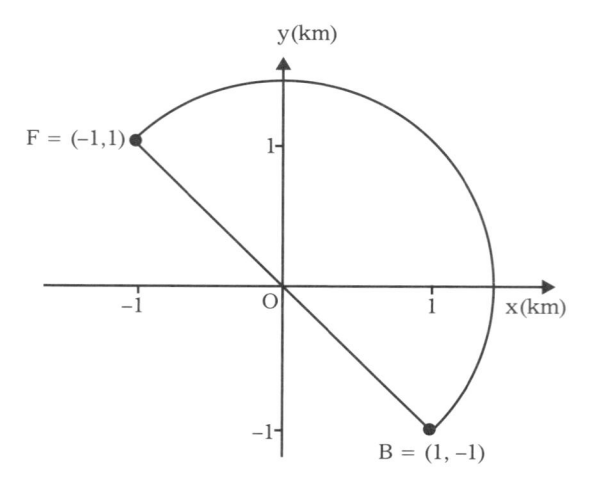

Estudos de viabilidade técnica mostraram que, pelas ca rac terísticas do solo, a construção de 1 m de galeria via segmento de reta demora 1,0 h, enquanto que 1 m de construção de galeria via semicircunferência demora 0,6 h. Há urgência em disponibilizar água para esse bairro. Use 3 como aproximação para π e 1,4 como aproximação para

Use 3 como aproximação para π e 1,4 como aproximação para $\sqrt{2}$.

O menor tempo possível, em hora, para conclusão da construção da galeria, para atender às necessidades de água do bairro, é de

a) 1260
b) 2520
c) 2800
d) 3600
e) 4000

268

Em regiões agrícolas, é comum a presença de silos para armazenamento e secagem da produção de grãos, no formato de um cilindro reto, sobreposta por um cone, e dimensões indicadas na figura. O silo fica cheio e o trans porte dos grãos é feito em caminhões de carga cuja capacidade é de 20 m³. Uma região possui um silo cheio e apenas um caminhão para transportar os grãos para a usina de beneficiamento.

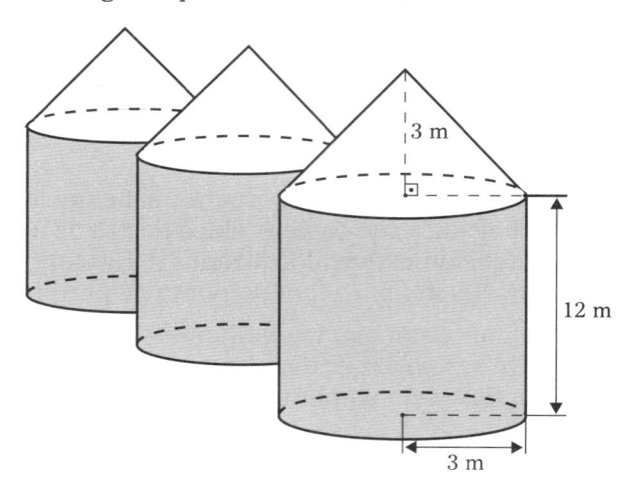

Utilize 3 como aproximação para π.

O número mínimo de viagens que o caminhão precisará fazer para transportar todo o volume de grãos armazena dos no silo é

a) 6
b) 16
c) 17
d) 18
e) 21

269

Em uma empresa de móveis, um cliente encomenda um guarda-roupa nas dimensões 220 cm de altura, 120 cm de largura e 50 cm de profundidade. Alguns dias depois, o projetista, com o desenho elaborado na escala 1 : 8, entra em contato com o cliente para fazer sua apresentação. No momento da impressão, o profissional percebe que o desenho não caberia na folha de papel que costumava usar. Para resolver o problema, configurou a impressora para que a figura fosse reduzida em 20%.

A altura, a largura e a profundidade do desenho impresso para a apresentação serão, respectivamente,

a) 22,00 cm, 12,00 cm e 5,00 cm.

b) 27,50 cm, 15,00 cm e 6,25 cm.

c) 34,37 cm, 18,75 cm e 7,81 cm.

d) 35,20 cm, 19,20 cm e 8,00 cm.

e) 44,00 cm, 24,00 cm e 10,00 cm.

270

A London Eye é urna enorme roda-gigante na capital inglesa. Por ser um dos monumentos construídos para celebrar a entrada do terceiro milênio, ela também é conhecida como Roda do Milênio. Um turista brasileiro, em visita à Inglaterra, perguntou a um londrino o diâmetro (destacado na imagem) da Roda do Milênio e ele respondeu que ele tem 443 pés.

Disponível em: www.mapadelondres.org. Acesso em: 14 maio 2015 (adaptado).

Não habituado com a unidade pé, e querendo satisfazer sua curiosidade, esse turista consultou um manual de unidades de medidas e constatou que 1 pé equivale a 12 polegadas, e que 1 polegada equivale a 2,54 cm. Após alguns cálculos de conversão, o turista ficou surpreendido com o resultado obtido em metros. Qual a medida que mais se aproxima do diâmetro da Roda do Milênio, em metro?

a) 53   b) 94   c) 113   d) 135   e) 145

ENEM – 2017

271

Um empréstimo foi feito à taxa mensal de i %, usando juros compostos, em oito parcelas fixas e iguais a P.

O devedor tem a possibilidade de quitar a dívida antecipadamente a qualquer momento, pagando para isso o valor atual das parcelas ainda a pagar. Após pagar a 5ª parcela, resolve quitar a dívida no ato de pagar a 6ª parcela.

A expressão que corresponde ao valor total pago pela quitação do empréstimo é:

a) $P\left[1 + \dfrac{1}{\left(1 + \dfrac{i}{100}\right)} + \dfrac{1}{\left(1 + \dfrac{i}{100}\right)^2}\right]$

b) $P\left[1 + \dfrac{1}{\left(1 + \dfrac{i}{100}\right)} + \dfrac{1}{\left(1 + \dfrac{2i}{100}\right)}\right]$

c) $P\left[1 + \dfrac{1}{\left(1 + \dfrac{i}{100}\right)^2} + \dfrac{1}{\left(1 + \dfrac{i}{100}\right)^2}\right]$

d) $P\left[\dfrac{1}{\left(1 + \dfrac{i}{100}\right)} + \dfrac{1}{\left(1 + \dfrac{2i}{100}\right)} + \dfrac{1}{\left(1 + \dfrac{3i}{100}\right)}\right]$

e) $P\left[\dfrac{1}{\left(1 + \dfrac{i}{100}\right)} + \dfrac{1}{\left(1 + \dfrac{i}{100}\right)^2} + \dfrac{1}{\left(1 + \dfrac{i}{100}\right)^3}\right]$

272

Para realizar a viagem dos sonhos, uma pessoa precisava fazer um empréstimo no valor de R$ 5 000,00. Para pagar as prestações, dispõe de, no máximo, R$ 400,00 mensais. Para esse valor de empréstimo, o valor da prestação (P) é calculado em função do número de prestações (n) segundo a fórmula

$$P = \dfrac{5\,000 \times 1{,}013^n \times 0{,}013}{(1{,}013^n - 1)}$$

Se necessário, utilize 0,005 como aproximação para log 1,013; 2,602 como aproximação para log 400; 2,525 como aproximação para log 335.

De acordo com a fórmula dada, o menor número de parcelas cujos valores não comprometem o limite definido pela pessoa é

a) 12   b) 14   c) 15   d) 16   e) 17

273

Raios de luz solar estão atingindo a superfície de um lago formando um ângulo x com a sua superfície, conforme indica a figura. Em determinadas condições, pode-se supor que a intensidade luminosa desses raios, na superfície do lago, seja dada aproximadamente por I(x) = k · sen(x) sendo k uma constante, e supondo-se que x está entre 0° e 90".

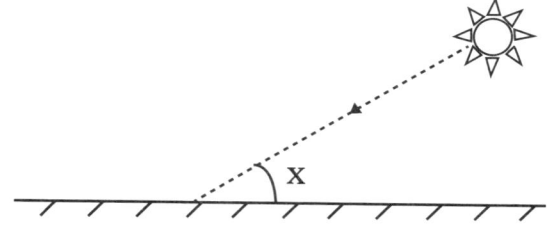

Quando x = 30°, a intensidade luminosa se reduz a qual percentual de seu valor máximo?

a) 33%   b) 50%   c) 57%   d) 70%   e) 86%

274

Os congestionamentos de trânsito constituem um problema que aflige, todos os dias, milhares de motoristas brasileiros. O gráfico ilustra a situação, representando, ao longo de um intervalo definido de tempo, a variação da velocidade de um veículo durante um congestionamento.

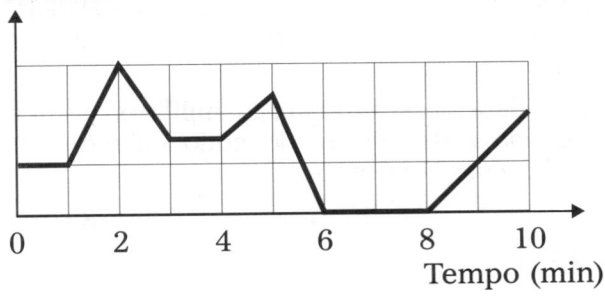

Quantos minutos o veículo permaneceu imóvel ao longo do intervalo de tempo total analisado?

a) 4   b) 3   c) 2   d) 1   e) 0

275

Um garçom precisa escolher uma bandeja de base retangular para servir quatro taças de espumante que precisam ser dispostas em uma única fileira, paralela ao lado maior da bandeja, e com suas bases totalmente apoiadas na bandeja. A base e a borda superior das taças são círculos de raio 4 cm e 5 cm, respectivamente.

A bandeja a ser escolhida deverá ter uma área mínima, em centímetro quadrado, igual a

a) 192.   b) 300.   c) 304.   d) 320.   e) 400.

276

Em uma cantina, o sucesso de venda no verão são sucos preparados à base de polpa de frutas. Um dos sucos mais vendidos é o de morango com acerola, que é preparado com $\frac{2}{3}$ de polpa de morango e $\frac{1}{3}$ de polpa de acerola.

Para o comerciante, as polpas são vendidas em embalagens de igual volume. Atualmente, a embalagem da polpa de morango custa R$ 18,00 e a de acerola, R$ 14,70. Porém, está prevista uma alta no preço da embalagem da polpa de acerola no próximo mês, passando a custar R$ 15,30.

Para não aumentar o preço do suco, o comerciante negociou com o fornecedor uma redução no preço da embalagem da polpa de morango.

A redução, em real, no preço da embalagem da polpa de morango deverá ser de

a) 1,20.   b) 0,90.   c) 0,60.   d) 0,40.   e) 0,30.

277

Um casal realiza sua mudança de domicílio e necessita colocar numa caixa de papelão um objeto cúbico, de 80 cm de aresta, que não pode ser desmontado. Eles têm à disposição cinco caixas, com diferentes dimensões, conforme descrito:

- Caixa 1: 86 cm × 86 cm × 86 cm
- Caixa 2: 75 cm × 82 cm × 90 cm
- Caixa 3: 85 cm × 82 cm × 90 cm
- Caixa 4: 82 cm × 95 cm × 82 cm
- Caixa 5: 80 cm × 95 cm × 85 cm

O casal precisa escolher uma caixa na qual o objeto caiba, de modo que sobre o menor espaço livre em seu interior.

A caixa escolhida pelo casal deve ser a de número

a) 1.   b) 2.   c) 3.   d) 4.   e) 5.

278

Um brinquedo infantil caminhão-cegonha é formado por uma carreta e dez carrinhos nela transportados, conforme a figura.

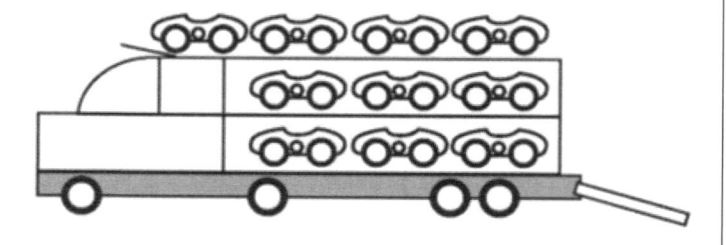

No setor de produção da empresa que fabrica esse brinquedo, é feita a pintura de todos os carrinhos para que o aspecto do brinquedo fique mais atraente. São utilizadas as cores amarelo, branco, laranja e verde, e cada carrinho é pintado apenas com uma cor. O caminhão-cegonha tem uma cor fixa. A empresa determinou que em todo caminhão-cegonha deve haver pelo menos um carrinho de cada uma das quatro cores disponíveis. Mudança de posição dos carrinhos no caminhão-cegonha não gera um novo modelo do brinquedo.

Com base nessas informações, quantos são os modelos distintos do brinquedo caminhão-cegonha que essa empresa poderá produzir?

a) $C_{6,4}$ b) $C_{9,3}$ c) $C_{10,4}$ d) 6^4 e) 4^6

279

Uma empresa especializada em conservação de piscinas utiliza um produto para tratamento da água cujas especificações técnicas sugerem que seja adicionado 1,5 mL desse produto para cada 1 000 L de água da piscina. Essa empresa foi contratada para cuidar de uma piscina de base retangular, de profundidade constante igual a 1,7 m, com largura e comprimento iguais a 3 m e 5 m, respectivamente. O nível da lâmina d'água dessa piscina é mantido a 50 cm da borda da piscina.

A quantidade desse produto, em mililitro, que deve ser adicionada a essa piscina de modo a atender às suas especificações técnicas é

a) 11,25. b) 27,00. c) 28,80.
d) 32,25. e) 49,50.

280

Um instituto de pesquisas eleitorais recebe uma encomenda na qual a margem de erro deverá ser de, no máximo, 2 pontos percentuais (0,02).

O instituto tem 5 pesquisas recentes, P1 a P5, sobre o tema objeto da encomenda e irá usar a que tiver o erro menor que o pedido.

Os dados sobre as pesquisas são os seguintes:

Pesquisa	σ	N	$\sqrt{N}$
P1	0,5	1 764	42
P2	0,4	784	28
P3	0,3	576	24
P4	0,2	441	21
P5	0,1	64	8

O erro e pode ser expresso por

$$|e| < 1,96 \frac{\sigma}{\sqrt{N}}$$

em que σ é um parâmetro e N é o número de pessoas entrevistadas pela pesquisa.

Qual pesquisa deverá ser utilizada?

a) P1 b) P2 c) P3 d) P4 e) P5

281

Em um teleférico turístico, bondinhos saem de estações ao nível do mar e do topo de uma montanha. A travessia dura 1,5 minuto e ambos os bondinhos se deslocam à mesma velocidade. Quarenta segundos após o bondinho A partir da estação ao nível do mar, ele cruza com o bondinho B, que havia saído do topo da montanha.

Quantos segundos após a partida do bondinho B partiu o bondinho A?

a) 5   b) 10   c) 15   d) 20   e) 25

282

Num dia de tempestade, a alteração na profundidade de um rio, num determinado local, foi registrada durante um período de 4 horas. Os resultados estão indicados no gráfico de linhas. Nele, a profundidade h, registrada às 13 horas, não foi anotada e, a partir de h, cada unidade sobre o eixo vertical representa um metro.

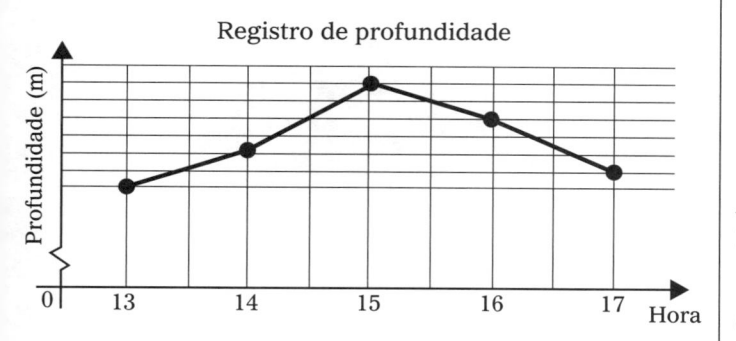

Registro de profundidade

Foi informado que entre 15 horas e 16 horas, a profundidade do rio diminuiu em 10%.

Às 16 horas, qual é a profundidade do rio, em metro, no local onde foram feitos os registros?

a) 18.   b) 20.   c) 24.   d) 36.   e) 40.

283

Uma rede hoteleira dispõe de cabanas simples na ilha de Gotland, na Suécia, conforme Figura 1. A estrutura de sustentação de cada uma dessas cabanas está representada na Figura 2. A ideia é permitir ao hóspede uma estada livre de tecnologia, mas conectada com a natureza

Figura 1

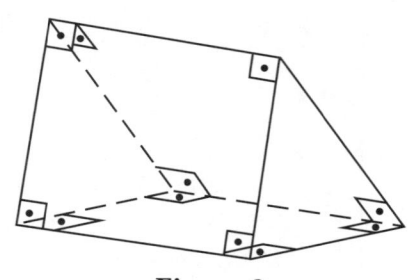

Figura 2

Romed, L. Tendência. Superinteressante, n. 315, fev. 2013 (adaptado).

A forma geométrica da superfície cujas arestas estão representadas na Figura 2 é

a) tetraedro.
b) pirâmide retangular.
c) tronco de pirâmide retangular.
d) prisma quadrangular reto.
e) prisma triangular reto.

284

A figura ilustra uma partida de Campo Minado, o jogo presente em praticamente todo computador pessoal. Quatro quadrados em um tabuleiro 16 × 16 foram abertos, e os números em suas faces indicam quantos dos seus 8 vizinhos contêm minas (a serem evitadas). O número 40 no canto inferior direito é o número total de minas no tabuleiro, cujas posições foram escolhidas ao acaso, de forma uniforme, antes de se abrir qualquer quadrado.

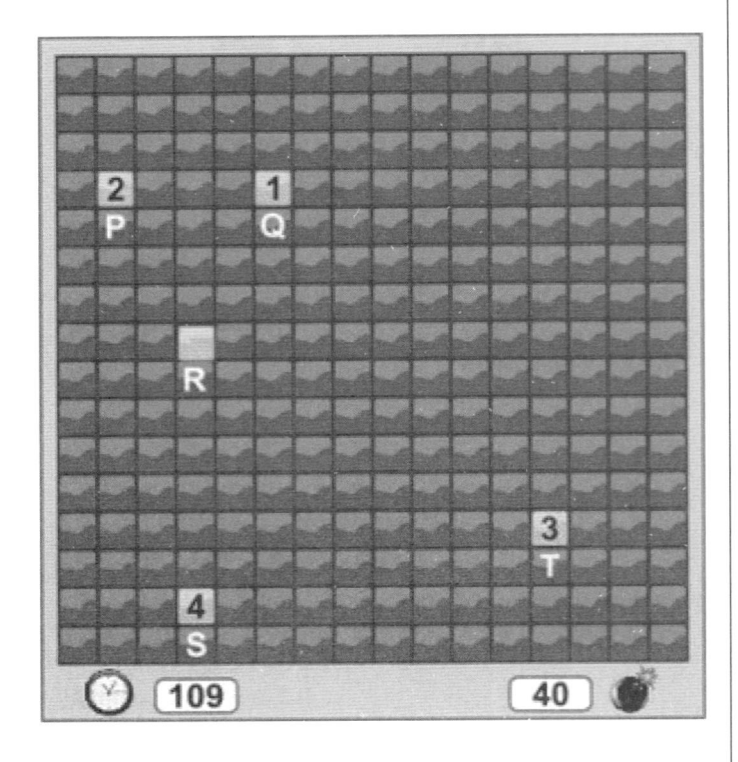

Em sua próxima jogada, o jogador deve escolher dentre os quadrados marcados com as letras P, Q, R, S e T um para abrir, sendo que deve escolher aquele com a menor probabilidade de conter uma mina.

O jogador deverá abrir o quadrado marcado com a letra

a) P.   b) Q.   c) R.   d) S.   e) T.

285

A imagem apresentada na figura é uma cópia em preto e branco da tela quadrada intitulada O peixe, de Marcos Pinto, que foi colocada em uma parede para exposição e fixada nos pontos A e B.

Por um problema na fixação de um dos pontos, a tela se desprendeu, girando rente à parede. Após o giro, ela ficou posicionada como ilustrado na figura, formando um ângulo de 45° com a linha do horizonte.

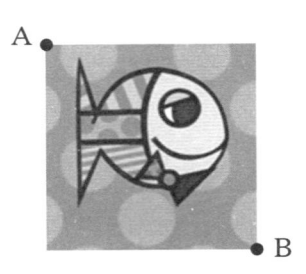

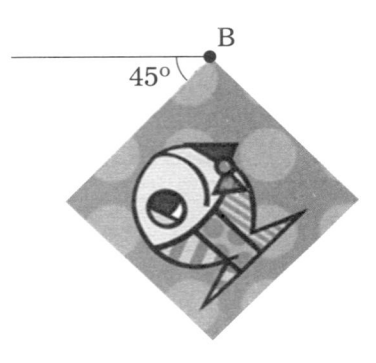

Para recolocar a tela na sua posição original, deve-se girá-la, rente à parede, no menor ângulo possível inferior a 360°.

A forma de recolocar a tela na posição original, obedecendo ao que foi estabelecido, é girando-a em um ângulo de

a) 90° no sentido horário.

b) 135° no sentido horário.

c) 180° no sentido anti-horário.

d) 270° no sentido anti-horário

e) 315° no sentido horário.

286

A avaliação de rendimento de alunos de um curso universitário baseia-se na média ponderada das notas obtidas nas disciplinas pelos respectivos números de créditos, como mostra o quadro:

Avaliação	Média de notas (M)
Excelente	$9 < M \leq 10$
Bom	$7 \leq M \leq 9$
Regular	$5 \leq M < 7$
Ruim	$3 \leq M < 5$
Péssimo	$M < 3$

Quanto melhor a avaliação de um aluno em determinado período letivo, maior sua prioridade na escolha de disciplinas para o período seguinte.

Determinado aluno sabe que se obtiver avaliação "Bom" ou "Excelente" conseguirá matrícula nas disciplinas que deseja. Ele já realizou as provas de 4 das 5 disciplinas em que está matriculado, mas ainda não realizou a prova da disciplina I, conforme o quadro.

Disciplinas	Notas	Número de créditos
I		12
II	8,00	4
III	6,00	8
IV	5,00	8
V	7,50	10

Para que atinja seu objetivo, a nota mínima que ele deve conseguir na disciplina I é

a) 7,00.   b) 7,38.   c) 7,50.   d) 8,25.   e) 9,00.

287

A água para o abastecimento de um prédio é armazenada em um sistema formado por dois reservatórios idênticos, em formato de bloco retangular, ligados entre si por um cano igual ao cano de entrada, conforme ilustra a figura.

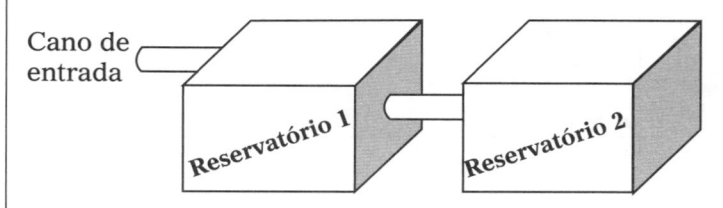

A água entra no sistema pelo cano de entrada no Reservatório 1 a uma vazão constante e, ao atingir o nível do cano de ligação, passa a abastecer o Reservatório 2. Suponha que, inicialmente, os dois reservatórios estejam vazios.

Qual dos gráficos melhor descreverá a altura **h** do nível da água no Reservatório 1, em função do volume **V de água no sistema**?

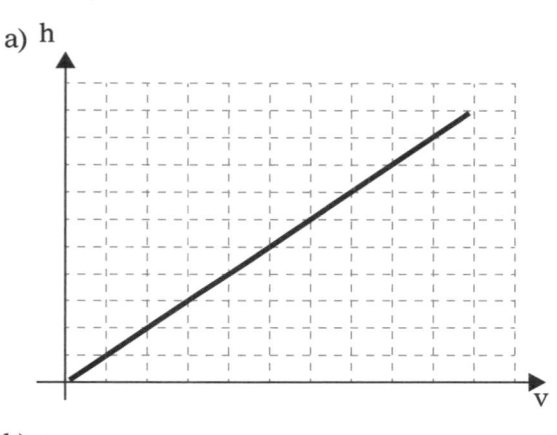

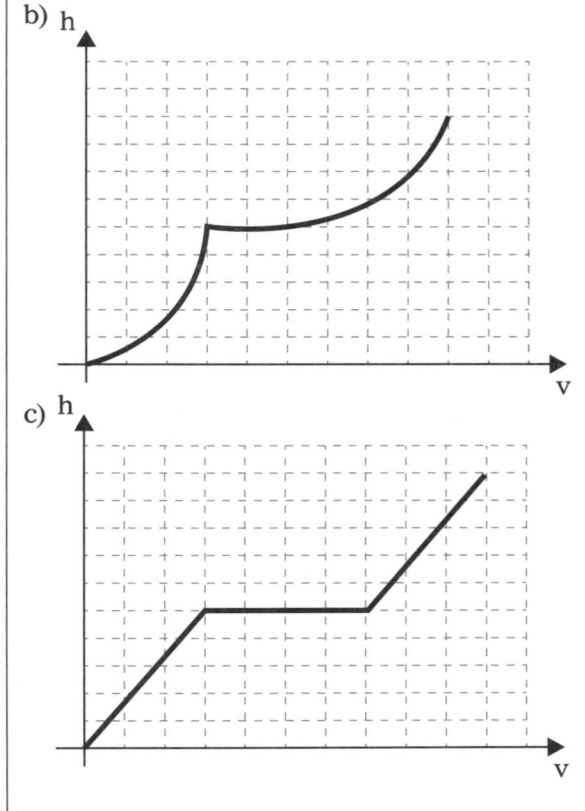

d)

e)

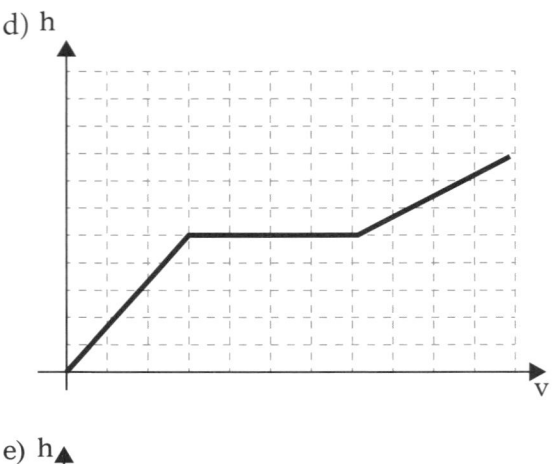

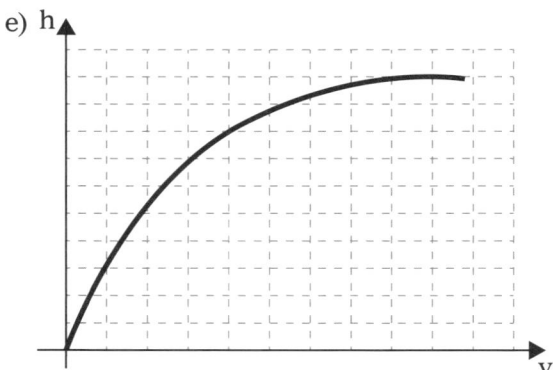

288

A manchete demonstra que o transporte de grandes cargas representa cada vez mais preocupação quando feito em vias urbanas.

Caminhão entala em viaduto no Centro

Um caminhão de grande porte entalou embaixo do viaduto no cruzamento das avenidas Borges de Medeiros e Loureiro da Silva no sentido Centro-Bairro, próximo à Ponte de Pedra, na capital. Esse veículo vinha de São Paulo para Porto Alegre e transportava três grandes tubos, conforme ilustrado na foto.

Disponível em: www.caminhoes-e-carretas.com. Acesso em: 21 maio 2012 (adaptado).

Considere que o raio externo de cada cano da imagem seja 0,60 m e que eles estejam em cima de uma carroceria cuja parte superior está a 1,30 m do solo. O desenho representa a vista traseira do empilhamento dos canos.

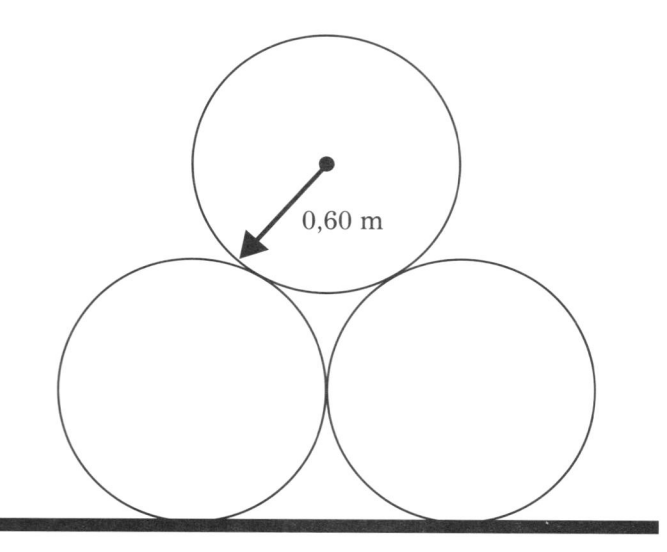

A margem de segurança recomendada para que um veículo passe sob um viaduto é que a altura total do veículo com a carga seja, no mínimo, 0,50 m menor do que a altura do vão do viaduto.

Considere 1,7 como aproximação para $\sqrt{3}$.

Qual deveria ser a altura mínima do viaduto, em metro, para que esse caminhão pudesse passar com segurança sob seu vão?

a) 2,82.   b) 3,52.   c) 3,70.   d) 4,02.   e) 4,20.

289

Um menino acaba de se mudar para um novo bairro e deseja ir à padaria. Pediu ajuda a um amigo que lhe forneceu um mapa com pontos numerados, que representam cinco locais de interesse, entre os quais está a padaria. Além disso, o amigo passou as seguintes instruções: a partir do ponto em que você se encontra, representado pela letra X, ande para oeste, vire à direita na primeira rua que encontrar, siga em frente e vire à esquerda na próxima rua. A padaria estará logo a seguir

A padaria está representada pelo ponto numerado com

a) 1.   b) 2.   c) 3.   d) 4.   e) 5.

290

Três alunos, X, Y e Z, estão matriculados em um curso de inglês. Para avaliar esses alunos, o professor optou por fazer cinco provas. Para que seja aprovado nesse curso, o aluno deverá ter a média aritmética das notas das cinco provas maior ou igual a 6. Na tabela, estão dispostas as notas que cada aluno tirou em cada prova.

Aluno	1ª Prova	2ª Prova	3ª Prova	4ª Prova	5ª Prova
X	5	5	5	10	6
Y	4	9	3	9	5
Z	5	5	8	5	6

Com base nos dados da tabela e nas informações dadas, ficará(ão) reprovado(s)

a) apenas o aluno Y
b) apenas o aluno Z
c) apenas os alunos X e Y
d) apenas os alunos X e Z
e) os alunos X, Y, Z

291

Uma desenhista projetista deverá desenhar uma tampa de panela em forma circular. Para realizar esse desenho, ela dispõe, no momento, de apenas um compasso, cujo comprimento das hastes é de 10 cm, um transferidor e uma folha de papel com um plano cartesiano. Para esboçar o desenho dessa tampa, ela afastou as hastes do compasso de forma que o ângulo formado por elas fosse de 120°. A ponta seca está representada pelo ponto C, a ponta do grafite está representada pelo ponto B e a cabeça do compasso está representada pelo ponto A conforme a figura.

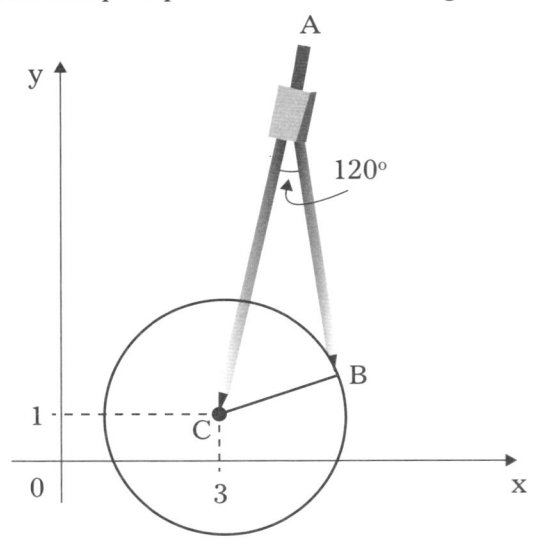

Após concluir o desenho, ela o encaminha para o setor de produção. Ao receber o desenho com a indicação do raio da tampa, verificará em qual intervalo este se encontra e decidirá o tipo de material a ser utilizado na sua fabricação, de acordo com os dados.

Tipo de material	Intervalo de valores do raio (cm)
I	$0 < R \leq 5$
II	$5 < R \leq 10$
III	$10 < R \leq 15$
IV	$15 < R \leq 21$
V	$21 < R \leq 40$

Considere 1,7 como aproximação para $\sqrt{3}$.

O tipo de material a ser utilizado pelo setor de produção será

a) I   b) II   c) III   d) IV   e) V

292

Uma pessoa ganhou uma pulseira formada por pérolas esféricas, na qual faltava uma das pérolas. A figura indica a posição em que estaria faltando esta pérola.

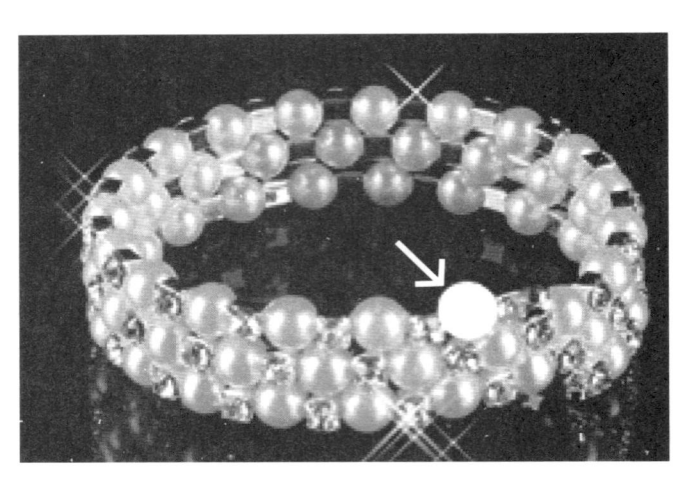

Ela levou a jóia a um joalheiro que verificou que a medida do diâmetro dessas pérolas era 4 milímetros. Em seu estoque, as pérolas do mesmo tipo e formato, disponíveis para reposição, tinham diâmetros iguais a: 4,025 mm; 4,100 mm; 3,970 mm; 4,080 mm e 3,099 mm.

O joalheiro então colocou na pulseira a pérola cujo diâmetro era o mais próximo do diâmetro das pérolas originais. A pérola colocada na pulseira pelo joalheiro tem diâmetro, em milímetro, igual a

a) 3,099.   b) 3,970.   c) 4,025.
d) 4,080.   e) 4,100.

293

Em uma de suas viagens, um turista comprou uma lembrança de um dos monumentos que visitou. Na base do objeto há informações dizendo que se trata de uma peça em escala 1: 400, e que seu volume é de 25 cm³. O volume do monumento original, em metro cúbico, é de

a) 100.   b) 400.   c) 1600.   d) 6250.   e) 10000.

294

Uma bicicleta do tipo mountain bike tem uma coroa com 3 engrenagens e uma catraca com 6 engrenagens, que, combinadas entre si, determinam 18 marchas (número de engrenagens da coroa vezes o número de engrenagens da catraca).

Os números de dentes das engrenagens das coroas e das catracas dessa bicicleta estão listados no quadro.

Engrenagens	1ª	2ª	3ª	4ª	5ª	6ª
Nº de dentes da coroa	46	36	26	-	-	-
Nº de dentes da catraca	24	22	20	18	16	14

Sabe-se que o número de voltas efetuadas pela roda traseira a cada pedalada é calculado dividindo-se a quantidade de dentes da coroa pela quantidade de dentes da catraca.

Durante um passeio em uma bicicleta desse tipo, deseja-se fazer um percurso o mais devagar possível, escolhendo, para isso, uma das seguintes combinações de engrenagens (coroa x catraca):

I	II	III	IV	V
1ª × 1ª	1ª × 6ª	2ª × 4ª	3ª × 1ª	3ª × 6ª

A combinação escolhida para realizar esse passeio da forma desejada é

a) I.   b) II.   c) III.   d) IV.   e) V.

295

O comitê organizador da Copa do Mundo 2014 criou a logomarca da Copa, composta de uma figura plana e o slogan "Juntos num só ritmo", com mãos que se unem formando a taça Fifa. Considere que o comitê organizador resolvesse utilizar todas as cores da bandeira nacional (verde, amarelo, azul e branco) para colorir a logomarca, de forma que regiões vizinhas tenham cores diferentes.

JUNTOS NUM SÓ RITMO

Disponível em: www.pt.fifa.com.
Acesso em: 19 nov, 2013 (adaptado)

De quantas maneiras diferentes o comitê organizador da Copa poderia pintar a logomarca com as cores citadas?

a) 15   b) 30   c) 108   d) 360   e) 972

Resp: 287 D   288 D   289 A   290 B

296

Viveiros de lagostas são construídos, por cooperativas locais de pescadores, em formato de prismas reto-retangulares, fixados ao solo e com telas flexíveis de mesma altura, capazes de suportar a corrosão marinha. Para cada viveiro a ser construído, a cooperativa utiliza integralmente 100 metros lineares dessa tela, que é usada apenas nas laterais.

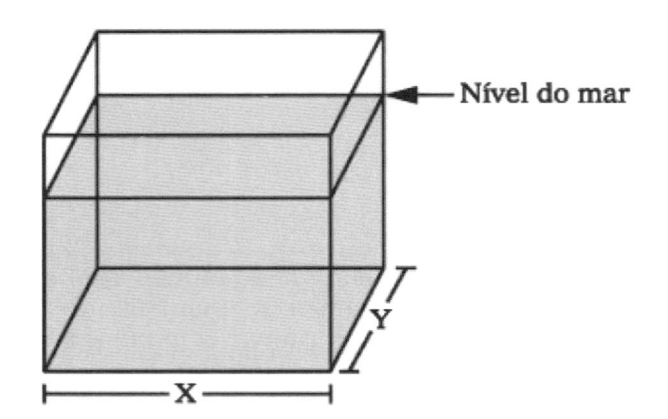

Quais devem ser os valores de X e de Y, em metro, para que a área da base do viveiro seja máxima?

a) 1 e 49
b) 1 e 99
c) 10 e 10
d) 25 e 25
e) 50 e 50

297

O fisiologista inglês Archibald Vivian Hill propôs, em seus estudos, que a velocidade V de contração de um músculo ao ser submetido a um peso p é dada pela equação (p + a) (V +b) = K, com a, b e K constantes.

Um fisioterapeuta, com o intuito de maximizar o efeito benéfico dos exercícios que recomendaria a um de seus pacientes, quis estudar essa equação e a classificou desta forma:

Tipo de Curva
Semirreta oblíqua
Semirreta horizontal
Ramo de parábola
Arco de circunferência
Ramo de hipérbole

O fisioterapeuta analisou a dependência entre v e p na equação de Hill e a classificou de acordo com sua representação geométrica no plano cartesiano, utilizando o par de coordenadas (p. V). Admita que K > 0.

Disponível em: http://rspb.royalsocietypublishing.org. Acesso em: 14jul2015 (adaptado).

O gráfico da equação que o fisioterapeuta utilizou para maximizar o efeito dos exercícios é do tipo

a) Semirreta oblíqua.
b) Semirreta horizontal.
c) Ramo de parábola.
d) Arco de circunferência.
e) Ramo de hipérbole.

298

Em um parque há dois mirantes de alturas distintas que são acessados por elevador panorâmico. O topo do mirante 1 é acessado pelo elevador 1, enquanto que o topo do mirante 2 é acessado pelo elevador 2. Eles encontram-se a uma distância possível de ser percorrida a pé, e entre os mirantes há um teleférico que os liga que pode ou não ser utilizado pelo visitante.

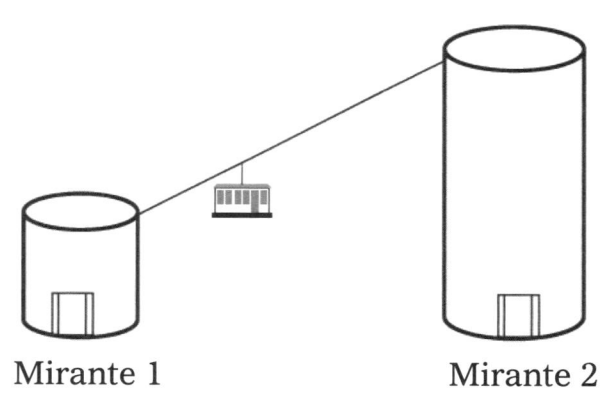

Mirante 1   Mirante 2

O acesso aos elevadores tem os seguintes custos:

- Subir pelo elevador 1: R$ 0,15;
- Subir pelo elevador 2: R$ 1,80;
- Descer pelo elevador 1: R$ 0,10;
- Descer pelo elevador 2: R$ 2,30.

O custo da passagem do teleférico partindo do topo do mirante 1 para o topo do mirante 2 é de R$ 2,00, e do topo do mirante 2 para o topo do mirante 1 é de R$ 2,50.

Qual é o menor custo, em real, para uma pessoa visitar os topos dos dois mirantes e retornar ao solo?

a) 2,25   b) 3,90   c) 4,35   d) 4,40   e) 4,45

299

A mensagem digitada no celular, enquanto você dirige, tira a sua atenção e, por isso, deve ser evitada. Pesquisas mostram que um motorista que dirige um carro a uma velocidade constante percorre "às cegas" (isto é, sem ter visão da pista) uma distância proporcional ao tempo gasto ao olhar para o celular durante a digitação da mensagem. Considere que isso de fato aconteça. Suponha que dois motoristas (X e Y) dirigem com a mesma velocidade constante e digitam a mesma mensagem em seus celulares. Suponha, ainda, que o tempo gasto pelo motorista X olhando para seu celular enquanto digita a mensagem corresponde a 25% do tempo gasto pelo motorista Y para executar a mesma tarefa.

Disponível em: http://g1.globo.com. Acesso em: 21 jul. 2012 (adaptado).

A razão entre as distâncias percorridas às cegas por X e Y, nessa ordem, é igual a

a) $\frac{5}{4}$ b) $\frac{1}{4}$ c) $\frac{4}{3}$ d) $\frac{4}{1}$ e) $\frac{3}{4}$

300

O resultado de uma pesquisa eleitoral, sobre a preferência dos eleitores em relação a dois candidatos, foi representado por meio do Gráfico 1.

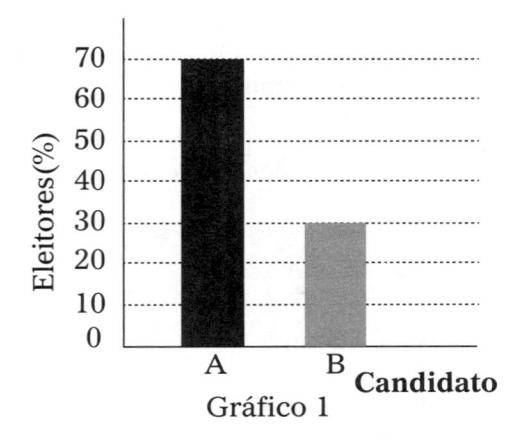

Ao ser divulgado esse resultado em jornal, o Gráfico 1 foi cortado durante a diagramação, como mostra o Gráfico 2.

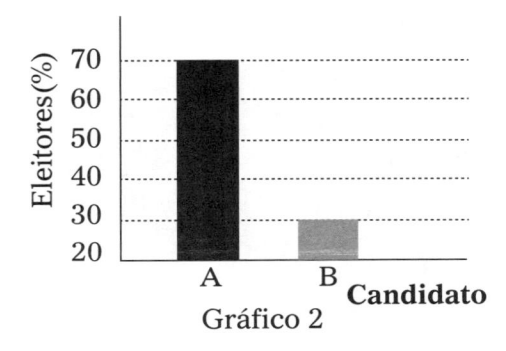

Apesar de os valores apresentados estarem corretos e a largura das colunas ser a mesma, muitos leitores criticaram o formato do Gráfico 2 impresso no jornal, alegando que houve prejuízo visual para o candidato B.

A diferença entre as razões da altura da coluna B pela coluna A nos gráficos 1 e 2 é

a) 0   b) $\frac{1}{2}$ c) $\frac{1}{5}$ d) $\frac{2}{15}$ e) $\frac{8}{35}$

Resp: 291 D   292 C   293 C   294 D   295 E

135

301

Um cientista, em seus estudos para modelar a pressão arterial de uma pessoa, utiliza uma função do tipo P(t) = A + Bcos(Kt) em que A, B e K são constantes reais positivas e t representa a variável tempo, medida em segundo. Considere que um batimento cardíaco representa o intervalo de tempo entre duas sucessivas pressões máximas.

Ao analisar um caso específico, o cientista obteve os dados:

Pressão mínima	78
Pressão máxima	120
Número de batimentos cardiacos por minuto	90

A função P(t) obtida, por este cientista, ao analisar o caso específico foi

a) P(t) = 99 + 21cos(3πt)

b) P(t) = 78 + 42cos(3πt)

c) P(t) = 99 + 21cos(2πt)

d) P(t) = 99 + 21cos(t)

e) P(t) = 78 + 42cos(t)

302

Para decorar uma mesa de festa infantil, um chefe de cozinha usará um melão esférico com diâmetro medindo 10 cm, o qual servirá de suporte para espetar diversos doces. Ele irá retirar uma calota esférica do melão, conforme ilustra a figura, e, para garantir a estabilidade deste suporte, dificultando que o melão role sobre a mesa, o chefe fará o corte de modo que o raio r da seção circular de corte seja de pelo menos 3 cm. Por outro lado, o chefe desejará dispor da maior área possível da região em que serão afixados os doces.

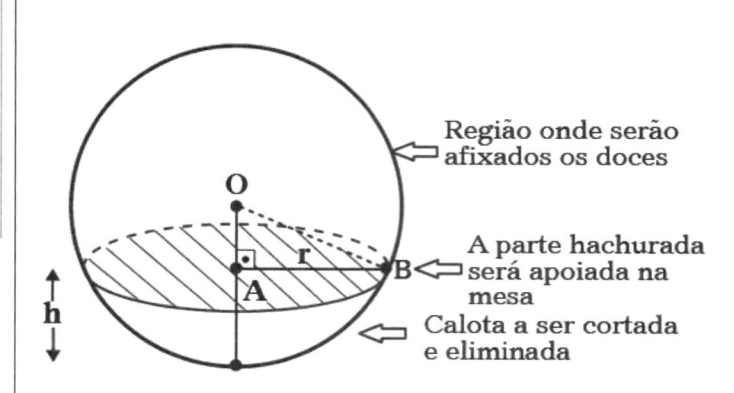

Para atingir todos os seus objetivos, o chefe deverá cortar a calota do melão numa altura h, em centímetro, igual a

a) $5 - \dfrac{\sqrt{91}}{2}$

b) $10 - \sqrt{91}$

c) 1

d) 4

e) 5

303

A Igreja de São Francisco de Assis, obra arquitetônica modernista de Oscar Niemeyer, localizada na Lagoa da Pampulha, em Belo Horizonte, possui abóbadas parabólicas. A seta na Figura 1 ilustra uma das abóbadas na entrada principal da capela. A Figura 2 fornece uma vista frontal desta abóbada, com medidas hipotéticas para simplificar os cálculos.

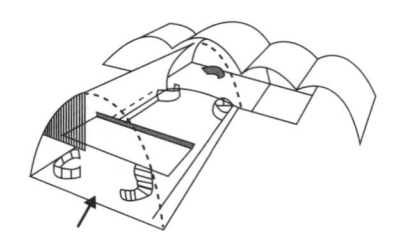

Figura 1

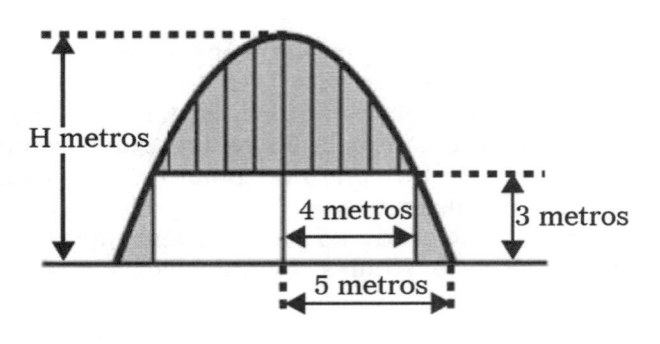

Figura 2

Qual a medida da altura H, em metro, indicada na Figura 2?

a) $\dfrac{16}{3}$ b) $\dfrac{31}{5}$ c) $\dfrac{25}{4}$ d) $\dfrac{25}{3}$ e) $\dfrac{75}{2}$

304

Quanto tempo você fica conectado à internet? Para responder a essa pergunta foi criado um miniaplicativo de computador que roda na área de trabalho, para gerar automaticamente um gráfico de setores, mapeando o tempo que uma pessoa acessa cinco sites visitados. Em um computador, foi observado que houve um aumento significativo do tempo de acesso da sexta-feira para o sábado, nos cinco sites mais acessados. A seguir, temos os dados do miniaplicativo para esses dias.

Tempo de acesso na sexta-feira (minuto)

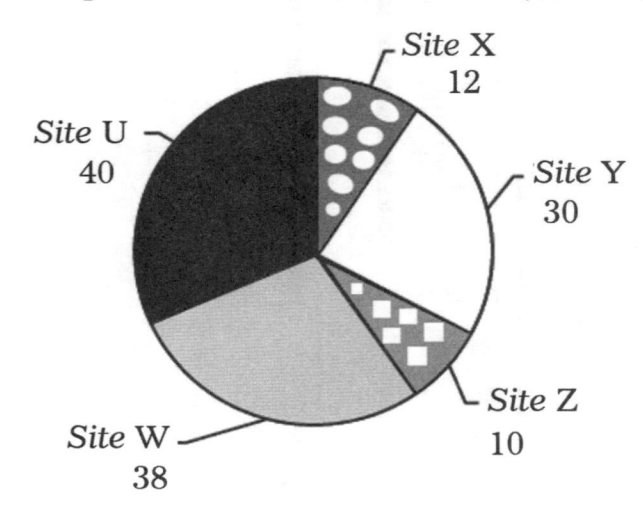

- Site X: 12
- Site U: 40
- Site Y: 30
- Site Z: 10
- Site W: 38

Tempo de acesso no sábado (minuto)

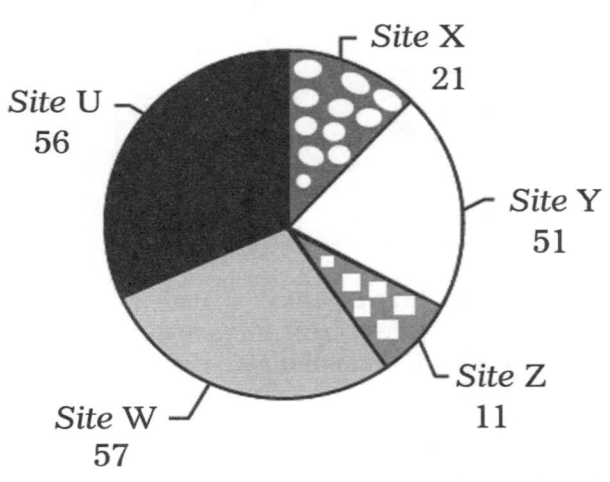

- Site X: 21
- Site U: 56
- Site Y: 51
- Site Z: 11
- Site W: 57

Analisando os gráficos do computador, a maior taxa de aumento no tempo de acesso, da sexta-feira para o sábado, foi no site

a) X. b) Y. c) Z. d) W. e) U.

Resp: 296 D 297 E 298 C 299 B 300 E

305

Neste modelo de termômetro, os filetes na cor preta registram as temperaturas mínima e máxima do dia anterior e os filetes na cor cinza registram a temperatura ambiente atual, ou seja, no momento da leitura do termômetro.

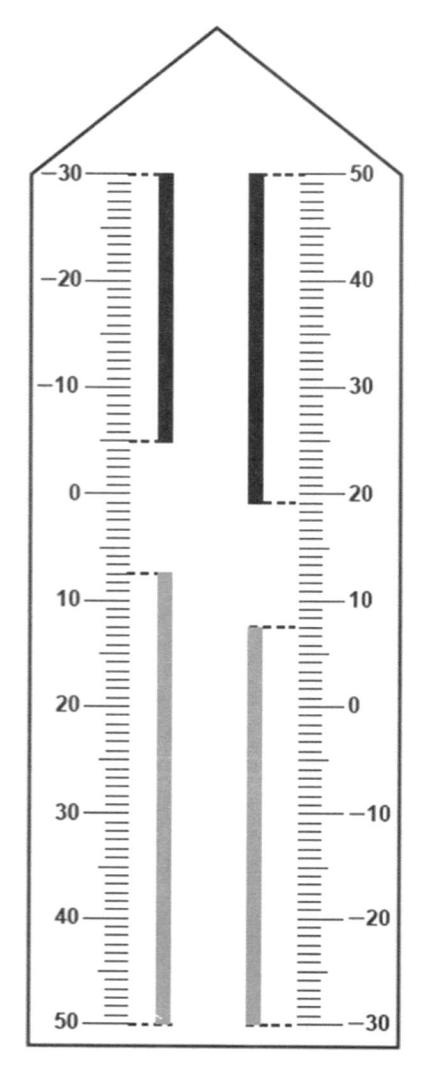

Por isso ele tem duas colunas. Na da esquerda, os números estão em ordem crescente, de cima para baixo, de -30 °C até 50 °C. Na coluna da direita, os números estão ordenados de forma crescente, de baixo para cima, de -30 °C até 50 °C.

A leitura é feita da seguinte maneira:

- a temperatura mínima é indicada pelo nível inferior do filete preto na coluna da esquerda;
- a temperatura máxima é indicada pelo nível inferior do filete preto na coluna da direita;
- a temperatura atual é indicada pelo nível superior dos filetes cinza nas duas colunas.

Disponível em: www.if.ufrgs.br.
Acesso em: 28 ago. 2014 (adaptado).

Qual é a temperatura máxima mais aproximada registrada nesse termômetro?

a) 5 °C b) 7 °C c) 13 °C
d) 15 °C e) 19 °C

306

Pivô central é um sistema de irrigação muito usado na agricultura, em que uma área circular é projetada para receber uma estrutura suspensa. No centro dessa área, há uma tubulação vertical que transmite água através de um cano horizontal longo, apoiado em torres de sustentação, as quais giram, sobre rodas, em torno do centro do pivô, também chamado de base, conforme mostram as figuras. Cada torre move-se com velocidade constante.

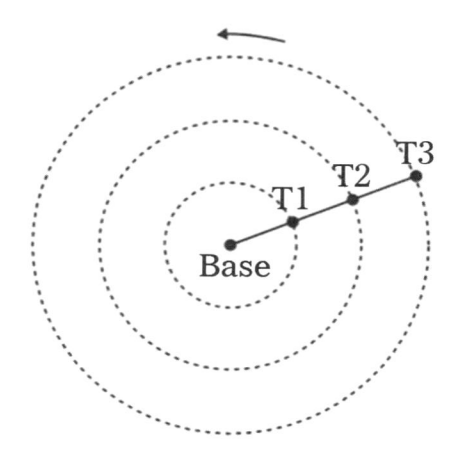

Um pivô de três torres (T_1, T_2 e T_3) será instalado em uma fazenda, sendo que as distâncias entre torres consecutivas bem como da base à torre T_1 são iguais a 50 m. O fazendeiro pretende ajustar as velocidades das torres, de tal forma que o pivô efetue uma volta completa em 25 horas. Use 3 como aproximação para π.

Para atingir seu objetivo, as velocidades das torres T_1, T_2 e T_3 devem ser, em metro por hora, de

a) 12, 24 e 36. b) 6, 12 e 18. c) 2, 4 e 6. d) 300, 1200 e 2700. e) 600, 2400 e 5400.

307

Dois reservatórios A e B são alimentados por bombas distintas por um período de 20 horas. A quantidade de água contida em cada reservatório nesse período pode ser visualizada na figura.

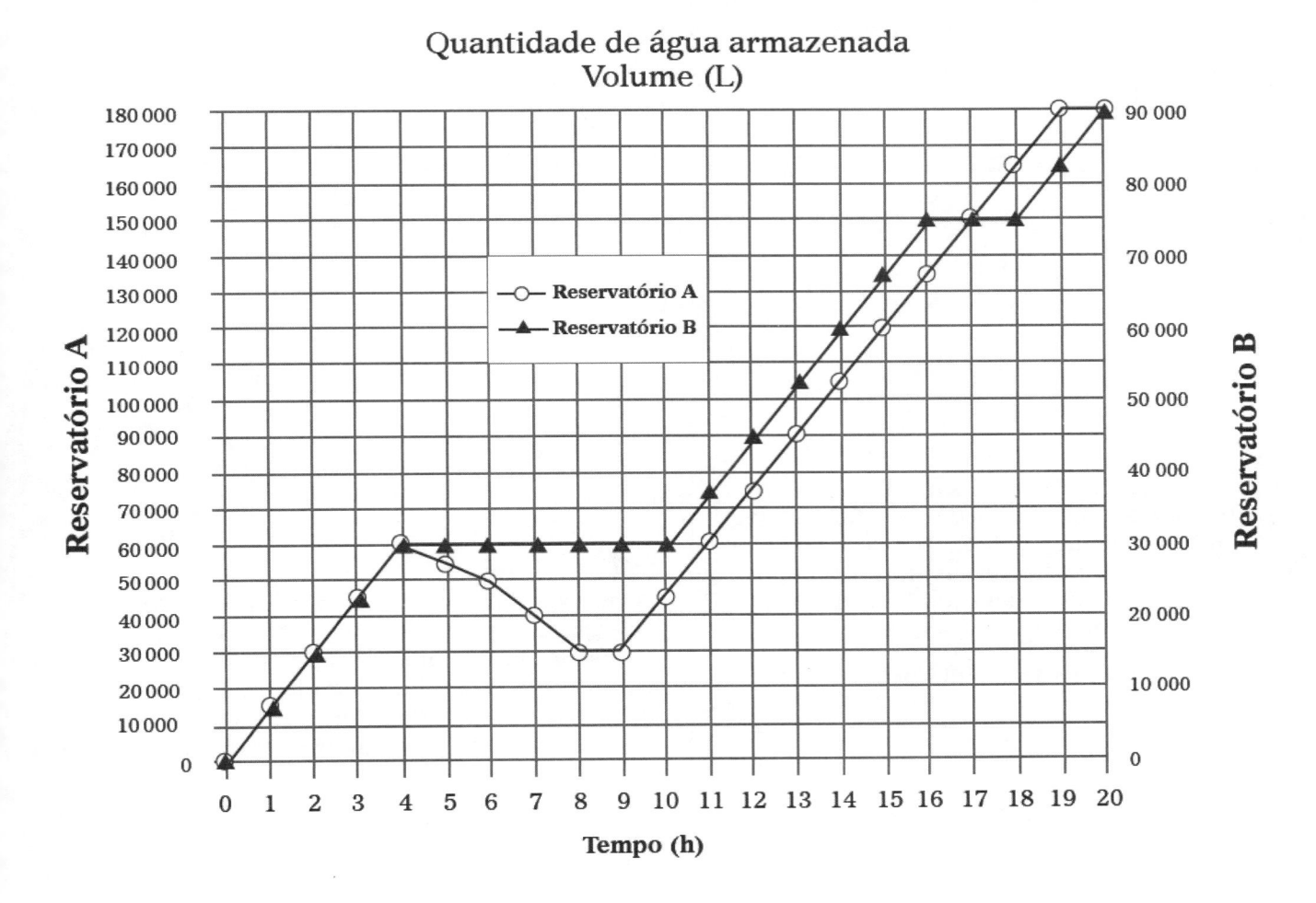

O número de horas em que os dois reservatórios contêm a mesma quantidade de água é

a) 1. b) 2. c) 4. d) 5. e) 6.

Resp: 301 A 302 C 303 D 304 A

308

Para uma temporada das corridas de Fórmula 1, a capacidade do tanque de combustível de cada carro passou a ser de 100 kg de gasolina. Uma equipe optou por utilizar uma gasolina com densidade de 750 gramas por litro, iniciando a corrida com o tanque cheio. Na primeira parada de reabastecimento, um carro dessa equipe apresentou um registro em seu computador de bordo acusando o consumo de quatro décimos da gasolina originalmente existente no tanque. Para minimizar o peso desse carro e garantir o término da corrida, a equipe de apoio reabasteceu o carro com a terça parte do que restou no tanque na chegada ao reabastecimento.

Disponível em: www.superdanilof1page.com.br.
Acesso em: 6 jul. 2015 (adaptado).

A quantidade de gasolina utilizada, em litro, no reabastecimento foi

a) $\dfrac{20}{0,075}$
b) $\dfrac{20}{0,75}$
c) $\dfrac{20}{7,5}$
d) $20 \times 0,075$
e) $20 \times 0,75$

309

O gráfico apresenta a taxa de desemprego (em %) para o período de março de 2008 a abril de 2009, obtida com base nos dados observados nas regiões metropolitanas de Recife, Salvador, Belo Horizonte, Rio de Janeiro, São Paulo e Porto Alegre.

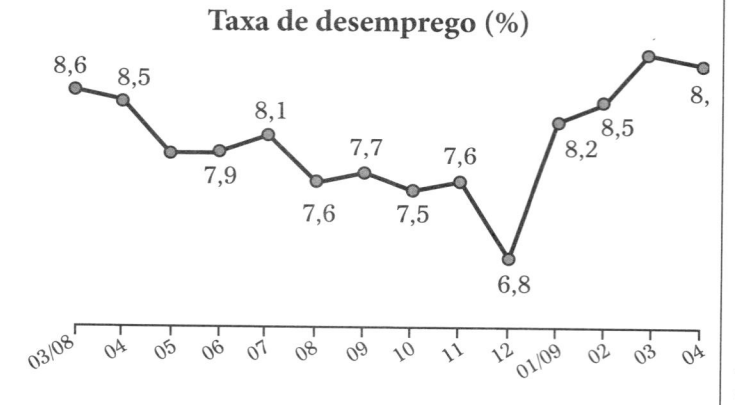

Taxa de desemprego (%)

8,6 — 8,5 — 7,9 — 8,1 — 7,6 — 7,7 — 7,5 — 7,6 — 6,8 — 8,2 — 8,5 — 8,

03/08 04 05 06 07 08 09 10 11 12 01/09 02 03 04

IBGE. Pesquisa mensal de emprego. Disponível em: www.ibge.gov.br. Acesso em: 30 jul. 2012 (adaptado).

A mediana dessa taxa de desemprego, no período de março de 2008 a abril de 2009, foi de

a) 8,1% b) 8,0% c) 7,9% d) 7,7% e) 7,6%

310

Numa avenida existem 10 semáforos. Por causa de uma pane no sistema, os semáforos ficaram sem controle durante uma hora, e fixaram suas luzes unicamente em verde ou vermelho. Os semáforos funcionam de forma independente; a probabilidade de acusar a cor verde é de $\dfrac{2}{3}$ e a de acusar a cor vermelha é de $\dfrac{1}{3}$. Uma pessoa percorreu a pé toda essa avenida durante o período da pane, observando a cor da luz de cada um desses semáforos.

Qual a probabilidade de que esta pessoa tenha observado exatamente um sinal na cor verde?

a) $\dfrac{10 \times 2}{3^{10}}$
b) $\dfrac{10 \times 2^9}{3^{10}}$
c) $\dfrac{2^{10}}{3^{100}}$
d) $\dfrac{2^{90}}{3^{100}}$
e) $\dfrac{2}{3^{10}}$

311

A energia solar vai abastecer parte da demanda de energia do campus de uma universidade brasileira. A instalação de painéis solares na área dos estacionamentos e na cobertura do hospital pediátrico será aproveitada nas instalações universitárias e também ligada na rede da companhia elétrica distribuidora de energia.

O projeto inclui 100 m² de painéis solares que ficarão instalados nos estacionamentos, produzindo energia elétrica e proporcionando sombra para os carros. Sobre o hospital pediátrico serão colocados aproximadamente 300 m² de painéis, sendo 100 m² para gerar energia elétrica utilizada no campus, e 200 m² para geração de energia térmica, produzindo aquecimento de água utilizada nas caldeiras do hospital.

Suponha que cada metro quadrado de painel solar para energia elétrica gere uma economia de 1 kWh por dia e cada metro quadrado produzindo energia térmica permita economizar 0,7 kWh por dia para a universidade. Em uma segunda fase do projeto, será aumentada em 75% a área coberta pelos painéis solares que geram energia elétrica. Nessa fase também deverá ser ampliada a área de cobertura com painéis para geração de energia térmica.

Disponível em: http://agenciabrasil.ebc.com.br.
Acesso em: 30 out. 2013 (adaptado).

Para se obter o dobro da quantidade de energia economizada diariamente, em relação à primeira fase, a área total dos painéis que geram energia térmica, em metro quadrado, deverá ter o valor mais próximo de

a) 231.   b) 431.   c) 472.   d) 523.   e) 672.

312

Uma empresa construirá sua página na internet e espera atrair um público de aproximadamente um milhão de clientes. Para acessar essa página, será necessária uma senha com formato a ser definido pela empresa. Existem cinco opções de formato oferecidas pelo programador, descritas no quadro, em que "L" e "D" representam, respectivamente, letra maiúscula e dígito.

Opção	Formato
I	LDDDDD
II	DDDDDD
III	LLDDDD
IV	DDDDD
V	LLLDD

As letras do alfabeto, entre as 26 possíveis, bem como os dígitos, entre os 10 possíveis, podem se repetir em qualquer das opções.

A empresa quer escolher uma opção de formato cujo número de senhas distintas possíveis seja superior ao número esperado de clientes, mas que esse número não seja superior ao dobro do número esperado de clientes.

A opção que mais se adequa às condições da empresa é

a) I.   b) II.   c) III.   d) IV.   e) V.

313

Como não são adeptos da prática de esportes, um grupo de amigos resolveu fazer um torneio de futebol utilizando videogame. Decidiram que cada jogador joga uma única vez com cada um dos outros jogadores. O campeão será aquele que conseguir o maior número de pontos. Observaram que o número de partidas jogadas depende do número de jogadores, como mostra o quadro:

Quantidade de jogadores	2	3	4	5	6	7
Número de partidas	1	3	6	10	15	21

Se a quantidade de jogadores for 8, quantas partidas serão realizadas?

a) 64   b) 56   c) 49   d) 36   e) 28

314

Um morador de uma região metropolitana tem 50% de probabilidade de atrasar-se para o trabalho quando chove na região; caso não chova, sua probabilidade de atraso é de 25%. Para um determinado dia, o serviço de meteorologia estima em 30% a probabilidade da ocorrência de chuva nessa região.

Qual é a probabilidade de esse morador se atrasar para o serviço no dia para o qual foi dada a estimativa de chuva?

a) 0,075
b) 0,150
c) 0,325
d) 0,600
e) 0,800

315

Às 17 h 15 min começa uma forte chuva, que cai com intensidade constante. Uma piscina em forma de um paralelepípedo retângulo, que se encontrava inicialmente vazia, começa a acumular a água da chuva e, às 18 horas, o nível da água em seu interior alcança 20 cm de altura. Nesse instante, é aberto o registro que libera o escoamento da água por um ralo localizado no fundo dessa piscina, cuja vazão é constante. Às 18 h 40 min a chuva cessa e, nesse exato instante, o nível da água na piscina baixou para 15 cm.

O instante em que a água dessa piscina terminar de escoar completamente está compreendido entre

a) 19 h 30 min e 20 h 10 min.
b) 19 h 20 min e 19 h 30 min.
c) 19 h 10 min e 19 h 20 min.
d) 19 h e 19 h 10 min.
e) 18 h 40 min e 19 h.

ENEM – 2018

316

Numa atividade de treinamento realizada no Exército de um determinado país, três equipes – Alpha, Beta e Gama – foram designadas a percorrer diferentes caminhos, todos com os mesmos pontos de partida e de chegada.

- A equipe Alpha realizou seu percurso em 90 minutos com uma velocidade média de 6,0 km/h.
- A equipe Beta também percorreu sua trajetória em 90 minutos, mas sua velocidade média foi de 5,0 km/h.
- Com uma velocidade média de 6,5 km/h, a equipe Gama concluiu seu caminho em 60 minutos.

Com base nesses dados, foram comparadas as distâncias d_{Beta}; d_{Alpha} e d_{Gama} percorridas pelas três equipes.

A ordem das distâncias percorridas pelas equipes Alpha, Beta e Gama é

a) $d_{Gama} < d_{Beta} < d_{Alpha}$

b) $d_{Alpha} = d_{Beta} < d_{Gama}$

c) $d_{Gama} < d_{Beta} = d_{Alpha}$

d) $d_{Beta} < d_{Alpha} < d_{Gama}$

e) $d_{Gama} < d_{Alpha} < d_{Beta}$

317

O colesterol total de uma pessoa é obtido pela soma da taxa do seu "colesterol bom" com a taxa do seu "colesterol ruim". Os exames periódicos, realizados em um paciente adulto, apresentaram taxa normal de "colesterol bom", porém, taxa do "colesterol ruim" (também chamado LDL) de 280 mg/dL.

O quadro apresenta uma classificação de acordo com as taxas de LDL em adultos.

Taxa de LDL (mg/dL)	
Ótima	Menor do que 100
Próxima de ótima	De 100 a 129
Limite	De 130 a 159
Alta	De 160 a 189
Muita alta	190 ou mais

Disponível em: www.minhavida.com.br. Acesso em: 15 out, 2015 (adaptado).

O paciente, seguindo as recomendações médicas sobre estilo de vida e alimentação, realizou o exame logo após o primeiro mês, e a taxa de LDL reduziu 25%.

No mês seguinte, realizou novo exame e constatou uma redução de mais 20% na taxa de LDL.

De acordo com o resultado do segundo exame, a classificação da taxa de LDL do paciente é

a) ótima.

b) próxima de ótima.

c) limite.

d) alta.

e) muito alta.

318

Uma empresa deseja iniciar uma campanha publicitária divulgando uma promoção para seus possíveis consumidores. Para esse tipo de campanha, os meios mais viáveis são a distribuição de panfletos na rua e anúncios na rádio local. Considera-se que a população alcançada pela distribuição de panfletos seja igual à quantidade de panfletos distribuídos, enquanto que a alcançada por um anúncio na rádio seja igual à quantidade de ouvintes desse anúncio. O custo de cada anúncio na rádio é de R$120,00, e a estimativa é de que seja ouvido por 1 500 pessoas. Já a produção e a distribuição dos panfletos custam R$180,00 cada 1000 unidades. Considerando que cada pessoa será alcançada por um único desses meios de divulgação, a empresa pretende investir em ambas as mídias.

Considere x e y os valores (em real) gastos em anúncios na rádio e com panfletos, respectivamente.

O número de pessoas alcançadas pela campanha será dado pela expressão

a) $\dfrac{50x}{4} + \dfrac{50y}{9}$

b) $\dfrac{50x}{9} + \dfrac{50y}{4}$

c) $\dfrac{4x}{50} + \dfrac{4y}{50}$

d) $\dfrac{50}{4x} + \dfrac{50}{9y}$

e) $\dfrac{50}{9x} + \dfrac{50}{4y}$

319

O remo de assento deslizante é um esporte que faz uso de um barco e dois remos do mesmo tamanho.

A figura mostra uma das posições de uma técnica chamada afastamento.

Disponível em: www.remobrasil.com. Acesso em 6 dez. 2017 (adaptado).

Nessa posição, os dois remos se encontram no ponto A e suas outras extremidades estão indicadas pelos pontos B e C. Esses três pontos formam um triângulo ABC cujo ângulo BÂC tem medida de 170°.

O tipo de triângulo com vértices nos pontos A, B e C, no momento em que o remador está nessa posição, é

a) retângulo escaleno.

b) acutângulo escaleno.

c) acutângulo isósceles.

d) obtusângulo escaleno.

e) obtusângulo isósceles.

320

Um rapaz estuda em uma escola que fica longe de sua casa, e por isso precisa utilizar o transporte público. Como é muito observador, todos os dias ele anota a hora exata (sem considerar os segundos) em que o ônibus passa pelo ponto de espera. Também notou que nunca consegue chegar ao ponto de ônibus antes de 6h15min da manhã. Analisando os dados coletados durante o mês de fevereiro, o qual teve 21 dias letivos, ele concluiu que 6h21min. foi o que mais se repetiu, e que mediana do conjunto de dados é 6h22 min.

A probabilidade de que, em algum dos dias letivos de fevereiro, esse rapaz tenha apanhado o ônibus antes de 6h21min. da manhã é, no máximo,

a) $\dfrac{4}{21}$

b) $\dfrac{5}{21}$

c) $\dfrac{6}{21}$

d) $\dfrac{7}{21}$

e) $\dfrac{8}{21}$

321

Um mapa é a representação reduzida e simplificada de uma localidade. Essa redução, que é feita com o uso de uma escala, mantém a proporção do espaço representado em relação ao espaço real.

Certo mapa tem escala 1 : 58 000 000.

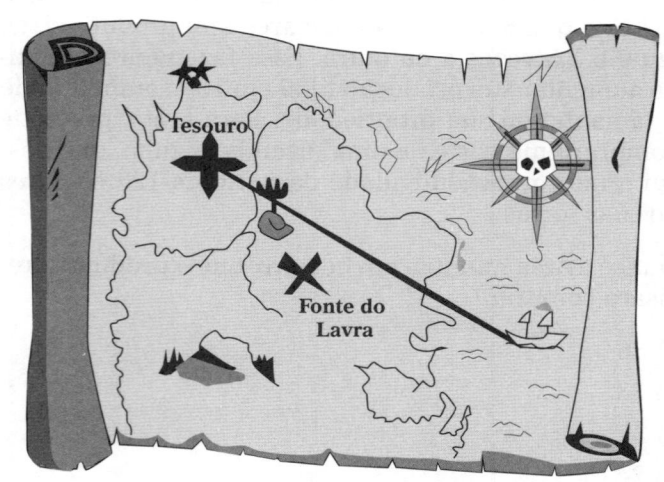

Disponível em: http://oblogdedaynabrigth.blogspot.com.br. Acesso em 9 ago. 2012.

Considere que, nesse mapa, o segmento de reta que liga o navio à marca do tesouro meça 7,6 cm.

A medida real, em quilômetro, desse segmento de reta é

a) 4 408.

b) 7 632.

c) 44 080.

d) 76 316.

e) 440 800.

Resp: 314 C   315 D   316 A   317 D

322

Um produtor de milho utiliza uma área de 160 hectares para as suas atividades agrícolas. Essa área é dividida em duas partes: uma de 40 hectares, com maior produtividade, e outra, de 120 hectares, com menor produtividade. A produtividade é dada pela razão entre a produção, em tonelada, e a área cultivada. Sabe-se que a área de 40 hectares tem produtividade igual a 2,5 vezes à da outra. Esse fazendeiro pretende aumentar sua produção total em 15%, aumentando o tamanho da sua propriedade. Para tanto, pretende comprar uma parte de uma fazenda vizinha, que possui a mesma produtividade da parte de 120 hectares de suas terras.

Qual é a área mínima, em hectare, que o produtor precisará comprar?

a) 36

b) 33

c) 27

d) 24

e) 21

323

A raiva é uma doença viral e infecciosa, transmitida por mamíferos. A campanha nacional de vacinação antirrábica tem o objetivo de controlar a circulação do vírus da raiva canina e felina, prevenindo a raiva humana. O gráfico mostra a cobertura (porcentagem de vacinados) da campanha, em cães, nos anos de 2013, 2015 e 2017, no município de Belo Horizonte, em Minas Gerais. Os valores das coberturas dos anos de 2014 e 2016 não estão informados no gráfico e deseja-se estimá-los. Para tal, levou-se em consideração que a variação na cobertura de vacinação da campanha antirrábica, nos períodos de 2013 a 2015 e de 2015 a 2017, deu-se de forma linear.

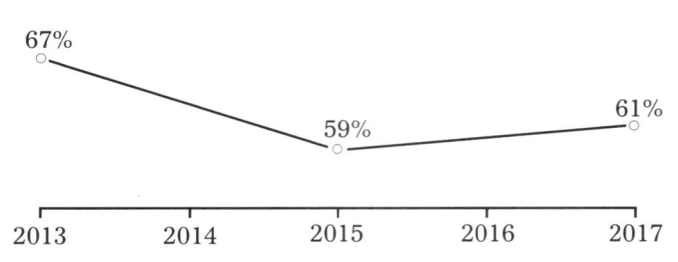

Disponível em: http://pni.datasus.gov.br.Acesso em: 5 nov. 2017.

Qual teria sido a cobertura dessa campanha no ano de 2014?

a) 62,3%

b) 63,0%

c) 63,5%

d) 64,0%

e) 65,5%

324

Uma empresa de comunicação tem a tarefa de elaborar um material publicitário de um estaleiro para divulgar um novo navio, equipado com um guindaste de 15 m de altura e uma esteira de 90 m de comprimento. No desenho desse navio, a representação do guindaste deve ter sua altura entre 0,5 cm e 1 cm, enquanto a esteira deve apresentar comprimento superior a 4 cm. Todo o desenho deverá ser feito em uma escala 1 : x.

Os valores possíveis para x são, apenas,

a) x > 1 500.

b) x < 3 000.

c) 1 500 < x < 2 250.

d) 1500 < x < 3 000.

e) 2 250 < x < 3 000.

325

Em 2014 foi inaugurada a maior roda-gigante do mundo, a *High Roller*, situada em Las Vegas. A figura representa um esboço dessa roda-gigante, no qual o ponto A representa uma de suas cadeiras:

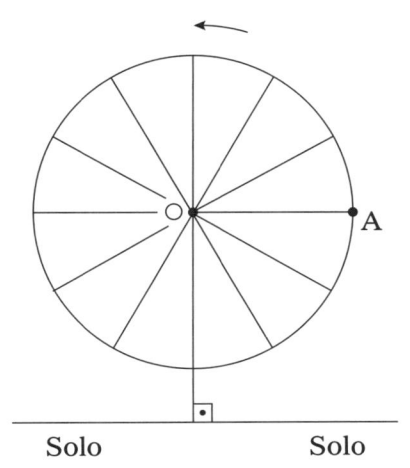

Disponível em: http://en.wikipedia.org.Acesso em: 22 abr. 2014 (adaptado).

A partir da posição indicada, em que o segmento OA se encontra paralelo ao plano do solo, rotaciona-se a *High Roller* no sentido anti-horário, em torno do ponto O. Sejam t o ângulo determinado pelo segmento OA em relação à sua posição inicial, e f a função que descreve a altura do ponto A, em relação ao solo, em função de t.

Após duas voltas completas, f tem o seguinte gráfico:

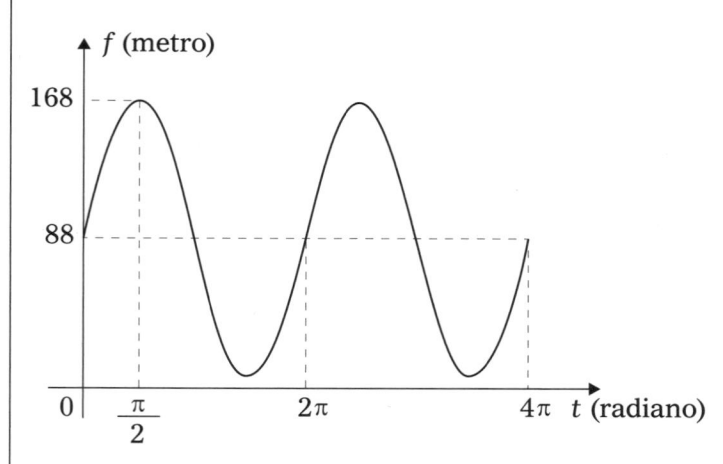

A expressão da função altura é dada por

a) $f(t) = 80\operatorname{sen}(t) + 88$

b) $f(t) = 80\cos t\,(t) + 88$

c) $f(t) = 88\cos(t) + 168$

d) $f(t) = 168\operatorname{sen}(t) + 88\cos(t)$

e) $f(t) = 88\operatorname{sen} t\,(t) + 168\cos(t)$

Resp: 318 A   319 E   320 D   321 A

326

Minecraft é um jogo virtual que pode auxiliar no desenvolvimento de conhecimentos relacionados a espaço e forma. É possível criar casas, edifícios, monumentos e até naves espaciais, tudo em escala real, através do empilhamento de cubinhos.

Um jogador deseja construir um cubo com dimensões $4 \times 4 \times 4$. Ele já empilhou alguns dos cubinhos necessários, conforme a figura.

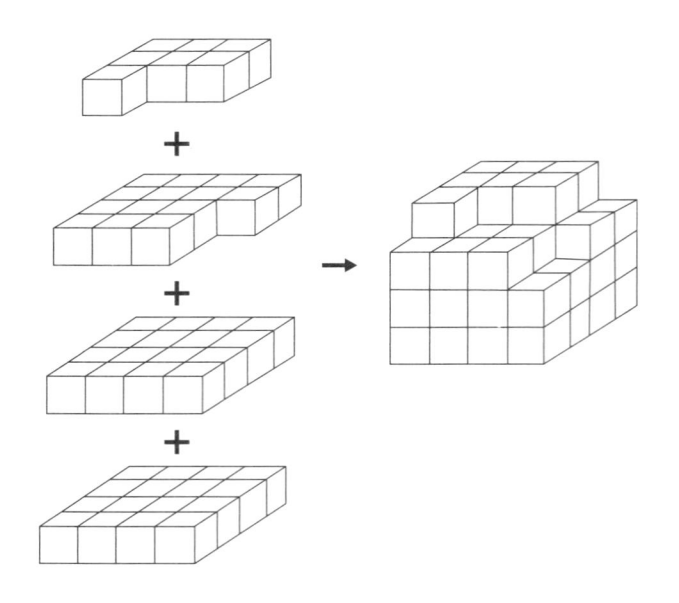

Os cubinhos que ainda faltam empilhar para finalizar a construção do cubo, juntos, formam uma peça única, capaz de completar a tarefa.

O formato da peça capaz de completar o cubo $4 \times 4 \times 4$ é

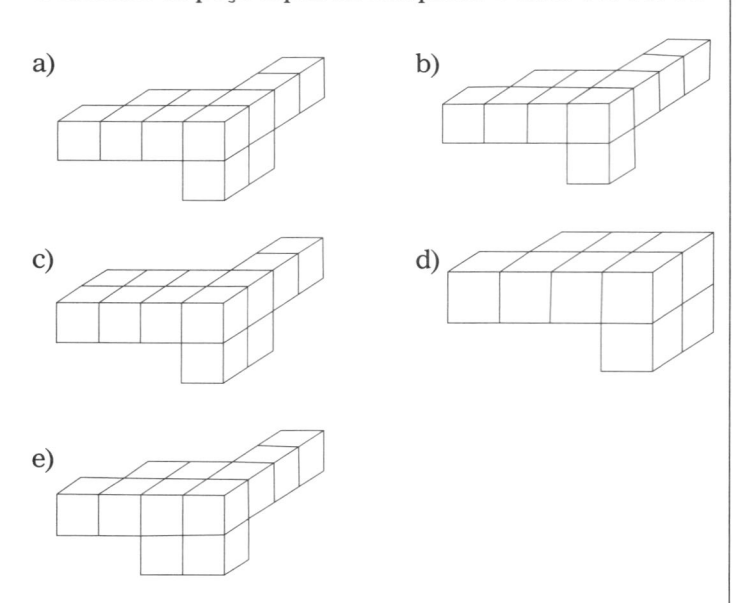

a)

b)

c)

d)

e)

327

De acordo com um relatório recente de Agência Internacional de Energia (AIE), o mercado veículos elétricos atingiu um novo marco em 2016, quando foram vendidos mais de 750 mil automóveis de categoria. Com isso, o total de carros elétricos vendidos no mundo alcançou a marca de 2 milhões de unidades desde que os primeiros modelos começaram a ser comercializados em 2011.

No Brasil, a expansão das vendas também se verifica. A marca A, por exemplo, expandiu suas vendas no ano de 2016, superando em 360 unidades as vendas de 2015, conforma representado no gráfico.

Disponível em: www.tecmundo.com.br.Acesso em: 5 dez. 2017.

A média anual do número de carros vendidos pela marca A, nos anos representados no gráfico, foi de

a) 192.

b) 240.

c) 252.

d) 320.

e) 420.

328

Para apagar os focos A e B de um incêndio, que estavam a uma distância de 30 m um do outro, os bombeiros de um quartel decidiram se posicionar de modo que a distância de um bombeiro ao foco A, de temperatura mais elevada, fosse sempre o dobro da distância desse bombeiro ao foco B, de temperatura menos elevada.

Nestas condições, a maior distância, em metro, que dois bombeiros poderiam ter entre eles é

a) 30.
b) 40.
c) 45.
d) 60.
e) 68.

329

Torneios de tênis, em geral, são disputados em sistema de eliminatória simples. Nesse sistema, são disputadas partidas entre dois competidores, com a eliminação do perdedor e promoção do vencedor para a fase seguinte. Dessa forma, se na 1ª fase o torneio conta com 2n competidores, então na 2ª fase restarão n competidores, e assim sucessivamente até a partida final.

Em um torneio de tênis, disputado nesse sistema, participam 128 tenistas.

Para se definir o campeão desse torneio, o número de partidas necessárias é dado por

a) 2 × 128
b) 64 + 32 + 16 + 8 + 4 + 2
c) 128 + 64 + 32 + 16 + 8 + 4 + 2 + 1
d) 128 + 64 + 32 + 16 + 8 + 4 + 2
e) 64 + 32 + 16 + 8 + 4 + 2 + 1

330

O artigo 33 da lei brasileira sobre drogas prevê a pena de reclusão de 5 a 15 anos para qualquer pessoa que seja condenada por tráfico ilícito ou produção não autorizada de drogas. Entretanto, caso o condenado seja réu primário, com bons antecedentes criminais, essa pena pode sofrer uma redução de um sexto a dois terços.

Suponha que um réu primário com bons antecedentes criminais foi condenado pelo artigo 33 da lei brasileira sobre drogas.

Após o benefício da redução de pena, sua pena poderá variar de:

a) 1 ano e 8 meses a 12 anos e 6 meses;
b) 1 ano e 8 meses a 5 anos;
c) 3 anos e 4 meses a 10 anos;
d) 4 anos e 2 meses a 5 anos;
e) 4 anos e 2 meses a 12 anos e 6 meses.

Resp: 322 B   323 B   324 C   325 A

331

De acordo com a Lei Universal da Gravitação, proposta por Isaac Newton, a intensidade da força gravitacional F que a Terra exerce sobre um satélite em órbita circular é proporcional à massa m do satélite e inversamente proporcional ao quadrado do raio r da órbita, ou seja,

$$F = \frac{Km}{r^2}$$

No plano cartesiano, três satélites A, B e C, estão representados, cada um, por um ponto (m ; r) cujas coordenadas são, respectivamente, a massa do satélite e o raio da sua órbita em torno da Terra.

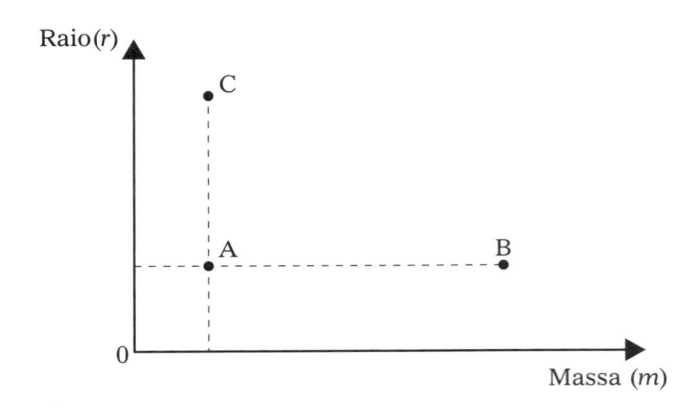

Com base nas posições relativas dos pontos no gráfico, deseja-se comparar as intensidades F_A, F_B e F_C da força gravitacional que a Terra exerce sobre os satélites A, B e C, respectivamente.

As intensidades F_A, F_B e F_C, expressas no gráfico, satisfazem a relação

a) $F_C = F_A < F_B$

b) $F_A = F_B < F_C$

c) $F_A < F_B < F_C$

d) $F_A < F_C < F_B$

e) $F_C < F_A < F_B$

332

Os tipos de prata normalmente é vendido são 975, 950 e 925. Essa classificação é feita de acordo com a sua pureza. Por exemplo, a prata 975 é a substância constituída de 975 partes de prata pura e 25 partes de cobre em 1 000 partes de substâncias. Já a prata 950 é constituída de 950 partes de pura e 50 de cobre em 1 000; e a prata 925 é constituída de 925 parte de prata pura e 75 partes de cobre em 1 000. Um ourives possui 10 gramas de prata 925 e deseja obter 40 gramas de prata 950 para produção de uma joia.

Nessas condições, quantos gramas de prata e de cobre respectivamente devem ser fundidos com os 10 gramas de prata 925?

a) 29,25 e 0,75

b) 28,75 e 1,25

c) 28,50 e 1,50

d) 27,75 e 2,25

e) 25,00 e 5,00

333

Em um aeroporto, os passageiros devem submeter suas bagagens a uma das cinco máquinas de raio-X disponíveis ao adentrarem a sala de embarque. Num dado instante, o tempo gasto por essas máquinas para escanear a bagagem de cada passageiro e o número de pessoas presentes em cada fila estão apresentados em um painel, como mostrado na figura.

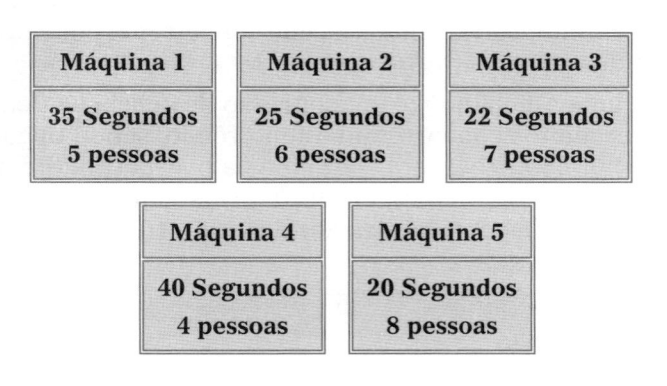

Máquina 1	Máquina 2	Máquina 3
35 Segundos	25 Segundos	22 Segundos
5 pessoas	6 pessoas	7 pessoas

Máquina 4	Máquina 5
40 Segundos	20 Segundos
4 pessoas	8 pessoas

Um passageiro, ao chegar à sala de embarque desse aeroporto no instante indicado, visando esperar o menor tempo possível, deverá se dirigir à máquina

a) 1.

b) 2.

c) 3.

d) 4.

e) 5.

334

A Comissão Interna de Prevenção de Acidentes (CIPA) de uma empresa, observando os altos custos com os frequentes acidentes de trabalho ocorridos, fez, a pedido da diretoria, uma pesquisa do número de acidentes sofridos por funcionários. Essa pesquisa, realizada com uma amostra de 100 funcionários, norteará as ações da empresa na política de segurança no trabalho.

Os resultados obtidos estão no quadro.

Número de acidentes sofridos	Número de trabalhadores
0	50
1	17
2	15
3	10
4	6
5	2

A média do número de acidentes por funcionário na amostra que a CIPA apresentará à diretoria da empresa é

a) 0,15.

b) 0,30.

c) 0,50.

d) 1,11.

e) 2,22.

335

A rosa dos ventos é uma figura que representa oito sentidos, que dividem o círculo em partes iguais.

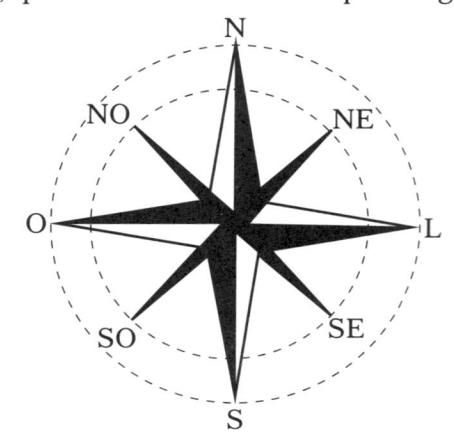

Uma câmera de vigilância está fixada no teto de um *shopping* e sua lente pode ser direcionada remotamente, através de um controlador, para qualquer sentido. A lente da câmera está apontada inicialmente no sentido Oeste e o seu controlador efetua três mudanças consecutivas, a saber:

- 1ª mudança: 135° no sentido anti-horário;
- 2ª mudança: 60° no sentido horário;
- 3ª mudança: 45° no sentido anti-horário.

Após a 3ª mudança, ele é orientado a reposicionar a câmera, com a menor amplitude possível, no sentido Noroeste (NO) devido a um movimento suspeito de um cliente.

Qual mudança de sentido o controlador deve efetuar para reposicionar a câmera?

a) 75° no sentido horário.
b) 105° no sentido anti-horário.
c) 120° no sentido anti-horário.
d) 135° no sentido anti-horário.
e) 165° no sentido horário.

336

Na teoria das eleições, o Método de Borda sugere que, em vez de escolher um candidato, cada juiz deve criar um *ranking* de sua preferência para os concorrentes (isto é, criar uma lista com a ordem de classificação dos concorrentes). A este *ranking* é associada uma pontuação: um ponto para o último colocado no *ranking*, dois pontos para o penúltimo, três para o antepenúltimo, e assim sucessivamente. Ao final, soma-se a pontuação atribuída a cada concorrente por cada um dos juízes.

Em uma escola houve um concurso de poesia no qual cinco alunos concorreram a um prêmio, sendo julgados por 25 juízes. Para a escolha da poesia vencedora foi utilizado o Método de Borda. Nos quadros, estão apresentados os *rankings* dos juízes e a frequência de cada *ranking*.

Colocação	Ranking			
	I	II	III	IV
1º	Ana	Dani	Bia	Edu
2º	Bia	Caio	Ana	Ana
3º	Caio	Edu	Caio	Dani
4º	Dani	Ana	Edu	Bia
5º	Edu	Bia	Dani	Caio

Ranking	Frequência
I	4
II	9
III	7
IV	5

A poesia vencedora foi a de

a) Edu.
b) Dani.
c) Caio.
d) Bia.
e) Ana.

337

Sobre um sistema cartesiano considera-se uma malha formada por circunferências de raios com medidas dadas por números naturais e por 12 semirretas com extremidades na origem, separadas por ângulos de $\frac{\pi}{6}$ rad, conforme a figura,

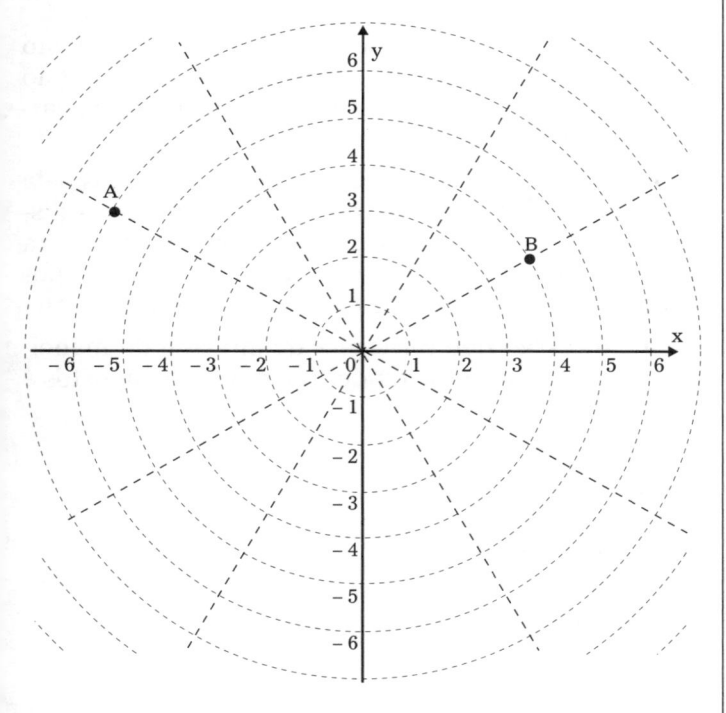

Suponha que os objetos se desloquem apenas pelas semirretas e pelas circunferências dessa malha, não podendo passar pela origem (0 ; 0).

Considere o valor de π com aproximação de, pelo menos, uma casa decimal.

Para realizar o percurso mais curto possível ao longo da malha, do ponto B até o ponto A, um objeto deve percorrer uma distância igual a

a) $\frac{2 \cdot \pi \cdot 1}{3} + 8$

b) $\frac{2 \cdot \pi \cdot 2}{3} + 6$

c) $\frac{2 \cdot \pi \cdot 3}{3} + 4$

d) $\frac{2 \cdot \pi \cdot 4}{3} + 2$

e) $\frac{2 \cdot \pi \cdot 5}{3} + 2$

338

Um artesão possui potes cilíndricos de tinta cujas medidas externas são 4 cm de diâmetros e 6 cm de altura. Ele pretende adquirir caixas organizadoras para armazenar seus potes de tinta, empilhados verticalmente com tampas voltadas para cima, de forma que as caixas possam ser fechadas.

No mercado, existem cinco opções de caixas organizadoras, com tampa, em formato de paralelepípedo reto retângulo, vendidas pelo mesmo preço, possuindo as seguintes dimensões internas:

Modelo	Comprimento (cm)	Largura (cm)	Altura (cm)
I	8	8	40
II	8	20	14
III	18	5	35
IV	20	12	12
V	24	8	14

Qual desses modelos o artesão deve adquirir para conseguir armazenar o maior número de potes por caixa?

a) I
b) II
c) III
d) IV
e) V

Resp: 331 E   332 B   333 B   334 D

339

A prefeitura de um pequeno município do interior decide colocar postes para iluminação ao longo de uma estrada retilínea, que inicia em uma praça central e termina numa fazenda numa zona rural. Como a praça já possui iluminação, o primeiro poste será colocado a 80 metros da praça, o segundo a 100 metros, o terceiro, a 120 metros, e assim sucessivamente, mantendo-se sempre uma distancia de vinte metros entre os postes, até que o último poste seja colocado a um distância de 1 380 metros da praça.

Se a prefeitura pode pagar, no máximo, R$ 8 000,00 por poste colocado, o maior valor que poderá gastar com a colocação destes postes é

a) R$ 512 000,00.
b) R$ 520 000,00.
c) R$ 528 000,00.
d) R$ 552 000,00.
e) R$ 584 000,00.

340

Um edifício tem uma numeração dos andares iniciando no térreo (T), e continuando com primeiro, segundo, terceiro, ..., até o último andar. Uma criança entrou em elevador e, tocando no painel, seguiu uma sequência de andares, parando, abrindo e fechando a porta em diversos andares. A partir de onde entrou a criança, o elevador subiu sete andares, em seguida desceu dez, desceu mais de treze, subiu nove, desceu quatro e parou no quinto andar, finalizando uma sequência. Considere que, no transporte seguido pela criança, o movimento parou de uma vez no último andar do edifício.

De acordo com as informações dadas, o último andar é o

a) 16º
b) 22º
c) 23º
d) 25º
e) 32º

341

O Salão do Automóvel de São Paulo é um evento no qual vários fabricantes expõem seus modelos mais recentes de veículos, mostrando, principalmente, suas inovações em *design* e tecnologia.

Disponível em: http://g1.globo.com. Acesso em: 4 fev. 2015 (adaptado).

Uma montadora pretende participar desse evento com dois estandes, um na entrada e outro na região central do salão, expondo, em cada um deles, um carro compacto e uma caminhonete.

Para compor os estandes, foram disponibilizados pela montadora quatro carros compactos, de modelos distintos, e seis caminhonetes de diferentes cores para serem escolhidos aqueles que serão expostos. A posição dos carros dentro de cada estande é irrelevante.

Uma expressão que fornece a quantidade de maneiras diferentes que os estandes podem ser compostos é

a) A_{10}^{4}

b) C_{10}^{4}

c) $C_{4}^{2} \times C_{6}^{2} \times 2 \times 2$

d) $A_{4}^{2} \times A_{6}^{2} \times 2 \times 2$

e) $C_{4}^{2} \times C_{6}^{2}$

342

Os alunos da disciplina de estatística, em um curso universitário, realizam quatro avaliações por semestre com os pesos de 20%, 10%, 30% e 40%, respectivamente. No final do semestre, precisam obter uma média nas quatro avaliações de, no mínimo, 60 pontos para serem aprovados. Um estudante dessa disciplina obteve os seguintes pontos nas três primeiras avaliações: 46, 60 e 50, respectivamente.

O mínimo de pontos que esse estudante precisa obter na quarta avaliação para ser aprovado é

a) 29,8.

b) 71,0.

c) 74,5.

d) 75,5.

e) 84,0.

343

O gerente do setor de recursos humanos de uma empresa está organizando uma avaliação em que uma das etapas é um jogo de perguntas e respostas. Para essa etapa, ele classificou as perguntas, pelo nível de dificuldade, em fácil, médio e difícil, e escreveu cada pergunta em cartões para colocação em uma urna.

Contudo, após depositar vinte perguntas de diferentes níveis na urna, ele observou que 25% delas eram de nível fácil. Querendo que as perguntas de nível fácil sejam a maioria, o gerente decidiu acrescentar mais perguntas de nível fácil à urna, de modo que a probabilidade de o primeiro participante retirar, aleatoriamente, uma pergunta de nível fácil seja de 75%.

Com essas informações, a quantidade de perguntas de nível fácil que o gerente deve acrescentar à urna é igual a

a) 10.

b) 15.

c) 35.

d) 40.

e) 45.

344

A Transferência Eletrônica Disponível (TED) é uma transação financeira de valores entre diferentes bancos. Um economista decide analisar os valores enviados por meio de TEDs entre cinco bancos (1, 2, 3, 4 e 5) durante um mês. Para isso, ele dispõe esses valores em uma matriz $A = [a_{ij}]$, em que $1 \leq i \leq 5$ e $1 \leq j \leq 5$ e o elemento a_{ij} corresponde ao total proveniente das operações feitas via TED, em milhão de real, transferidos do banco i para o banco j durante o mês. Observe que os elementos $a_{ij} = 0$, uma vez que TED é uma transferência entre bancos distintos. Esta é a matriz obtida para essa análise:

$$A = \begin{bmatrix} 0 & 2 & 0 & 2 & 2 \\ 0 & 0 & 2 & 1 & 0 \\ 1 & 2 & 0 & 1 & 1 \\ 0 & 2 & 2 & 0 & 0 \\ 3 & 0 & 1 & 1 & 0 \end{bmatrix}$$

Com base nessas informações, o banco que transferiu a maior quantia via TED é o banco

a) 1.

b) 2.

c) 3.

d) 4.

e) 5.

345

Um contrato de empréstimo prevê que quando uma parcela é paga de forma antecipada, conceder-se-á uma redução de juros de acordo com o período de antecipação. Nesse caso, paga-se o valor presente, que é o valor, naquele momento, de uma quantia que deveria ser paga em uma data futura. Um valor presente P submetido a juros compostos com taxa i, por um período de tempo n, produz um valor futuro V determinado pela fórmula

$$V = P \cdot (1 + i)^n$$

Em um contrato de empréstimo com sessenta parcelas fixas mensais, de R$ 820,00, a uma taxa de juros de 1,32% ao mês, junto com a trigésima parcela será paga antecipadamente uma outra parcela, desde que o desconto seja superior a 25% do valor da parcela.

Utilize 0,2877 como aproximação para $\ln\left(\dfrac{4}{3}\right)$ e 0,0131 como aproximação para $\ln(1,0132)$.

A primeira das parcelas que poderá ser antecipada junto com a 30ª é a

a) 56ª

b) 55ª

c) 52ª

d) 51ª

e) 45ª

346

Um jogo pedagógico utiliza-se de uma interface algébrico-geométrica do seguinte modo: os alunos devem eliminar os pontos do plano cartesiano dando "tiros", seguindo trajetórias que devem passar pelos pontos escolhidos. Para dar os tiros, o aluno deve escrever em uma janela do programa a equação cartesiana de uma reta ou de uma circunferência que passa pelos pontos e pela origem do sistema de coordenadas. Se o tiro for dado por meio da equação da circunferência, cada ponto diferente da origem que for atingido vale 2 pontos. Se o tiro for dado por meio da equação de uma reta, cada ponto diferente da origem que for atingido vale 1 ponto. Em uma situação de jogo, ainda restam os seguintes pontos para serem eliminados: A(0 ; 4), B(4 ; 4), C(4 ; 0), D(2 ; 2) e E(0 ; 2).

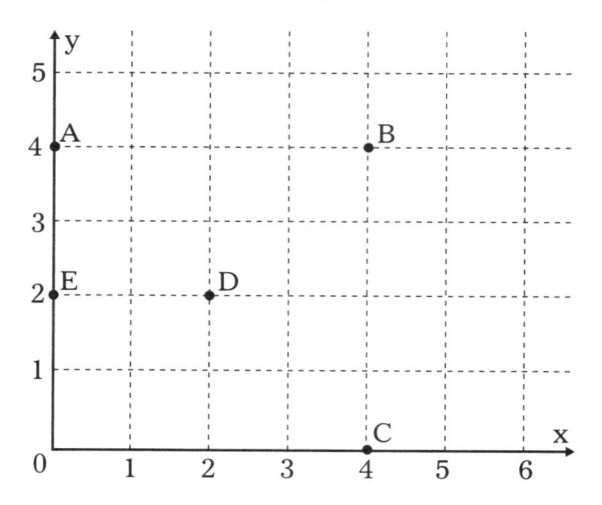

Passando pelo ponto A, qual equação forneceria a maior pontuação?

a) $x = 0$

b) $y = 0$

c) $x^2 + y^2 = 16$

d) $x^2 + (y - 2)^2 = 4$

e) $(x - 2)^2 + (y - 2)^2 = 8$

347

Devido ao não cumprimento das metas definidas para a campanha de vacinação contra a gripe comum e o vírus H1N1 em um ano, o Ministério da Saúde anunciou a prorrogação da campanha por mais uma semana. A tabela apresenta as quantidades de pessoas vacinadas dentre os cinco grupos de risco até a data de início da prorrogação da campanha.

Balanço parcial nacional da vacinação contra a gripe				
Grupo de risco	População (milhão)	População já vacinada	
		(milhão)	(%)
Crianças	4,5	0,9	20
Profissionais de saúde	2,0	1,0	50
Gestantes	2,5	1,5	60
Indígenas	0,5	0,4	80
Idosos	20,5	8,2	40

Disponível em http://portalsaude.saude.gov.br. Acesso em: 16 ago. 2012.

Qual é a porcentagem do total de pessoas desses grupos de risco já vacinadas?

a) 12
b) 18
c) 30
d) 40
e) 50

348

Durante uma festa de colégio, um grupo de alunos organizou uma rifa. Oitenta alunos faltaram à festa e não participaram da rifa. Entre os que compareceram, alguns compraram três bilhetes, 45 compraram 2 bilhetes, e muitos compraram apenas um. O total de alunos que comprou um único bilhete era 20% do número total de bilhetes vendidos, e o total de bilhetes vendidos excedeu em 33 o número total de alunos do colégio.

Quantos alunos compraram somente um bilhete?

a) 34
b) 42
c) 47
d) 48
e) 79

349

Um quebra-cabeça consiste em recobrir um quadrado com triângulos retângulos isósceles, como ilustra a figura.

Uma artesã confecciona um quebra-cabeça como o descrito, de tal modo que a menor das peças é um triângulo retângulo isósceles cujos catetos medem 2 cm.

O quebra-cabeça, quando montado, resultará em um quadrado cuja medida do lado, em centímetro, é

a) 14
b) 12
c) $7\sqrt{2}$
d) $6 + 4\sqrt{2}$
e) $6 + 2\sqrt{2}$

350

Para decorar um cilindro circular reto será usado uma faixa retangular de papel transparente na qual está desenhada em negrito uma diagonal que forma 30° com a borda inferior o raio da base do cilindro mede $\frac{6}{\pi}$ cm e ao enrolar a faixa obtém-se uma linha em formato de hélice como na figura.

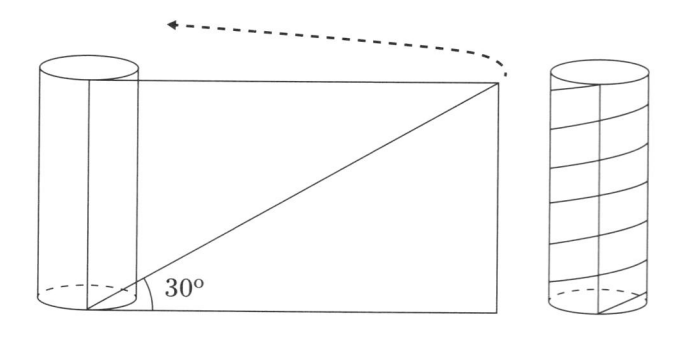

O valor da medida da altura do cilindro em centímetros é

a) $36\sqrt{3}$
b) $24\sqrt{3}$
c) $4\sqrt{3}$
d) 36
e) 72

351

Com o avanço em ciência da computação, estamos próximos do momento em que o número de transistores no processador de um computador pessoal será da mesma ordem de grandeza que o número de neurônios em um cérebro humano, que é da ordem de 100 bilhões.

Uma das grandezas determinantes para o desempenho de um processador é a densidade de transistores, que é o número de transistores por centímetro quadrado. Em 1986, uma empresa fabricava um processador contendo 100 000 transistores distribuídos em 0,25 cm² de área. Desde então, o número de transistores por centímetro quadrado que se pode colocar em um processador dobra a cada dois anos (Lei de Moore).

Disponível em: www.pocket-lint.com. Acesso em: 1 dez. 2017 (adaptado).

Considere 0,30 como aproximação para $\log_{10} 2$.

Em que ano a empresa atingiu ou atingirá a densidade de 100 bilhões de transistores?

a) 1999
b) 2002
c) 2022
d) 2026
e) 2146

352

Uma loja vende automóveis em N parcelas iguais sem juros. No momento de contratar o financiamento, caso o cliente queira aumentar o prazo, acrescentando mais 5 parcelas, o valor de cada uma das parcelas diminui R$ 200,00, ou se ele quiser diminuir o prazo, com 4 parcelas a menos, o valor de cada uma das parcelas sobe R$ 232,00. Considere ainda que, nas três possibilidades de pagamento, o valor do automóvel é o mesmo, todas são sem juros e não é dado desconto em nenhuma das situações.

Nessas condições, qual é a quantidade N de parcelas a serem pagas de acordo com a proposta inicial da loja?

a) 20
b) 24
c) 29
d) 40
e) 58

353

O salto ornamental é um esporte em que cada competidor realiza seis saltos. A nota em cada salto é calculada pela soma das notas dos juízes, multiplicada pela nota de partida (o grau de dificuldade de cada salto). Fica em primeiro lugar o atleta que obtiver a maior soma das seis notas recebidas.

O atleta 10 irá realizar o último salto da final. Ele observa no Quadro 1, antes de executar o salto, o recorte do quadro parcial de notas com a sua classificação e a dos três primeiros lugares até aquele momento.

Quadro 1

Classificação	Atleta	6º Salto	Total
1º	3	135,0	829,0
2º	4	140,0	825,2
3º	8	140,4	824,2
6º	10		687,5

Ele precisa decidir com seu treinador qual salto deverá realizar. Os dados dos possíveis tipos de salto estão no Quadro 2.

Quadro 2

Tipo de salto	Nota de partida	Estimativa da soma das notas dos juízes	Probabilidade de obter a nota
T1	2,2	57	89,76%
T2	2,4	58	93,74%
T3	2,6	55	91,88%
T4	2,8	50	95,38%
T5	3,0	53	87,34%

O atleta optará pelo salto com a maior probabilidade de obter a nota estimada, de maneira que lhe permita alcançar o primeiro lugar.

Considerando essas condições, o salto que o atleta deverá escolher é o de tipo

a) T1.
b) T2.
c) T3.
d) T4.
e) T5.

Resp: 345 C 346 E 347 D 348 D 349 A

354

Os guindastes são fundamentais em canteiros de obras, no manejo de materiais pesados como vigas de aço. A figura ilustra uma sequência de estágios em que um guindaste iça uma viga de aço que se encontra inicialmente no solo.

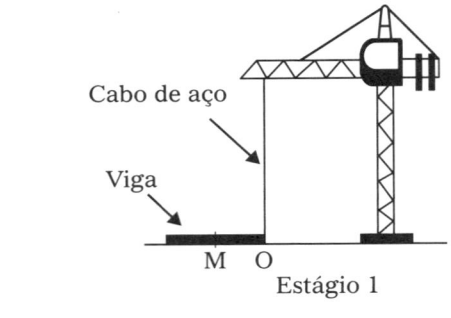

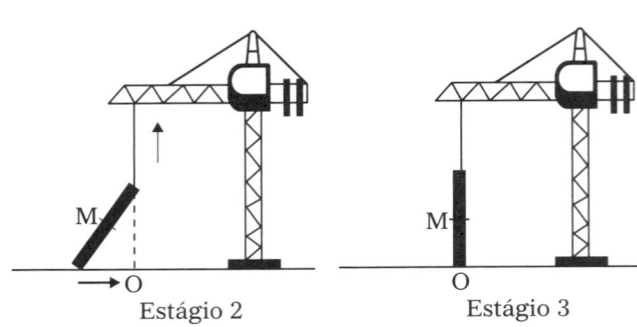

Na figura, o ponto O representa a projeção ortogonal do cabo de aço sobre o plano do chão e este se mantém na vertical durante todo o movimento de içamento da viga, que se inicia no tempo t = 0 (estágio 1) e finaliza no tempo t_f (estágio 3). Uma das extremidades da viga é içada verticalmente a partir do ponto O, enquanto que a outra extremidade desliza sobre o solo em direção ao ponto O. Considere que o cabo de aço utilizado pelo guindaste para içar a viga fique sempre na posição vertical. Na figura, o ponto M representa o ponto médio do segmento que representa a viga.

O gráfico que descreve a distância do ponto M ao ponto O, em função do tempo, entre t = 0 e t_f, é

a)

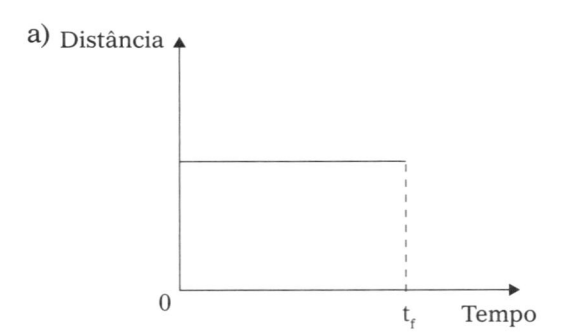

b)

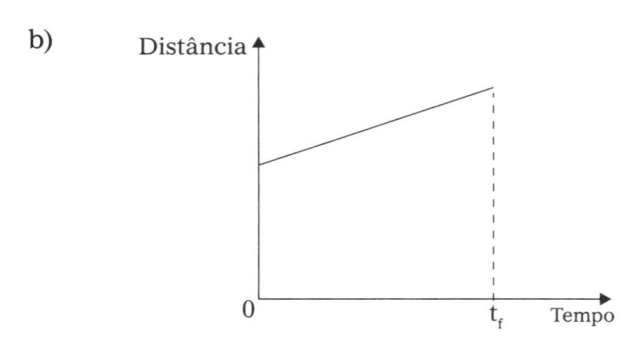

c)

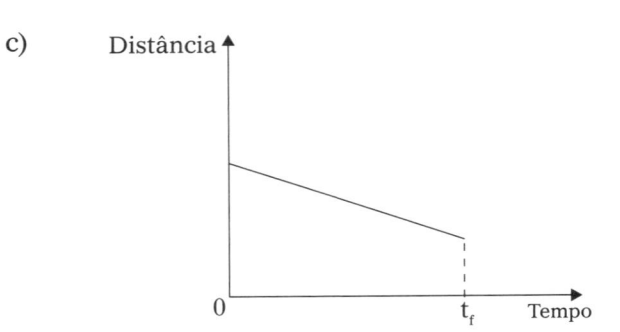

d)

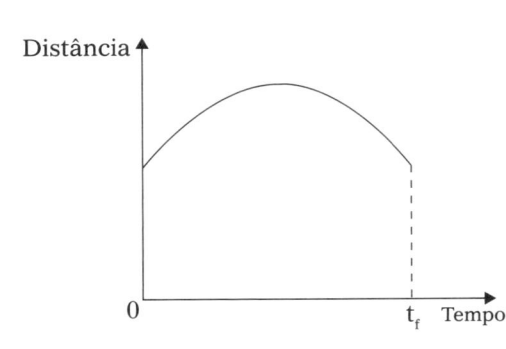

e)

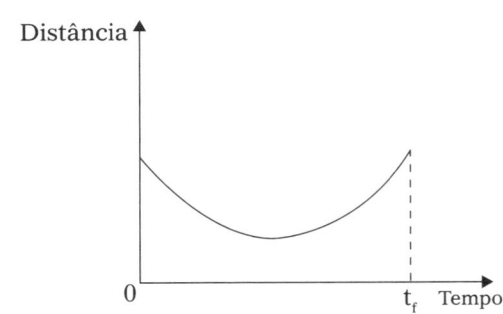

355

A inclinação de uma rampa é calculada da seguinte maneira: para cada metro medido na horizontal, mede-se centímetros na vertical. Diz-se, nesse caso, que a rampa tem inclinação de x%, como no exemplo da figura:

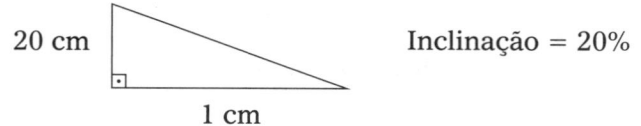

20 cm   Inclinação = 20%
1 cm

A figura apresenta um projeto de uma rampa de acesso a uma garagem residencial cuja base, situada 2 metros abaixo do nível da rua, tem 8 metros de comprimento.

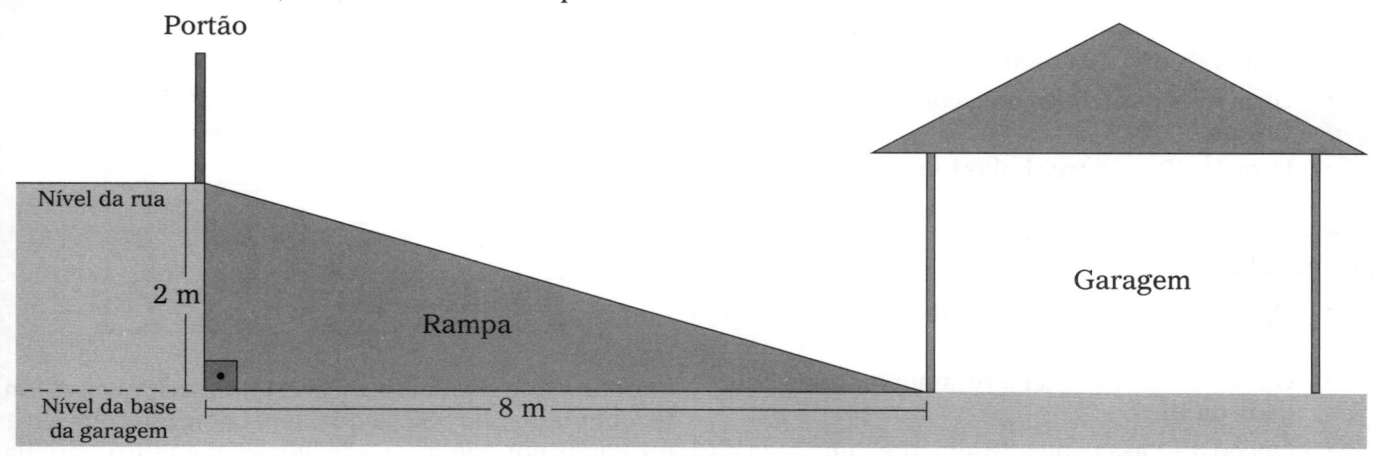

Depois de projetada a rampa, o responsável pela obra foi informado de que as normas técnicas do município onde ela está localizada exigem que a inclinação máxima de uma rampa de acesso a uma garagem residencial seja de 20%.

Se a rampa projetada tiver inclinação superior a 20%, o nível como criar um site da garagem deverá ser alterado para diminuir o percentual de inclinação, mantendo o comprimento da base da rampa.

Para atender às normas técnicas do município, o nível da garagem deverá ser

a) elevado em 40 cm.

b) elevado em 50 cm.

c) mantido no mesmo nível.

d) rebaixado em 40 cm.

e) rebaixado em 50 cm.

356. e) 5

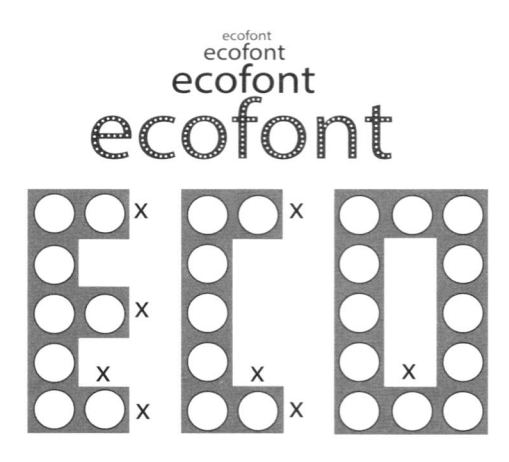

357. b) 48

358

Para criar um logotipo, um profissional da área de *design* gráfico deseja construí-lo utilizando o conjunto de pontos do plano na forma de um triângulo, exatamente como mostra a imagem.

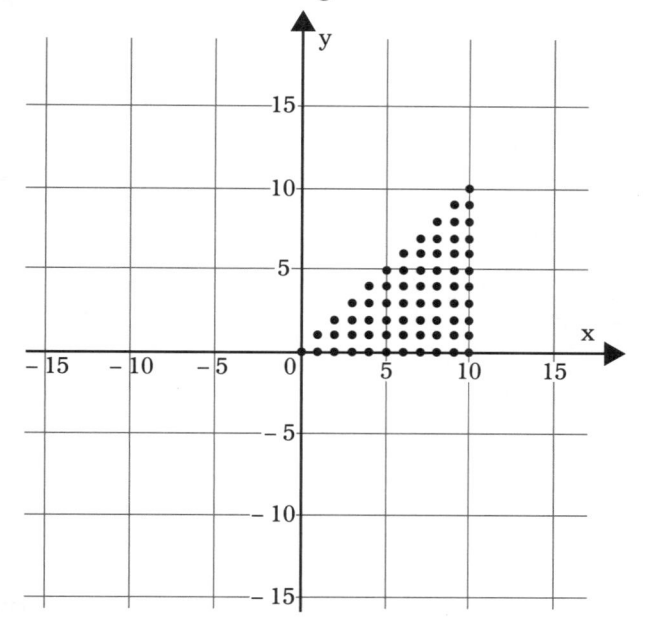

Pará construir tal imagem utilizando uma ferramenta gráfica, será necessário escrever algebricamente o conjunto que representa os pontos desse gráfico.

Esse conjunto é dado pelos pares ordenados (x ; y) $\in \mathbb{N} \times \mathbb{N}$, tais que

a) $0 \leq x \leq y \leq 10$

b) $0 \leq y \leq x \leq 10$

c) $0 \leq x \leq 10, 0 \leq y \leq 10$

d) $0 \leq x + y \leq 10$

e) $0 \leq x + y \leq 20$

359

A figura mostra uma praça circular que contém um chafariz em seu centro e, em seu entorno, um passeio. Os círculos que definem a praça e o chafariz são concêntricos.

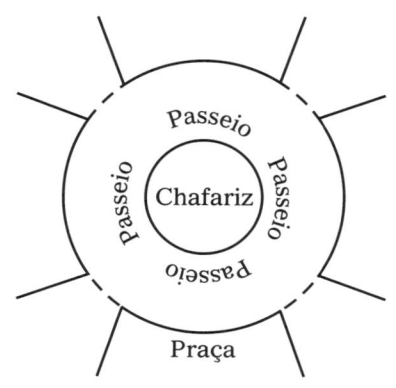

O passeio terá seu piso revestido com ladrilhos. Sem condições de calcular os raios, pois o chafariz está cheio, um engenheiro fez a seguinte medição: esticou uma trena tangente ao chafariz, medindo a distância entre dois pontos A e B, conforme a figura. Com isso, obteve a medida do segmento de reta AB: 16 m.

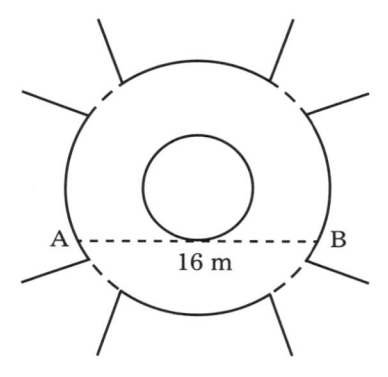

Dispondo apenas dessa medida, o engenheiro calculou corretamente a medida da área do passeio, em metro quadrado.

A medida encontrada pelo engenheiro foi

a) 4π

b) 8π

c) 48π

d) 64π

e) 192π

Resp: 354 A 355 A

360

Um *designer* de jogos planeja um jogo que faz uso de um tabuleiro de dimensão n × n, com n ≥ 2, no qual cada jogador, na sua vez, coloca uma peça sobre uma das casas vazias do tabuleiro. Quando uma peça é posicionada, a região formada pelas casas que estão na mesma linha ou coluna dessa peça é chamada de zona de combate dessa peça. Na figura está ilustrada a zona de combate de uma peça colocada em uma das casas de um tabuleiro de dimensão 8 × 8.

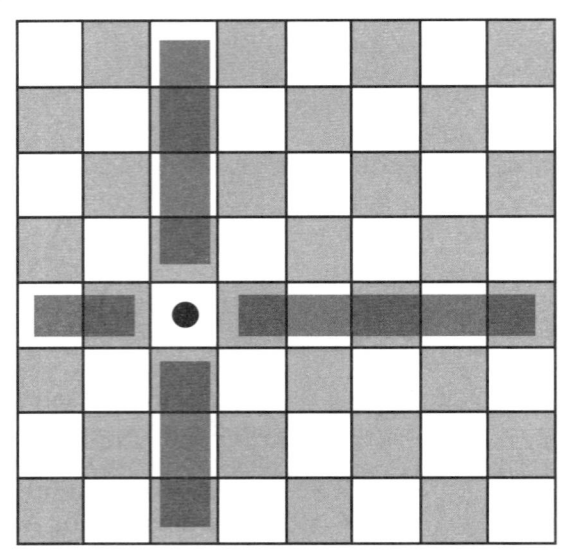

O tabuleiro deve ser dimensionado de forma que a probabilidade de se posicionar a segunda peça aleatoriamente, seguindo a regra do jogo, e esta ficar sobre a zona de combate da primeira, seja inferior a $\frac{1}{5}$.

A dimensão mínima que o *designer* deve adotar para esse tabuleiro é

a) 4 × 4.

b) 6 × 6.

c) 9 × 9.

d) 10 × 10.

e) 11 × 11.

ENEM – 2019

361

A bula de um antibiótico infantil, fabricado na forma de xarope, recomenda que sejam ministrados, diariamente, no máximo 500 mg desse medicamento para cada quilograma de massa do paciente. Um pediatra prescreveu a dosagem máxima desse antibiótico para ser ministrada diariamente a uma criança de 20 kg pelo período de 5 dias. Esse medicamento pode ser comprado em frascos de 10 mL, 50 mL, 100 mL, 250 mL e 500 mL. Os pais dessa criança decidiram comprar a quantidade exata de medicamento que precisará ser ministrada no tratamento, evitando a sobra de medicamento. Considere que 1 g desse medicamento ocupe um volume de 1 cm³.

A capacidade do frasco, em mililitro, que esses pais deverão comprar é

a) 10. b) 50. c) 100. d) 250. e) 500.

362

Uma empresa confecciona e comercializa um brinquedo formado por uma locomotiva, pintada na cor preta, mais 12 vagões de iguais formato e tamanho, numerados de 1 a 12. Dos 12 vagões, 4 são pintados na cor vermelha, 3 na cor azul, 3 na cor verde e 2 na cor amarela. O trem é montado utilizando-se uma locomotiva e 12 vagões, ordenados crescentemente segundo suas numerações, conforme ilustrado na figura.

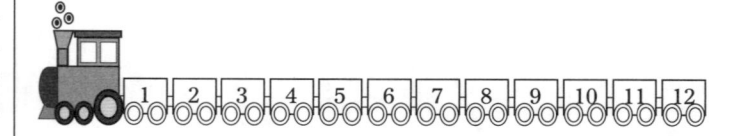

De acordo com as possíveis variações nas colorações dos vagões, a quantidade de trens que podem ser montados, expressa por meio de combinações, é dada por

a) $C_{12}^4 \times C_{12}^3 \times C_{12}^3 \times C_{12}^2$

b) $C_{12}^4 \times C_8^3 \times C_5^3 \times C_2^2$

c) $C_{12}^4 \times 2 \times C_8^3 \times C_5^2$

d) $C_{12}^4 \times 2 \times C_{12}^3 \times C_{12}^2$

e) $C_{12}^4 \times C_8^3 \times C_5^3 \times C_2^2$

Resp: 356 E 357 B 358 B 359 D

363

O gráfico a seguir mostra a evolução mensal das vendas de certo produto de julho a novembro de 2011.

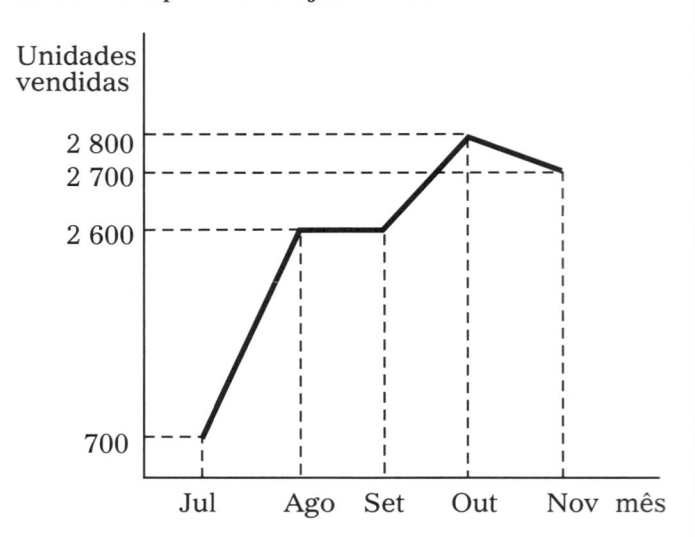

```
Unidades
vendidas

2 800 ----------------------●
2 700 ------------------------●
2 600 -------●--------●
  700 ---●
       Jul   Ago   Set   Out   Nov  mês
```

Sabe-se que o mês de julho foi o pior momento da empresa em 2011 e que o número de unidades vendidas desse produto em dezembro de 2011 foi igual à média aritmética do número de unidades vendidas nos meses de julho a novembro do mesmo ano.

O gerente de vendas disse, em uma reunião da diretoria, que, se essa redução no número de unidades vendidas de novembro para dezembro de 2011 se mantivesse constante nos meses subsequentes, as vendas só voltariam a ficar piores que julho de 2011 apenas no final de 2012.

O diretor financeiro rebateu imediatamente esse argumento mostrando que, mantida a tendência, isso aconteceria já em

a) janeiro.   b) fevereiro.   c) março.
d) abril.   e) maio.

364

Um grupo de países criou uma instituição responsável por organizar o Programa Internacional de Nivelamento de Estudos (PINE) com o objetivo de melhorar os índices mundiais de educação. Em sua sede foi construída uma escultura suspensa, com a logomarca oficial do programa, em três dimensões, que é formada por suas iniciais, conforme mostrada na figura.

PINE

Essa escultura está suspensa por cabos de aço, de maneira que o espaçamento entre letras adjacentes é o mesmo, todas têm igual espessura e ficam dispostas em posição ortogonal ao solo, como ilustrado a seguir.

Ao meio-dia, com o sol a pino, as letras que formam essa escultura projetam ortogonalmente suas sombras sobre o solo.

A sombra projetada no solo é

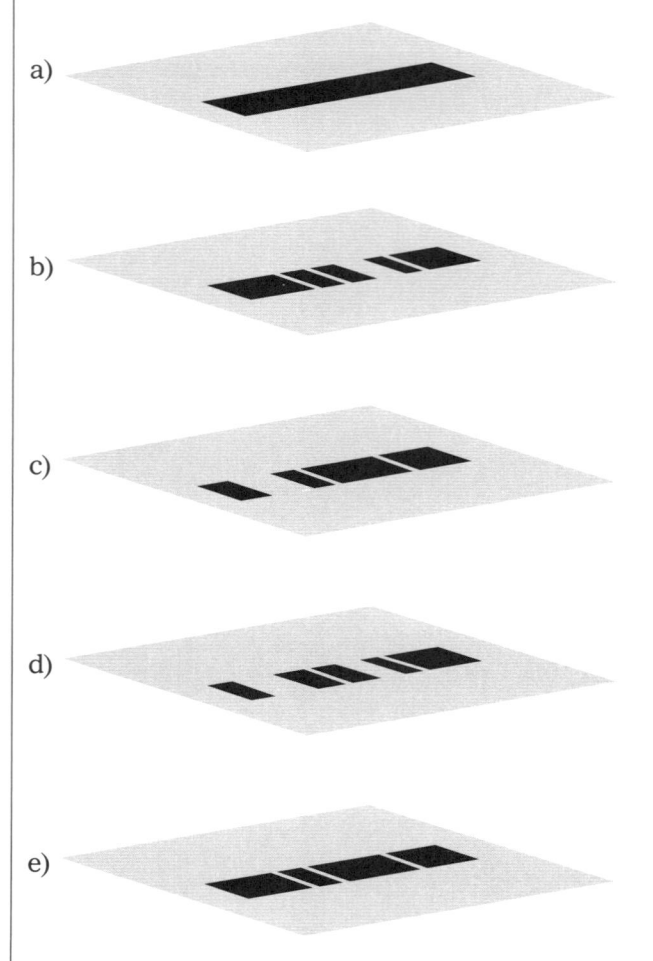

a)

b)

c)

d)

e)

365

A *Hydrangea macrophylla* é uma planta com flor azul ou cor-de-rosa, dependendo do pH do solo no qual está plantada. Em solo ácido (ou seja, com pH < 7) a flor é azul, enquanto que em solo alcalino (ou seja, com pH > 7) a flor é rosa. Considere que a *Hydrangea* cor-de-rosa mais valorizada comercialmente numa determinada região seja aquela produzida em solo com pH inferior a 8. Sabe-se que pH = $-\log_{10}x$, em que x é a concentração de íon hidrogênio (H^+).

Para produzir a Hydrangea cor-de-rosa de maior valor comercial, deve-se preparar o solo de modo que x assuma

a) qualquer valor acima de 10^{-8}.

b) qualquer valor positivo inferior a 10^{-7}.

c) valores maiores que 7 e menores que 8.

d) valores maiores que 70 e menores que 80.

e) valores maiores que $10-8$ e menores que 10^{-7}.

366

Uma pessoa, que perdeu um objeto pessoal quando visitou uma cidade, pretende divulgar nos meios de comunicação informações a respeito da perda desse objeto e de seu contato para eventual devolução. No entanto, ela lembra que, de acordo com o Art. 1 234 do Código Civil, poderá ter que pagar pelas despesas do transporte desse objeto até sua cidade e poderá ter que recompensar a pessoa que lhe restituir o objeto em, pelo menos, 5% do valor do objeto.

Ela sabe que o custo com transporte será de um quinto do valor atual do objeto e, como ela tem muito interesse em reavê-lo, pretende ofertar o maior percentual possível de recompensa, desde que o gasto total com as despesas não ultrapasse o valor atual do objeto.

Nessas condições, o percentual sobre o valor do objeto, dado como recompensa, que ela deverá ofertar é igual a

a) 20%   b) 25%   c) 40%   d) 60%   e) 80%

367

Nos seis cômodos de uma casa há sensores de presença posicionados de forma que a luz de cada cômodo acende assim que uma pessoa nele adentra, e apaga assim que a pessoa se retira desse cômodo. Suponha que o acendimento e o desligamento sejam instantâneos.

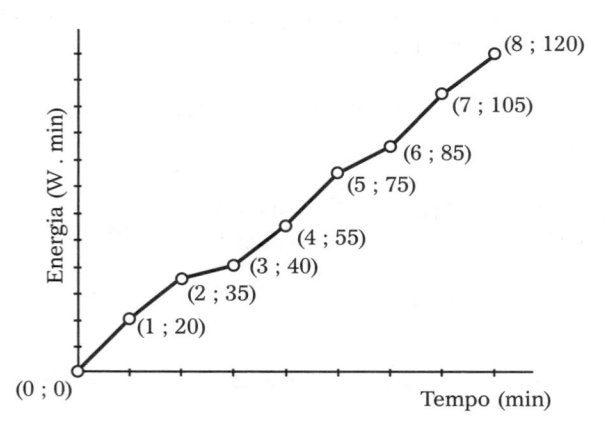

O morador dessa casa visitou alguns desses cômodos, ficando exatamente um minuto em cada um deles. O gráfico descreve o consumo acumulado de energia, em watt x minuto, em função do tempo t, em minuto, das lâmpadas de LED dessa casa, enquanto a figura apresenta a planta baixa da casa, na qual os cômodos estão numerados de 1 a 6, com as potências das respectivas lâmpadas indicadas.

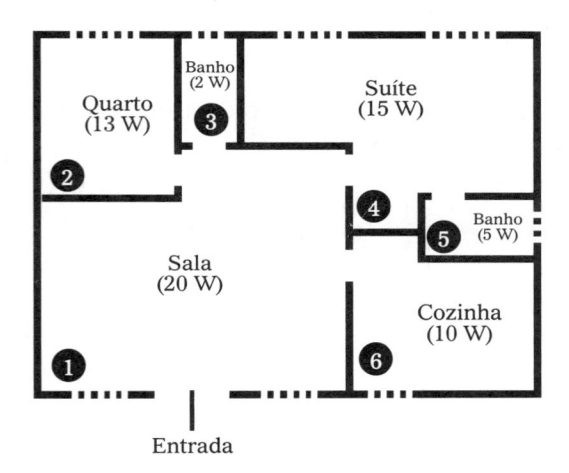

A sequência de deslocamentos pelos cômodos, conforme o consumo de energia apresentado no gráfico, é

a) $1 \Rightarrow 4 \Rightarrow 5 \Rightarrow 4 \Rightarrow 1 \Rightarrow 6 \Rightarrow 1 \Rightarrow 4$

b) $1 \Rightarrow 2 \Rightarrow 3 \Rightarrow 1 \Rightarrow 4 \Rightarrow 1 \Rightarrow 4 \Rightarrow 4$

c) $1 \Rightarrow 4 \Rightarrow 5 \Rightarrow 4 \Rightarrow 1 \Rightarrow 6 \Rightarrow 1 \Rightarrow 2 \Rightarrow 3$

d) $1 \Rightarrow 2 \Rightarrow 3 \Rightarrow 5 \Rightarrow 4 \Rightarrow 1 \Rightarrow 6 \Rightarrow 1 \Rightarrow 4$

e) $1 \Rightarrow 4 \Rightarrow 2 \Rightarrow 3 \Rightarrow 5 \Rightarrow 1 \Rightarrow 6 \Rightarrow 1 \Rightarrow 4$

Resp: 360 D   361 B   362 E

368

Um casal planejou uma viagem e definiu como teto para o gasto diário um valor de até R$ 1 000,00. Antes de decidir o destino da viagem, fizeram uma pesquisa sobre a taxa de câmbio vigente para as moedas de cinco países que desejavam visitar e também sobre as estimativas de gasto diário em cada um, com o objetivo de escolher o destino que apresentasse o menor custo diário em real.

O quadro mostra os resultados obtidos com a pesquisa realizada.

País de destino	Moeda local	Taxa de câmbio	Gasto diário
França	Euro (€)	R$ 3,14	315,00 €
EUA	Dólar (US$)	R$ 2,78	US$ 390,00
Austrália	Dólar australiano (A$)	R$ 2,14	A$ 400,00
Canadá	Dólar canadense (C$)	R$ 2,10	C$ 410,00
Reino Unido	Libra esterlina (£)	R$ 4,24	£ 290,00

Nessas condições, qual será o destino escolhido para a viagem?

a) Austrália.
b) Canadá.
c) EUA.
d) França.
e) Reino Unido

369

A gripe é uma infecção respiratória aguda de curta duração causada pelo vírus influenza. Ao entrar no nosso organismo pelo nariz, esse vírus multiplica-se, disseminando-se para a garganta e demais partes das vias respiratórias, incluindo os pulmões.
O vírus *influenza* é uma partícula esférica que tem um diâmetro interno de 0,00011 mm.

Disponível em: www.gripenet.pt. Acesso em: 2 nov. 2013 (adaptado).

Em notação científica, o diâmetro interno do vírus influenza, em mm, é

a) $1,1 \times 10^{-1}$
b) $1,1 \times 10^{-2}$
c) $1,1 \times 10^{-3}$
d) $1,1 \times 10^{-4}$
e) $1,1 \times 10^{-5}$

370

Em um jogo on-line, cada jogador procura subir de nível e aumentar sua experiência, que são dois parâmetros importantes no jogo, dos quais dependem as forças de defesa e de ataque do participante. A força de defesa de cada jogador é diretamente proporcional ao seu nível e ao quadrado de sua experiência, enquanto sua força de ataque é diretamente proporcional à sua experiência e ao quadrado do seu nível. Nenhum jogador sabe o nível ou a experiência dos demais. Os jogadores iniciam o jogo no nível 1 com experiência 1 e possuem força de ataque 2 e de defesa 1. Nesse jogo, cada participante se movimenta em uma cidade em busca de tesouros para aumentar sua experiência. Quando dois deles se encontram, um deles pode desafiar o outro para um confronto, sendo o desafiante considerado o atacante. Compara-se então a força de ataque do desafiante com a força de defesa do desafiado e vence o confronto aquele cuja força for maior. O vencedor do desafio aumenta seu nível em uma unidade. Caso haja empate no confronto, ambos os jogadores aumentam seus níveis em uma unidade.

Durante um jogo, o jogador J_1, de nível 4 e experiência 5, irá atacar o jogador J_2, de nível 2 e experiência 6. O jogador J_1 venceu esse confronto porque a diferença entre sua força de ataque e a força de defesa de seu oponente era

a) 112.
b) 88.
c) 60.
d) 28.
e) 24.

371

Em um condomínio, uma área pavimentada, que tem a forma de um círculo com diâmetro medindo 6 m, é cercada por grama. A administração do condomínio deseja ampliar essa área, mantendo seu formato circular, e aumentando, em 8 m, o diâmetro dessa região, mantendo o revestimento da parte já existente.

O condomínio dispõe, em estoque, de material suficiente para pavimentar mais 100 m² de área. O síndico do condomínio irá avaliar se esse material disponível será suficiente para pavimentar a região a ser ampliada.

Utilize 3 como aproximação para π.

A conclusão correta a que o síndico deverá chegar, considerando a nova área a ser pavimentada, é a de que o material disponível em estoque

a) será suficiente, pois a área da nova região a ser pavimentada mede 21 m².

b) será suficiente, pois a área da nova região a ser pavimentada mede 24 m².

c) será suficiente, pois a área da nova região a ser pavimentada mede 48 m².

d) não será suficiente, pois a área da nova região a ser pavimentada mede 108 m².

e) não será suficiente, pois a área da nova região a ser pavimentada mede 120 m².

372

Os exercícios físicos são recomendados para o bom funcionamento do organismo, pois aceleram o metabolismo e, em consequência, elevam o consumo de calorias. No gráfico, estão registrados os valores calóricos, em kcal, gastos em cinco diferentes atividades físicas, em função do tempo dedicado às atividades, contado em minuto.

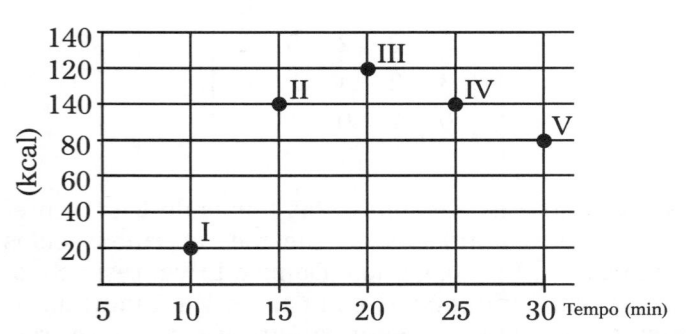

Qual dessas atividades físicas proporciona o maior consumo de quilocalorias por minuto?

a) I   b) II   c) III   d) IV   e) V

373

Um professor aplica, durante os cinco dias úteis de uma semana, testes com quatro questões de múltipla escolha a cinco alunos. Os resultados foram representados na matriz.

$$\begin{bmatrix} 3 & 2 & 0 & 1 & 2 \\ 3 & 2 & 4 & 1 & 2 \\ 2 & 2 & 2 & 3 & 2 \\ 3 & 2 & 4 & 1 & 0 \\ 0 & 2 & 0 & 4 & 4 \end{bmatrix}$$

Nessa matriz os elementos das linhas de 1 a 5 representam as quantidades de questões acertadas pelos alunos Ana, Bruno, Carlos, Denis e Érica, respectivamente, enquanto que as colunas de 1 a 5 indicam os dias da semana, de segunda-feira a sexta-feira, respectivamente, em que os testes foram aplicados.

O teste que apresentou maior quantidade de acertos foi o aplicado na

a) segunda-feira.   b) terça-feira.

c) quarta-feira.   d) quinta-feira.

e) sexta-feira.

374

Um ciclista quer montar um sistema de marchas usando dois discos dentados na parte traseira de sua bicicleta, chamados catracas. A coroa é o disco dentado que é movimentado pelos pedais da bicicleta, sendo que a corrente transmite esse movimento às catracas, que ficam posicionadas na roda traseira da bicicleta. As diferentes marchas ficam definidas pelos diferentes diâmetros das catracas, que são medidos conforme indicação na figura.

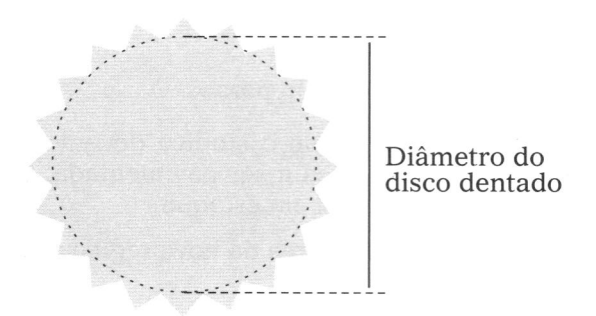

O ciclista já dispõe de uma catraca com 7 cm de diâmetro e pretende incluir uma segunda catraca, de modo que, à medida em que a corrente passe por ela, a bicicleta avance 50% a mais do que avançaria se a corrente passasse pela primeira catraca, a cada volta completa dos pedais.

O valor mais próximo da medida do diâmetro da segunda catraca, em centímetro e com uma casa decimal, é

a) 2,3.   b) 3,5.   c) 4,7.   d) 5,3.   e) 10,5.

375

O serviço de meteorologia de uma cidade emite relatórios diários com a previsão do tempo. De posse dessas informações, a prefeitura emite três tipos de alertas para a população:

- Alerta cinza: deverá ser emitido sempre que a previsão do tempo estimar que a temperatura será inferior a 10 °C, e a umidade relativa do ar for inferior a 40%;
- Alerta laranja: deverá ser emitido sempre que a previsão do tempo estimar que a temperatura deve variar entre 35 °C e 40 °C, e a umidade relativa do ar deve ficar abaixo de 30%;
- Alerta vermelho: deverá ser emitido sempre que a previsão do tempo estimar que a temperatura será superior a 40 °C, e a umidade relativa do ar for inferior a 25%.

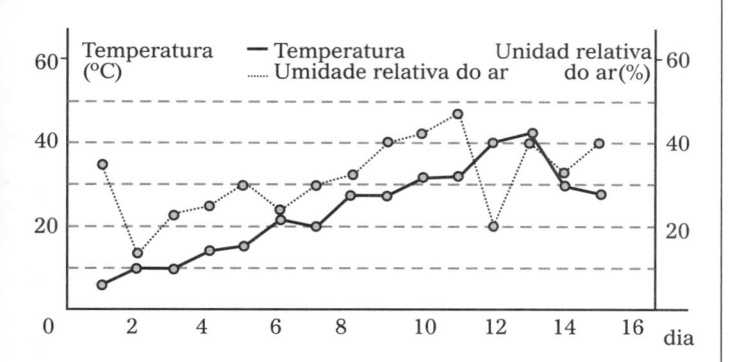

Um resumo da previsão do tempo nessa cidade, para um período de 15 dias, foi apresentado no gráfico. Decorridos os 15 dias de validade desse relatório, um funcionário percebeu que, no período a que se refere o gráfico, foram emitidos os seguintes alertas:

- Dia 1: alerta cinza;
- Dia 12: alerta laranja;
- Dia 13: alerta vermelho.

Em qual(is) desses dias o(s) aviso(s) foi(ram) emitido(s) corretamente?

a) 1
b) 12
c) 1 e 12
d) 1 e 13
e) 1, 12 e 13

376

Uma administração municipal encomendou a pintura de dez placas de sinalização para colocar em seu pátio de estacionamento.

O profissional contratado para o serviço inicial pintará o fundo de dez placas e cobrará um valor de acordo com a área total dessas placas. O formato de cada placa é um círculo de diâmetro d = 40 cm, que tangencia lados de um retângulo, sendo que o comprimento total da placa é h = 60 cm, conforme ilustrado na figura. Use 3,14 como aproximação para π.

Qual é a soma das medidas das áreas, em centímetros quadrados, das dez placas?

a) 16 628
b) 22 280
c) 28 560
d) 41 120
e) 66 240

Resp: 368 A 369 D 370 B 371 E 372 B

377

O rótulo da embalagem de um cosmético informa que a dissolução de seu conteúdo, de acordo com suas especificações, rende 2,7 litros desse produto pronto para o uso. Uma pessoa será submetida a um tratamento estético em que deverá tomar um banho de imersão com esse produto numa banheira com capacidade de 0,3 m³. Para evitar o transbordamento, essa banheira será preenchida em 80% de sua capacidade. Para esse banho, o número mínimo de embalagens desse cosmético é

a) 9.   b) 12.   c) 89.   d) 112.   e) 134.

378

O *slogan* "Se beber não dirija", muito utilizado em campanhas publicitárias no Brasil, chama a atenção para o grave problema da ingestão de bebida alcoólica por motoristas e suas consequências para o trânsito.
A gravidade desse problema pode ser percebida observando como o assunto é tratado pelo Código de Trânsito Brasileiro. Em 2013, a quantidade máxima de álcool permitida no sangue do condutor de um veículo, que já era pequena, foi reduzida, e o valor da multa para motoristas alcoolizados foi aumentado.
Em consequência dessas mudanças, observou-se queda no número de acidentes registrados em uma suposta rodovia nos anos que se seguiram às mudanças implantadas em 2013, conforme dados no quadro.

Ano	2013	2014	2015
Número total de acidentes	1 050	900	850

Suponha que a tendência de redução no número de acidentes nessa rodovia para os anos subsequentes seja igual à redução absoluta observada de 2014 para 2015.

Com base na situação apresentada, o número de acidentes esperados nessa rodovia em 2018 foi de

a) 150.   b) 450.   c) 550.   d) 700.   e) 800.

379

Uma pessoa se interessou em adquirir um produto anunciado em uma loja. Negociou com o gerente e conseguiu comprá-lo a uma taxa de juros compostos de 1% ao mês. O primeiro pagamento será um mês após a aquisição do produto, e no valor de R$ 202,00.

O segundo pagamento será efetuado um mês após o primeiro, e terá o valor de R$ 204,02. Para concretizar a compra, o gerente emitirá uma nota fiscal com o valor do produto à vista negociado com o cliente, correspondendo ao financiamento aprovado.

O valor à vista, em real, que deverá constar na nota fiscal é de

a) 398,02.   b) 400,00.   c) 401,94.
d) 404,00.   e) 406,02.

380

Três sócios resolveram fundar uma fábrica. O investimento inicial foi de R$ 1 000 000,00. E, independentemente do valor que cada um investiu nesse primeiro momento, resolveram considerar que cada um deles contribuiu com um terço do investimento inicial.
Algum tempo depois, um quarto sócio entrou para a sociedade, e os quatro, juntos, investiram mais R$ 800 000,00 na fábrica. Cada um deles contribuiu com um quarto desse valor. Quando venderam a fábrica, nenhum outro investimento havia sido feito. Os sócios decidiram então dividir o montante de R$ 1 800 000,00 obtido com a venda, de modo proporcional à quantia total investida por cada sócio.
Quais os valores mais próximos, em porcentagens, correspondentes às parcelas financeiras que cada um dos três sócios iniciais e o quarto sócio, respectivamente, receberam?

a) 29,60 e 11,11.   b) 28,70 e 13,89.
c) 25,00 e 25,00.   d) 18,52 e 11,11.
e) 12,96 e 13,89.

381

Para contratar três máquinas que farão o reparo de vias rurais de um município, a prefeitura elaborou um edital que, entre outras cláusulas, previa:

- Cada empresa interessada só pode cadastrar uma única máquina para concorrer ao edital;
- O total de recursos destinados para contratar o conjunto das três máquinas é de R$ 31 000,00;
- O valor a ser pago a cada empresa será inversamente proporcional à idade de uso da máquina cadastrada pela empresa para o presente edital.

As três empresas vencedoras do edital cadastraram máquinas com 2, 3 e 5 anos de idade de uso.
Quanto receberá a empresa que cadastrou a máquina com maior idade de uso?

a) R$ 3 100,00
b) R$ 6 000,00
c) R$ 6 200,00
d) R$ 15 000,00
e) R$ 15 500,00

382

Segundo o Instituto Brasileiro de Geografia e Estatística (IBGE), o rendimento médio mensal dos trabalhadores brasileiros, no ano 2000, era de R$ 1 250,00. Já o Censo 2010 mostrou que, em 2010, esse valor teve um aumento de 7,2% em relação a 2000. Esse mesmo instituto projeta que, em 2020, o rendimento médio mensal dos trabalhadores brasileiros poderá ser 10% maior do que foi em 2010.

IBGE. **Censo 2010**. Disponível em: www.ibge.gov.br. Acesso em: 13 ago. 2012 (adaptado).

Supondo que as projeções do IBGE se realizem, o rendimento médio mensal dos brasileiros em 2020 será de

a) R$ 1 340,00.
b) R$ 1 349,00.
c) R$ 1 375,00.
d) R$ 1 465,00.
e) R$ 1 474,00.

383

Charles Richter e Beno Gutenberg desenvolveram a escala Richter, que mede a magnitude de um terremoto. Essa escala pode variar de 0 a 10, com possibilidades de valores maiores. O quadro mostra a escala de magnitude local (M_s) de um terremoto que é utilizada para descrevê-lo.

Descrição	Magnitude local (Ms) (μm · Hz)
Pequeno	$0 \leq M_s \leq 3,9$
Ligeiro	$4,0 \leq M_s \leq 4,9$
Moderado	$5,0 \leq M_s \leq 5,9$
Grande	$6,0 \leq M_s \leq 9,9$
Extremo	$M_s \geq 10,0$

Para se calcular a magnitude local, usa-se a fórmula $M_s = 3,30 + \log(A \cdot f)$, em que A representa a amplitude máxima da onda registrada por um sismógrafo em micrômetro (μm) e f representa a frequência da onda, em hertz (Hz). Ocorreu um terremoto com amplitude máxima de 2 000 μm e frequência de 0,2 Hz.

Disponível em: http://cejarj.cecierj.edu.br. Acesso em: 1 fev. 2015 (adaptado).

Utilize 0,3 como aproximação para log 2. De acordo com os dados fornecidos, o terremoto ocorrido pode ser descrito como

a) Pequeno.
b) Ligeiro.
c) Moderado.
d) Grande.
e) Extremo.

384

Após o Fórum Nacional Contra a Pirataria (FNCP) incluir a linha de autopeças em campanha veiculada contra a falsificação, as agências fiscalizadoras divulgaram que os cinco principais produtos de autopeças falsificados são: rolamento, pastilha de freio, caixa de direção, catalisador e amortecedor.

Disponível em: www.oficinabrasil.com.br.
Acesso em: 25 ago. 2014 (adaptado).

Após uma grande apreensão, as peças falsas foram cadastradas utilizando-se a codificação:
1: rolamento, 2: pastilha de freio, 3: caixa de direção,
4: catalisador e 5: amortecedor.

Ao final obteve-se a sequência: 5, 4, 3, 2, 1, 2, 3, 4, 5, 4, 3, 2, 1, 2, 3, 4, 5, 4, 3, 2, 1, 2, 3, 4, ... que apresenta um padrão de formação que consiste na repetição de um bloco de números. Essa sequência descreve a ordem em que os produtos apreendidos foram cadastrados.

O 2 015º item cadastrado foi um(a)

a) rolamento.
b) catalisador.
c) amortecedor.
d) pastilha de freio.
e) caixa de direção.

385

Durante suas férias, oito amigos, dos quais dois são canhotos, decidem realizar um torneio de vôlei de praia.

Eles precisam formar quatro duplas para a realização do torneio. Nenhuma dupla pode ser formada por dois jogadores canhotos.

De quantas maneiras diferentes podem ser formadas essas quatro duplas?

a) 69   b) 70   c) 90   d) 104   e) 105

386

As luminárias para um laboratório de matemática serão fabricadas em forma de sólidos geométricos. Uma delas terá a forma de um tetraedro truncado. Esse sólido é gerado a partir de secções paralelas a cada uma das faces de um tetraedro regular. Para essa luminária, as secções serão feitas de maneira que, em cada corte, um terço das arestas seccionadas serão removidas. Uma dessas secções está indicada na figura.

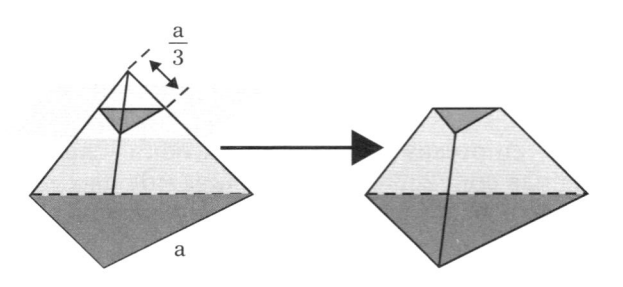

Essa luminária terá por faces

a) 4 hexágonos regulares e 4 triângulos equiláteros.
b) 2 hexágonos regulares e 4 triângulos equiláteros.
c) 4 quadriláteros e 4 triângulos isósceles.
d) 3 quadriláteros e 4 triângulos isósceles.
e) 3 hexágonos regulares e 4 triângulos equiláteros.

387

Comum em lançamentos de empreendimentos imobiliários, as maquetes de condomínios funcionam como uma ótima ferramenta de marketing para as construtoras, pois, além de encantar clientes, auxiliam de maneira significativa os corretores na negociação e venda de imóveis.

Um condomínio está sendo lançado em um novo bairro de uma cidade. Na maquete projetada pela construtora, em escala de 1 : 200, existe um reservatório de água com capacidade de 45 cm³.

Quando todas as famílias estiverem residindo no condomínio, a estimativa é que, por dia, sejam consumidos 30 000 litros de água.

Em uma eventual falta de água, o reservatório cheio será suficiente para abastecer o condomínio por quantos dias?

a) 30   b) 15   c) 12   d) 6   e) 3

388

Uma empresa presta serviço de abastecimento de água em uma cidade. O valor mensal a pagar por esse serviço é determinado pela aplicação de tarifas, por faixas de consumo de água, sendo obtido pela adição dos valores correspondentes a cada faixa.

- Faixa 1: para consumo de até 6 m³, valor fixo de R$ 12,00;

- Faixa 2: para consumo superior a 6 m³ e até 10 m³, tarifa de R$ 3,00 por metro cúbico ao que exceder a 6 m³;

- Faixa 3: para consumo superior a 10 m³, tarifa de R$ 6,00 por metro cúbico ao que exceder a 10 m³. Sabe-se que nessa cidade o consumo máximo de água por residência é de 15 m³ por mês.

O gráfico que melhor descreve o valor **P**, em real, a ser pago por mês, em função do volume **V** de água consumido, em metro cúbico, é

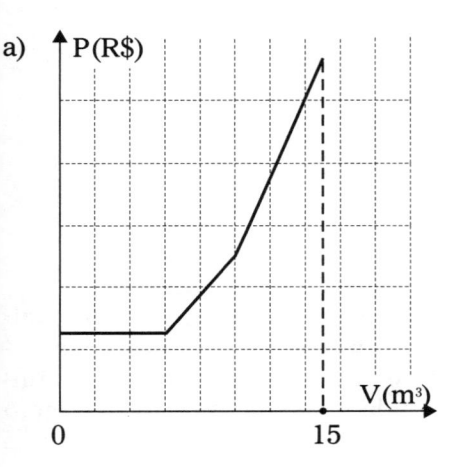

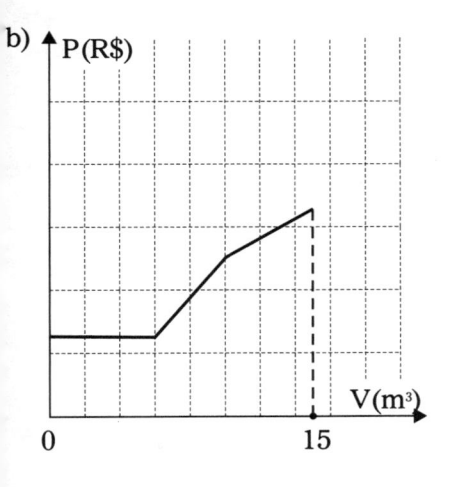

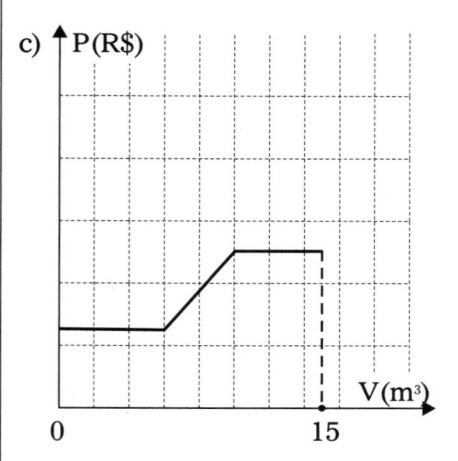

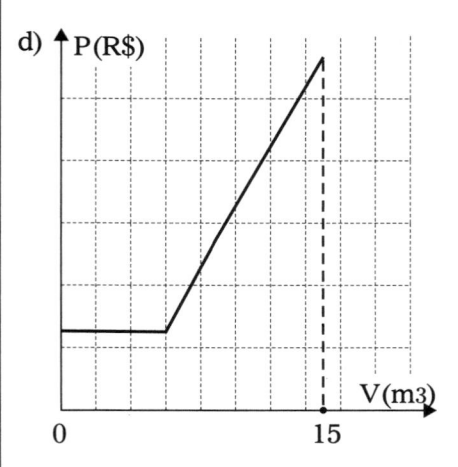

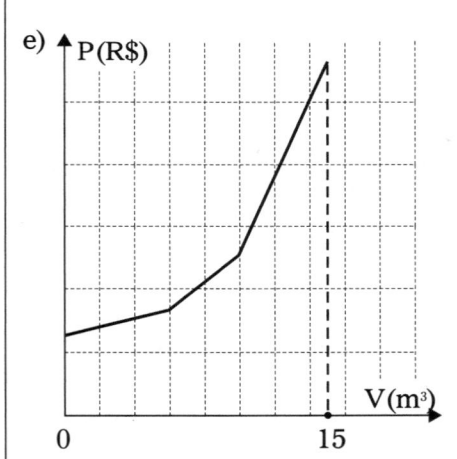

389

O dono de um restaurante situado às margens de uma rodovia percebeu que, ao colocar uma placa de propaganda de seu restaurante ao longo da rodovia, as vendas aumentaram. Pesquisou junto aos seus clientes e concluiu que a probabilidade de um motorista perceber uma placa de anúncio é $\frac{1}{2}$. Com isso, após autorização do órgão competente, decidiu instalar novas placas com anúncios de seu restaurante ao longo dessa rodovia, de maneira que a probabilidade de um motorista perceber pelo menos uma das placas instaladas fosse superior a $\frac{99}{100}$.

A quantidade mínima de novas placas de propaganda a serem instaladas é

a) 99.   b) 51.   c) 50.   d) 6.   e) 1.

390

O preparador físico de um time de basquete dispõe de um plantel de 20 jogadores, com média de altura igual a 1,80 m. No último treino antes da estreia em um campeonato, um dos jogadores desfalcou o time em razão de uma séria contusão, forçando o técnico a contratar outro jogador para recompor o grupo.
Se o novo jogador é 0,20 m mais baixo que o anterior, qual é a média de altura, em metro, do novo grupo?

a) 1,60   b) 1,78   c) 1,79   d) 1,81   e) 1,82

391

Em uma fábrica de refrigerantes, é necessário que se faça periodicamente o controle no processo de engarrafamento para evitar que sejam envasadas garrafas fora da especificação do volume escrito no rótulo.
Diariamente, durante 60 dias, foram anotadas as quantidades de garrafas fora dessas especificações.
O resultado está apresentado no quadro.

Quantidade de garrafas fora das especificações por dia	Quantidade de dias
0	52
1	5
2	2
3	1

A média diária de garrafas fora das especificações no período considerado é

a) 0,1.   b) 0,2.   c) 1,5.   d) 2,0.   e) 3,0.

392

O Sistema Métrico Decimal é o mais utilizado atualmente para medir comprimentos e distâncias. Em algumas atividades, porém, é possível observar a utilização de diferentes unidades de medida. Um exemplo disso pode ser observado no quadro.

Unidade	Equivalência
Polegada	2,54 centímetros
Jarda	3 pés
Jarda	0,9144 metro

Assim, um pé, em polegada, equivale a

a) 0,1200.   b) 0,3048.   c) 1,0800.
d) 12,0000.   e) 36,0000.

393

O Índice de Desenvolvimento Humano (IDH) é uma medida usada para classificar os países pelo seu grau de desenvolvimento. Para seu cálculo, são levados em consideração a expectativa de vida ao nascer, tempo de escolaridade e renda per capita, entre outros. O menor valor deste índice é zero e o maior é um. Cinco países foram avaliados e obtiveram os seguintes índices de desenvolvimento humano: o primeiro país recebeu um valor X, o segundo $\sqrt{X}$, o terceiro $X^{\frac{1}{3}}$, o quarto X^2 e o último X^3. Nenhum desses países zerou ou atingiu o índice máximo.

Qual desses países obteve o maior IDH?

a) O primeiro.

b) O segundo.

c) O terceiro.

d) O quarto.

e) O quinto.

394

Um mestre de obras deseja fazer uma laje com espessura de 5 cm utilizando concreto usinado, conforme as dimensões do projeto dadas na figura. O concreto para fazer a laje será fornecido por uma usina que utiliza caminhões com capacidades máximas de 2 m³, 5 m³ e 10 m³ de concreto.

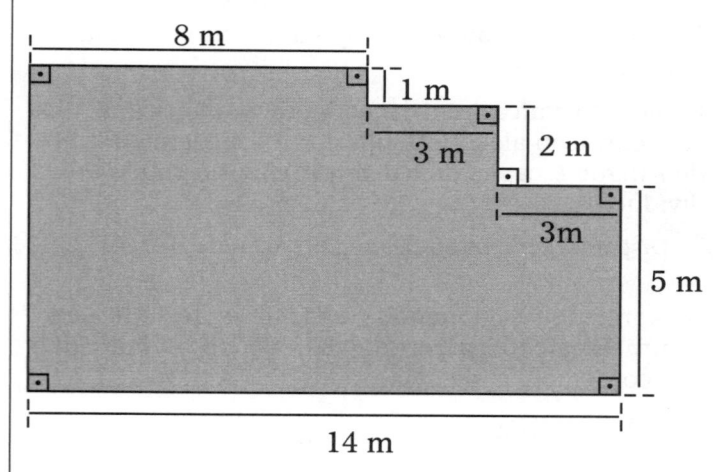

Qual a menor quantidade de caminhões, utilizando suas capacidades máximas, que o mestre de obras deverá pedir à usina de concreto para fazer a laje?

a) Dez caminhões com capacidade máxima de 10 m³.

b) Cinco caminhões com capacidade máxima de 10 m³.

c) Um caminhão com capacidade máxima de 5 m³.

d) Dez caminhões com capacidade máxima de 2 m³.

e) Um caminhão com capacidade máxima de 2 m³.

395

O álcool é um depressor do sistema nervoso central e age diretamente em diversos órgãos. A concentração de álcool no sangue pode ser entendida como a razão entre a quantidade q de álcool ingerido, medida em grama, e o volume de sangue, em litro, presente no organismo do indivíduo. Em geral, considera-se que esse volume corresponda ao valor numérico dado por 8% da massa corporal **m** desse indivíduo, medida em quilograma.

De acordo com a Associação Médica Americana, uma concentração alcoólica superior a 0,4 grama por litro de sangue é capaz de trazer prejuízos à saúde do indivíduo.

Disponível em: http://cisa.org.br. Acesso em: 1 dez. 2018 (adaptado).

A expressão relacionando q e m que representa a concentração alcoólica prejudicial à saúde do indivíduo, de acordo com a Associação Médica Americana, é

a) $\dfrac{q}{0,8m} > 0,4$

b) $\dfrac{0,4m}{q} > 0,8$

c) $\dfrac{q}{0,4m} > 0,8$

d) $\dfrac{0,08m}{q} > 0,4$

e) $\dfrac{q}{0,08m} > 0,4$

396

Construir figuras de diversos tipos, apenas dobrando e cortando papel, sem cola e sem tesoura, é a arte do *origami* (*ori* = dobrar; *kami* = papel), que tem um significado altamente simbólico no Japão. A base do origami é o conhecimento do mundo por base do tato. Uma jovem resolveu construir um cisne usando a técnica do *origami*, utilizando uma folha de papel de 18 cm por 12 cm. Assim, começou por dobrar a folha conforme a figura.

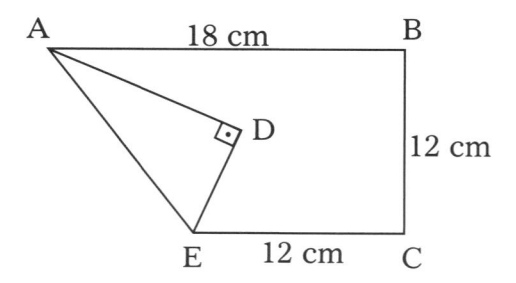

Após essa primeira dobradura, a medida do segmento AE é

a) $2\sqrt{22}$ cm.
b) $6\sqrt{3}$ cm.
c) 12 cm.
d) $6\sqrt{5}$ cm.
e) $12\sqrt{2}$ cm.

397

Os alunos de uma turma escolar foram divididos em dois grupos. Um grupo jogaria basquete, enquanto o outro jogaria futebol. Sabe-se que o grupo de basquete é formado pelos alunos mais altos da classe e tem uma pessoa a mais do que o grupo de futebol. A tabela seguinte apresenta informações sobre as alturas dos alunos da turma.

Média	Mediana	Moda
1,65	1,67	1,70

Os alunos P, J, F e M medem, respectivamente, 1,65 m, 1,66 m, 1,67 m e 1,68 m, e as suas alturas não são iguais a de nenhum outro colega da sala.

Segundo essas informações, argumenta-se que os alunos P, J, F e M jogaram, respectivamente,

a) basquete, basquete, basquete, basquete.
b) futebol, basquete, basquete, basquete.
c) futebol, futebol, basquete, basquete.
d) futebol, futebol, futebol, basquete.
e) futebol, futebol, futebol, futebol.

398

Uma empresa tem diversos funcionários. Um deles é o gerente, que recebe R$ 1 000,00 por semana. Os outros funcionários são diaristas. Cada um deles trabalha 2 dias por semana, recebendo R$ 80,00 por dia trabalhado.

Chamando de X a quantidade total de funcionários da empresa, a quantia Y, em reais, que esta empresa gasta semanalmente para pagar seus funcionários é expressa por

a) Y = 80X + 920.
b) Y = 80X + 1 000.
c) Y = 80X + 1 080.
d) Y = 160X + 840.
e) Y = 160X + 1 000.

399

Um aplicativo de relacionamentos funciona da seguinte forma: o usuário cria um perfil com foto e informações pessoais, indica as características dos usuários com quem deseja estabelecer contato e determina um raio de abrangência a partir da sua localização. O aplicativo identifica as pessoas que se encaixam no perfil desejado e que estão a uma distância do usuário menor ou igual ao raio de abrangência. Caso dois usuários tenham perfis compatíveis e estejam numa região de abrangência comum a ambos, o aplicativo promove o contato entre os usuários, o que é chamado de *match*.

O usuário P define um raio de abrangência com medida de 3 km e busca ampliar a possibilidade de obter um match se deslocando para a região central da cidade, que concentra um maior número de usuários.

O gráfico ilustra alguns bares que o usuário P costuma frequentar para ativar o aplicativo, indicados por I, II, III, IV e V. Sabe-se que os usuários Q, R e S, cujas posições estão descritas pelo gráfico, são compatíveis com o usuário P, e que estes definiram raios de abrangência respectivamente iguais a 3 km, 2 km e 5 km.

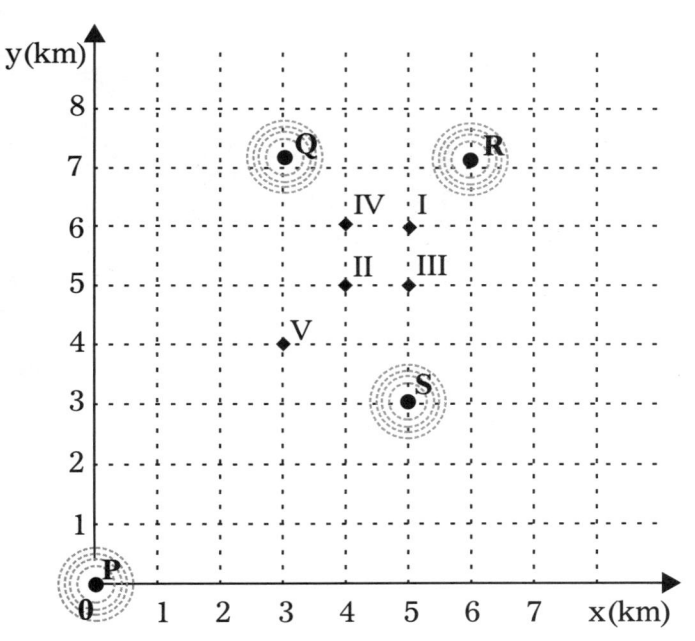

Com base no gráfico e nas afirmações anteriores, em qual bar o usuário P teria a possibilidade de um *match* com os usuários Q, R e S, simultaneamente?

a) I   b) II   c) III   d) IV   e) V

400

Um comerciante, que vende somente pastel, refrigerante em lata e caldo de cana em copos, fez um levantamento das vendas realizadas durante a semana. O resultado desse levantamento está apresentado no gráfico.

Vendas na última semana

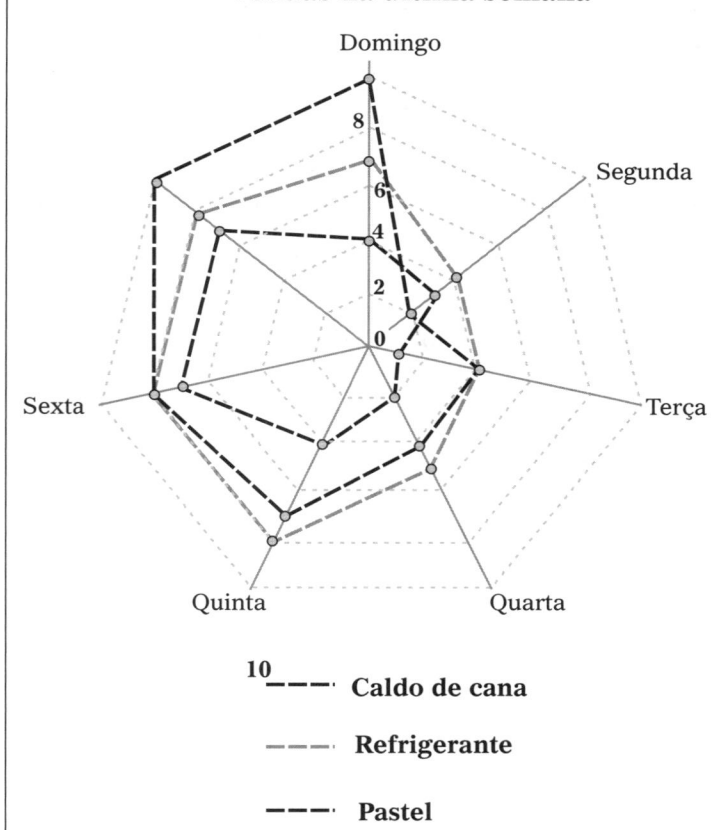

Ele estima que venderá, em cada dia da próxima semana, uma quantidade de refrigerante em lata igual à soma das quantidades de refrigerante em lata e caldo de cana em copos vendidas no respectivo dia da última semana. Quanto aos pastéis, estima vender, a cada dia da próxima semana, uma quantidade igual à quantidade de refrigerante em lata que prevê vender em tal dia. Já para o número de caldo de cana em copos, estima que as vendas diárias serão iguais às da última semana. Segundo essas estimativas, a quantidade a mais de pastéis que esse comerciante deve vender na próxima semana é

a) 20.   b) 27.   c) 44.   d) 55.   e) 71.

401

Em um determinado ano, os computadores da receita federal de um país identificaram como inconsistentes 20% das declarações de imposto de renda que lhe foram encaminhadas. Uma declaração é classificada como inconsistente quando apresenta algum tipo de erro ou conflito nas informações prestadas. Essas declarações consideradas inconsistentes foram analisadas pelos auditores, que constataram que 25% delas eram fraudulentas. Constatou-se ainda que, dentre as declarações que não apresentaram inconsistências, 6,25% eram fraudulentas.

Qual é a probabilidade de, nesse ano, a declaração de um contribuinte ser considerada inconsistente, dado que ela era fraudulenta?

a) 0,0500   b) 0,1000   c) 0,1125

d) 0,3125   e) 0,5000

402

A taxa de urbanização de um município é dada pela razão entre a população urbana e a população total do município (isto é, a soma das populações rural e urbana). Os gráficos apresentam, respectivamente, a população urbana e a população rural de cinco municípios (I, II, III, IV, V) de uma mesma região estadual. Em reunião entre o governo do estado e os prefeitos desses municípios, ficou acordado que o município com maior taxa de urbanização receberá um investimento extra em infraestrutura.

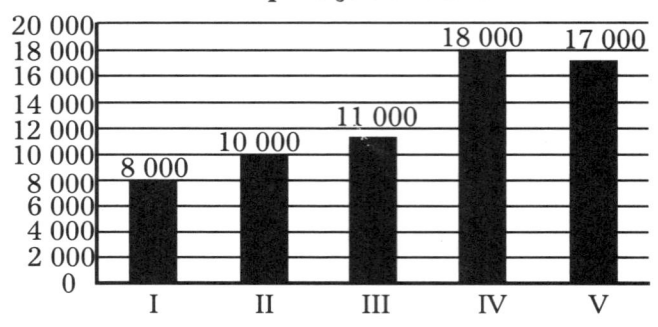

População urbana

Município	I	II	III	IV	V
População	8 000	10 000	11 000	18 000	17 000

População rural

Município	I	II	III	IV	V
População	4 000	8 000	5 000	10 000	12 000

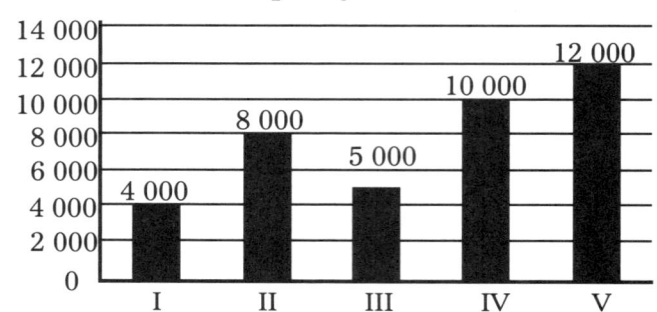

Segundo o acordo, qual município receberá o investimento extra?

a) I   b) II   c) III   d) IV   e) V

403

Uma construtora pretende conectar um reservatório central (R_c) em formato de um cilindro, com raio interno igual a 2 m e altura interna igual a 3,30 m, a quatro reservatórios cilíndricos auxiliares (R_1, R_2, R_3 e R_4), os quais possuem raios internos e alturas internas medindo 1,5 m.

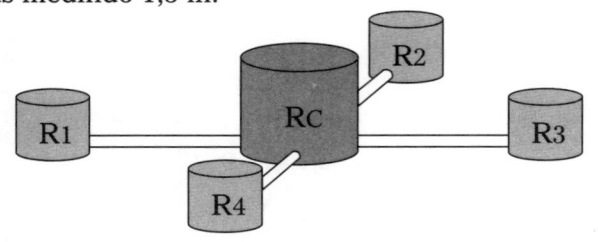

As ligações entre o reservatório central e os auxiliares são feitas por canos cilíndricos com 0,10 m de diâmetro interno e 20 m de comprimento, conectados próximos às bases de cada reservatório. Na conexão de cada um desses canos com o reservatório central há registros que liberam ou interrompem o fluxo de água. No momento em que o reservatório central está cheio e os auxiliares estão vazios, abrem-se os quatro registros e, após algum tempo, as alturas das colunas de água nos reservatórios se igualam, assim que cessa o fluxo de água entre eles, pelo princípio dos vasos comunicantes.

A medida, em metro, das alturas das colunas de água nos reservatórios auxiliares, após cessar o fluxo de água entre eles, é

a) 1,44.   b) 1,16.   c) 1,10.   d) 1,00.   e) 0,95.

404

Para construir uma piscina, cuja área total da superfície interna é igual a 40 m², uma construtora apresentou o seguinte orçamento:

- R$ 10 000,00 pela elaboração do projeto;
- R$ 40 000,00 pelos custos fixos;
- R$ 2 500,00 por metro quadrado para construção da área interna da piscina.

Após a apresentação do orçamento, essa empresa decidiu reduzir o valor de elaboração do projeto em 50%, mas recalculou o valor do metro quadrado para a construção da área interna da piscina, concluindo haver a necessidade de aumentá-lo em 25%. Além disso, a construtora pretende dar um desconto nos custos fixos, de maneira que o novo valor do orçamento seja reduzido em 10% em relação ao total inicial.

O percentual de desconto que a construtora deverá conceder nos custos fixos é de

a) 23,3%   b) 25,0%   c) 50,0%
d) 87,5%   e) 100,0%

405

Um grupo de engenheiros está projetando um motor cujo esquema de deslocamento vertical do pistão dentro da câmara de combustão está representado na figura.

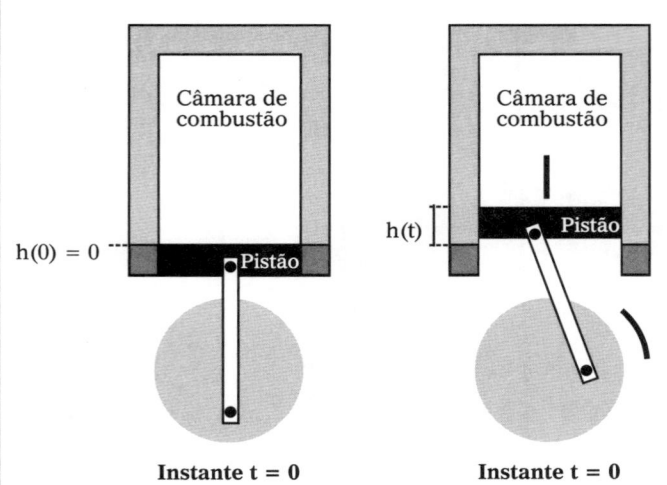

A função $h(t) = 4 + 4\,\text{sen}\left(\dfrac{\beta t}{2} - \dfrac{\pi}{2}\right)$ definida para $t \geq 0$ descreve como varia a altura h, medida em centímetro, da parte superior do pistão dentro da câmara de combustão, em função do tempo t, medido em segundo. Nas figuras estão indicadas as alturas do pistão em dois instantes distintos.

O valor do parâmetro β, que é dado por um número inteiro positivo, está relacionado com a velocidade de deslocamento do pistão. Para que o motor tenha uma boa potência, é necessário e suficiente que, em menos de 4 segundos após o início do funcionamento (instante t = 0), a altura da base do pistão alcance por três vezes o valor de 6 cm. Para os cálculos, utilize 3 como aproximação para π.

O menor valor inteiro a ser atribuído ao parâmetro β, de forma que o motor a ser construído tenha boa potência, é

a) 1.   b) 2.   c) 4.   d) 5.   e) 8.

Resp: 401 E 402 C 403 D 404 D 405 D

Impressão e Acabamento
Bartiragráfica
(011) 4393-2911